1号办公楼施工图（含土建和安装）（第2版）

1Hao Bangonglou Shigong Tu

主　编　刘　霞　张玲玲

副主编　刘　钢　樊志光

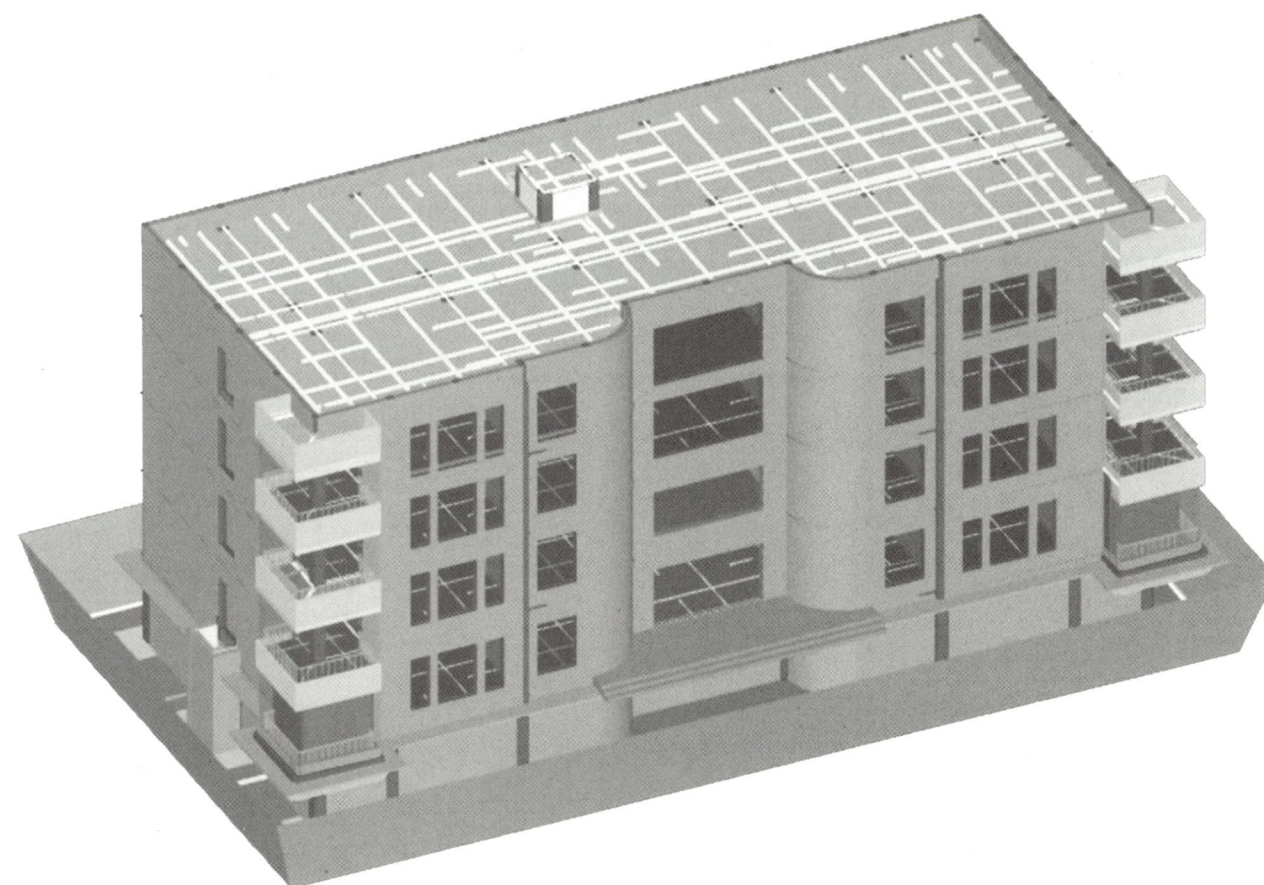

重庆大学出版社

内容提要

本书是专门为建筑工程相关专业实训教学而设计的案例图集。图集经教学领域、工程领域的相关专家共同讨论，根据学生的识图能力弱的现状，按照重在掌握各构件计算方法的原则编制，所选案例规模较小、结构形式常见、包含构件齐全。图集分上、下两篇，上篇为建筑工程施工图，下篇为安装工程施工图。为了帮助学生快速识图，本套图纸还提供了识图指导。

本图集适合与《建筑工程计量与计价数字化应用》教材配合使用，也可作为学生识图、算量、建模等实训教学案例使用，同时可作为学生参加广联达大赛赛前练习案例使用，还可用于建筑行业岗位培训或者自学。

图书在版编目（CIP）数据

1 号办公楼施工图：含土建和安装 / 刘霞，张玲玲
主编． -- 2 版． -- 重庆：重庆大学出版社，2024．11（2025．7 重印）．
ISBN 978-7-5689-4422-9

Ⅰ．TU243

中国国家版本馆 CIP 数据核字第 202412A2H4 号

校企合作系列教材案例图集
1 号办公楼施工图（含土建和安装）
（第 2 版）

主编　刘　霞　张玲玲
副主编　刘　钢　樊志光
责任编辑：林青山　　版式设计：林青山
责任校对：王　倩　　责任印制：赵　晟

*

重庆大学出版社出版发行
社址：重庆市沙坪坝区大学城西路 21 号
邮编：401331
电话：（023）88617190　88617185（中小学）
传真：（023）88617186　88617166
网址：http://www.cqup.com.cn
邮箱：fxk@cqup.com.cn（营销中心）
全国新华书店经销
重庆升光电力印务有限公司印刷

*

开本：880mm×1230mm　1/8　印张：11　字数：658 千
2019 年 10 月第 1 版　2024 年 11 月第 2 版　2025 年 7 月第 2 次印刷（总第 13 次印刷）
印数：75 001—80 000
ISBN 978-7-5689-4422-9　定价：29.00 元

再版说明

随着 BIM（建筑信息模型）技术的普及，建筑行业正逐步走向数字化。BIM 技术可以实现建筑全生命周期的信息管理，包括设计、施工、运营等阶段。在造价领域，BIM 技术可以实现工程量的自动计算、成本分析和模拟，提高工作效率和准确性。面对技术的不断进步和市场需求的日益多样化，对建筑工程案例的要求也越来越高。

广联达科技股份有限公司（以下简称"广联达公司"）通过对全国近 800 所高等院校工程造价专业人才培养方案的调研及研讨，了解到 95% 的院校都开设了造价实训课程，他们都希望能够有一套专门针对在校学生使用的造价软件实训教程。为此，广联达公司联合高校教师，根据"八步教学法"原则编写了"工程造价实训校企合作系列教材"。

广联达公司经过数月的全国调研，根据全国不同高校工程造价教学实际情况形成了 3 套案例图纸：

（1）《1 号办公楼施工图》，适用 20～40 课时；

（2）《疾控中心施工图》（包含装配式），适用 40～60 课时；

（3）《办公大厦建筑工程图》，适用 60～80 课时。

本图纸正是为满足 20～40 学时的院校开展实训教学而编制，并开发了配套的教学资源。本图纸可配合《建筑工程计量与计价数字化应用》（地方版）一起用于实训教学，也可供学生课下自己练习使用，形成课上、课下双管齐下的格局。

本图纸分上、下两篇，上篇为建筑工程施工图，下篇为安装工程施工图。经广联达公司组织教学领域、工程领域的相关专家共同讨论，根据学生识图能力弱的现状，按照重在掌握各构件计算方法的原则编制，所选案例规模较小、结构形式常见、包含构件齐全。为了帮助学生快速识图，本套图纸还提供了识图指导。

本书由苏州交通建设高等职业技术学校刘霞、广联达科技股份有限公司张玲玲担任主编，湖南交通职业技术学院刘钢、广联达科技股份有限公司樊志光担任副主编。本图纸既可作为实训教学、学生课下练习和参加广联达算量大赛赛前练习使用，也可作为岗位培训教材或供建设工程相关人员的学习使用。

在工程案例设计过程中难免有不妥或者疏漏之处。为了体现案例的真实性，让实训教学更贴近工作实际，这些疏漏之处也可用于教学，请学生找出并提出更正或者优化方案。在未来的建筑行业中，我们相信，随着科技的不断进步和行业标准的不断完善，建筑图纸的质量和精度将不断提高，建筑工程领域也将迎来更加广阔的发展前景。

张玲玲

2024 年 8 月 21 日

上篇：建筑工程施工图

工程名称		工程编号	工程造价	万元
项目名称	1号办公楼	建筑面积 3155 m²	出图日期	

目　录

建筑设计说明

一、设计依据
1. 国家和地方现行的有关规范和相关法规。
2. 本工程在设计时更多考虑的是算量和钢筋的基本知识点，不是实际工程，勿照图施工。

二、工程概况
1. 本建筑物建设地点位于北京市郊。
2. 本建筑物用地概貌属于平缓场地。
3. 本建筑物为二类多层办公建筑。
4. 本建筑物合理使用年限为50年。
5. 本建筑物抗震设防烈度为7度。
6. 本建筑物结构类型为框架结构体系。
7. 本建筑物总建筑面积为3155 m²。
8. 本建筑物建筑层数为地上4层，地下1层。
9. 本建筑物檐口距地高度为14.850m。
10. 本建筑物设计标高±0.000相当于85国家高程40.60m。

三、节能设计
1. 本建筑物的体形系数<0.3。
2. 本建筑物框架部分外墙砌体结构为250mm厚陶粒空心砖，外墙外侧均做50mm厚聚苯颗粒，传热系数<0.6。
3. 本建筑物外塑钢门窗为单层框中空玻璃，传热系数≤3.0。
4. 本建筑物屋面外侧均采用80mm厚现喷硬质发泡聚氨酯保温层，导热系数小于0.024。

四、防水设计
1. 本建筑物屋面工程防水等级为二级，平屋面采用3mm厚高聚物改性沥青防水卷材防水层，屋面雨水采用φ100PVC管排水方式。
2. 楼地面防水：在凡需要楼地面防水的房间，均做水溶性涂膜防水3道，共2mm厚，防水层四周卷起150mm高。房间在做完闭水试验后再进行下道工序施工。凡管道穿楼板处均预埋防水套管。

五、建筑防火设计
1. 防火分区：本建筑物一层为一个防火分区。
2. 安全疏散：本建筑物共设一部疏散楼梯，均为非封闭楼梯，楼梯可到达所有使用层面，每部楼梯梯段净宽大于1.1m，满足安全疏散要求。
3. 消防设施及措施：本建筑物所有构件均达到二级耐火等级要求。

门窗数量及门窗规格一览表

| 编号 | 名称 | 规格（洞口尺寸） | | 数量 | | | | | | 备注 |
		宽(mm)	高(mm)	地下一层	一层	二层	三层	四层	总计	
FM甲1021	甲级防火门	1000	2100	2					2	甲级防火门
FM乙1121	乙级防火门	1100	2100	1	1				2	乙级防火门
M5021	旋转玻璃门	5000	2100		1				1	甲方确定
M1021	木质夹板门	1000	2100	18	20	20	20	20	98	甲方确定
C0924	塑钢窗	900	2400		4	4	4	4	16	详见立面图
C1524	塑钢窗	1500	2400		2	2	2	2	8	详见立面图
C1624	塑钢窗	1600	2400	2	2	2	2	2	10	详见立面图
C1824	塑钢窗	1800	2400		2	2	2	2	8	详见立面图
C2424	塑钢窗	2400	2400		2	2	2	2	8	详见立面图
PC1	飘窗（塑钢窗）	见平面图	2400		2	2	2	2	8	详见立面图
C5027	塑钢窗	5000	2700			1	1	1	3	详见立面图

室内装修做法表

	房间名称	楼面/地面	踢脚/墙裙	窗台板	内墙面	顶棚	备注
地下一层	排烟机房	地面4	踢脚1		内墙面1	天棚1	
	楼梯间	地面2	踢脚1		内墙面1	天棚1	
	走廊	地面3	踢脚2		内墙面1	吊顶1（高3200）	
	办公室	地面1	踢脚1	有	内墙面1	吊顶1（高3300）	
	餐厅	地面1	踢脚3		内墙面1	吊顶1（高3300）	1. 关于吊顶高度的说明：这里的吊顶高度指的是某层的结构标高到吊顶底的高度。
	卫生间	地面2		有	内墙面1	吊顶2（高3300）	
一层	大堂	楼面3	墙裙1高1200		内墙面1	吊顶1（高3200）	
	楼梯间	楼面2	踢脚1		内墙面1	天棚1	
	走廊	楼面3	踢脚2		内墙面1	吊顶1（高3200）	
	办公室1	楼面1	踢脚1	有	内墙面1	吊顶1（高3300）	2. 关于窗台板的说明：窗台板材质为大理石；飘窗窗台板尺寸为洞口宽（长）×650（宽）；其他窗台板尺寸为洞口宽（长）×200（宽）
	办公室2（含阳台）	楼面4	踢脚3		内墙面1	天棚1	
	卫生间	楼面2		有	内墙面1	吊顶2（高3300）	
二至三层	楼梯间	楼面2	踢脚1		内墙面1	天棚1	
	公共休息大厅	楼面3	踢脚2		内墙面1	吊顶1（高2900）	
	走廊	楼面3	踢脚2		内墙面1	吊顶1（高2900）	
	办公室1	楼面1	踢脚1	有	内墙面1	天棚1	
	办公室2（含阳台）	楼面4	踢脚3		内墙面1	天棚1	
	卫生间	楼面2		有	内墙面1	吊顶2（高2900）	
四层	楼梯间	楼面2	踢脚1		内墙面1	天棚1	
	公共休息大厅	楼面3	踢脚2		内墙面1	天棚1	
	走廊	楼面3	踢脚2		内墙面1	天棚1	
	办公室1	楼面1	踢脚1	有	内墙面1	天棚1	
	办公室2（含阳台）	楼面4	踢脚3		内墙面1	天棚1	
	卫生间	楼面2		有	内墙面2	天棚1	

六、墙体设计
1. 外墙：均为250mm厚陶粒空心砌块及50mm厚聚苯颗粒保温复合墙体。
2. 内墙：均为200mm厚陶粒空心砌块墙体。
3. 屋顶女儿墙采用240mm厚砖墙。
4. 墙体砂浆：砌块墙体、砖墙均采用M5水泥砂浆砌筑。
5. 墙体护角：在室内所有门窗洞口和墙体转角的凸阳角，用1:2水泥砂浆做1.8m高护角，两边各伸出80mm。

七、防腐除锈处理
1. 防腐、除锈：所有预埋铁件，在预埋前均应做除锈处理；所有预埋木砖在预埋前，均应先用沥青油做防腐处理。
2. 所有门窗除特别注明外，门窗的立框位置居墙中线。
3. 凡室内有地漏的房间，除特别注明外，其地面应自门口或墙边向地漏方向做0.5%的坡。

八、雨篷
本图雨篷属于玻璃钢雨篷，面层是玻璃钢，底层为钢管网架，属于成品，由厂家直接定做。

九、地下防水工程
1. 防水级别：Ⅰ级
2. 防水混凝土
（1）地下室外围护结构、筏板、挡土墙、顶板抗渗等级为P6。
（2）迎水面混凝土结构厚度均≥250mm；迎水面钢筋保护层厚度均≥50mm；混凝土裂缝宽度不得大于0.2mm，并不得贯通。
3. 防水（卷材+涂料）
（1）结构外侧均采用3mm+3mm厚SBS改性沥青防水卷材。
（2）防水材料性能、施工应满足《地下工程防水技术规范》第4.3节Ⅲ、Ⅳ的要求。
4. 细部构造
（1）防水层应在基层结构验收合格后方可施工。卷材防水阴阳角处应做成圆弧或135°折角。阴阳角处应增设1层相同的卷材，宽度500mm。防水层均设置保护层。
（2）各部位构造做法详见国家标准图集相关章节。
（3）单体外墙防水设计高度高出室外地坪500mm以上或直接做到与室内±0.000平齐。
（4）地下室外围回填土采用3:7灰土分层夯实回填。

十、施工注意事项
1. 在施工过程中应以施工图纸为依据，严格监理，精心施工。
2. 在施工过程中，本套施工图纸的各专业图纸应配合使用，提前做好预留洞及预埋件，避免返工及浪费，不得擅自剔凿。
3. 在施工过程中，当遇到图纸中有不明白或不妥当之处时，应及时与有关设计人员联系，不得擅自做主施工。
4. 本说明未尽事宜均须严格按建筑安装工程施工及验收规范及国家有关规定执行。

| 设计 | | 工程名称 | 1号办公楼 | 日期 | 2024.8 |
| 审核 | | 图名 | 建筑设计说明 | 图号 | 建施-01 |

工程做法明细

一、室外装修设计

（一）屋面

屋面1：不上人屋面
（1）满涂银粉保护剂；
（2）防水层（SBS），四周卷边250mm；
（3）20mm厚1:3水泥砂浆找平层；
（4）平均40mm厚1:0.2:3.5水泥粉煤灰页岩陶粒，找2%坡；
（5）保温层（采用80mm厚现喷硬质发泡聚氨酯）；
（6）现浇混凝土屋面板。

（二）外墙

1.外墙1：面砖外墙
（1）10mm厚面砖，在砖粘贴面上随粘随刷一遍YJ-302混凝土界面处理剂，1:1水泥砂浆勾缝；
（2）6mm厚1:0.2:2.5水泥石灰膏砂浆（内掺建筑胶）；
（3）刷素水泥浆一道（内掺水重5%的建筑胶）；
（4）50mm厚聚苯保温板保温层；
（5）刷一道YJ-302混凝土界面处理剂。

2.外墙2：干挂大理石墙面
（1）干挂石材墙面；
（2）竖向龙骨间整个墙面用聚合物砂浆粘贴35mm厚聚苯保温板，聚苯保温板与角钢竖龙骨交接处严贴，不得有缝隙，粘结面积不小于板面积的20%。聚苯保温板离墙10mm形成10mm厚空气层。聚苯保温板容重≥18kg/m³；
（3）墙面。

3.外墙3：涂料墙面
（1）喷HJ80-1无机建筑涂料；
（2）6mm厚1:2.5水泥砂浆找平；
（3）12mm厚1:3水泥砂浆打底扫毛或划出纹道；
（4）刷素水泥浆一道（内渗水重5%的建筑胶）；
（5）50mm厚聚苯保温板保温层；
（6）刷一道YJ-302混凝土界面处理剂。

二、室内装修设计

（一）地面

1.地面1：大理石地面（大理石尺寸800mm×800mm）
（1）铺20mm厚大理石板，稀水泥浆擦缝；
（2）撒素水泥面（洒适量清水）；
（3）30mm厚1:3干硬性水泥砂浆粘结层；
（4）100mm厚C10素混凝土；
（5）150mm厚3:7灰土夯实；
（6）素土夯实。

2.地面2：防滑地砖地面
（1）2.5mm厚石塑防滑地砖，建筑胶粘剂粘铺，稀水泥浆擦缝；
（2）素水泥浆一道（内掺建筑胶）；
（3）30mm厚C15细石混凝土随打随抹；
（4）3mm厚高聚物改性沥青涂膜防水层，四周往上卷150mm高；
（5）平均35mm厚C15细石混凝土找坡层；
（6）150mm厚3:7灰土夯实；
（7）素土夯实，压实系数0.95。

3.地面3：铺地砖地面
（1）10mm厚高级地砖，建筑胶粘剂粘铺，稀水泥浆擦缝；
（2）20mm厚1:2干硬性水泥砂浆粘结层；
（3）素水泥结合层一道；
（4）50mm厚C10混凝土；
（5）150mm厚5~32mm卵石灌M2.5混合砂浆，平板振捣器振捣密实；
（6）素土夯实，压实系数0.95。

4.地面4：水泥地面
（1）20mm厚1:2.5水泥砂浆抹面压实赶光；
（2）素水泥浆一道（内掺建筑胶）；
（3）50mm厚C10混凝土；
（4）150mm厚5~32mm卵石灌M2.5混合砂浆，平板振捣器振捣密实；
（5）素土夯实，压实系数0.95。

（二）楼面

1.楼面1：地砖楼面
（1）10mm厚高级地砖，稀水泥浆擦缝；
（2）6mm厚建筑胶水泥砂浆粘结层；
（3）素水泥浆一道（内掺建筑胶）；
（4）20mm厚1:3水泥砂浆找平层；
（5）素水泥浆一道（内掺建筑胶）；
（6）钢筋混凝土楼板。

2.楼面2：防滑地砖防水楼面（砖采用400mm×400mm）
（1）10mm厚防滑地砖，稀水泥浆擦缝；
（2）撒素水泥面（洒适量清水）；
（3）20mm厚1:2干硬性水泥砂浆粘结层；
（4）1.5mm厚聚氨酯涂膜防水层，靠墙处卷边150mm；
（5）20mm厚1:3水泥砂浆找平层，四周及竖管根部抹小八字角；
（6）素水泥浆一道；
（7）平均35mm厚C15细石混凝土，从门口向地漏找1%坡；
（8）现浇混凝土楼板。

3.楼面3：大理石楼面（大理石尺寸800mm×800mm）
（1）铺20mm厚大理石板，稀水泥浆擦缝；
（2）撒素水泥面（洒适量清水）；
（3）30mm厚1:3干硬性水泥砂浆粘结层；
（4）40mm厚1:1.6水泥粗砂焦渣垫层；
（5）钢筋混凝土楼板。

4.楼面4：水泥楼面
（1）20mm厚1:2.5水泥砂浆压实赶光；
（2）50mm厚CL7.5轻集料混凝土；
（3）钢筋混凝土楼板。

（三）踢脚

1.踢脚1：地砖踢脚（用400mm×100mm深色地砖，高度为100mm）
（1）10mm厚防滑地砖踢脚，稀水泥浆擦缝；
（2）8mm厚1:2水泥砂浆（内掺建筑胶）粘结层；
（3）5mm厚1:3水泥砂浆打底扫毛或划出纹道。

2.踢脚2：大理石踢脚（用800mm×100mm深色大理石，高度为100mm）
（1）15mm厚大理石踢脚板，稀水泥浆擦缝；
（2）10mm厚1:2水泥砂浆（内掺建筑胶）粘结层；
（3）界面剂一道甩毛（甩前先将墙面用水湿润）。

3.踢脚3：水泥踢脚（高100mm）
（1）6mm厚1:2.5水泥砂浆罩面压实赶光；
（2）素水泥浆一道；
（3）6mm厚1:3水泥砂浆打底扫毛或划出纹道。

（四）内墙裙

1.墙裙1：普通大理石板墙裙
（1）稀水泥浆擦缝；
（2）贴10mm厚大理石板，正、背面及四周边满刷防污剂；
（3）素水泥浆一道；
（4）6mm厚1:0.5:2.5水泥石灰膏砂浆罩面；
（5）8mm厚1:3水泥砂浆打底扫毛或划出纹道；
（6）素水泥浆一道甩毛（内掺建筑胶）。

（五）内墙面

1.内墙面1：水泥砂浆墙面
（1）喷水性耐擦洗涂料；
（2）5mm厚1:2.5水泥砂浆找平；
（3）9mm厚1:3水泥砂浆打底扫毛；
（4）素水泥浆一道甩毛（内掺建筑胶）。

2.内墙面2：瓷砖墙面（面层用200mm×300mm高级面砖）
（1）白水泥擦缝；
（2）5mm厚釉面砖面层（粘前先将釉面砖浸水2小时以上）；
（3）5mm厚1:2建筑水泥砂浆粘结层；
（4）素水泥浆一道；
（5）9mm厚1:3水泥砂浆打底压实抹平；
（6）素水泥浆一道甩毛。

（六）天棚

天棚1：抹灰天棚
（1）喷水性耐擦洗涂料；
（2）3mm厚1:2.5水泥砂浆找平；
（3）5mm厚1:3水泥砂浆打底扫毛或划出纹道；
（4）素水泥浆一道甩毛（内掺建筑胶）。

（七）吊顶

1.吊顶1：铝合金条板吊顶（燃烧性能为A级）
（1）1mm厚铝合金条板，离缝安装带插缝板；
（2）U形轻钢次龙骨LB45×48，中距≤1500mm；
（3）U形轻钢主龙骨LB38×12，中距≤1500mm，与钢筋吊杆固定；
（4）φ6钢筋吊杆，中距横向≤1500mm，纵向≤1200mm；
（5）现浇混凝土板底预留φ10钢筋吊环，双向中距≤1500mm。

2.吊顶2：岩棉吸音板吊顶（燃烧性能为A级）
（1）12mm厚岩棉吸音板面层，规格592mm×592mm；
（2）T形轻钢次龙骨TB24×28，中距600mm；
（3）T形轻钢次龙骨TB24×38，中距600mm，找平后与钢筋吊杆固定；
（4）φ8钢筋吊杆，双向中距≤1200mm；
（5）现浇混凝土板底预留φ10钢筋吊环，双向中距≤1200mm。

（八）油漆工程做法

除已特别注明的部位外，其他需要油漆的部位如下：

1.金属面油漆工程做法
（1）刷耐酸漆两遍；
（2）满刮腻子，砂纸抹平；
（3）刷防锈漆一遍；
（4）金属面清理、除锈。

2.木材面油漆工程做法（选用L96J002-P119-油41）
（1）调和漆两遍；
（2）局部刮腻子，砂纸打磨；
（3）刷底油一遍；
（4）基层清理、除污，砂纸打磨。

具体各处的油漆颜色由室内设计确定。

| 设 计 | | 工程名称 | **1号办公楼** | 日 期 | 2024.8 |
| 审 核 | | 图 名 | **工程做法明细** | 图 号 | 建施-02 |

2

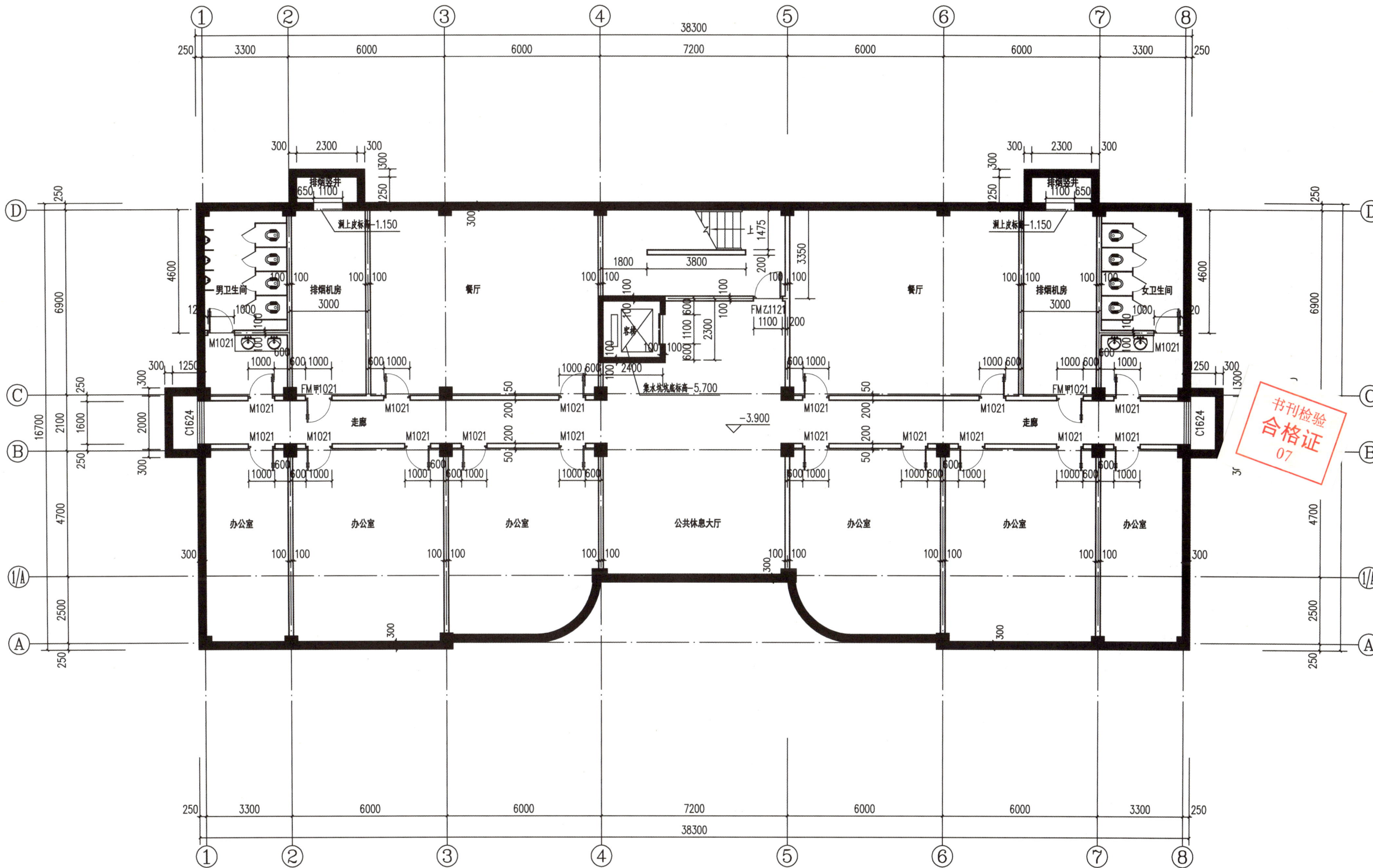

地下一层平面图 1:100

【识图指导】
1.本页图纸需重点掌握：地下一层房间名称、剪力墙和砌体内墙位置、厚度、门窗的位置和平面尺寸，楼梯井和电梯井的位置和平面尺寸，注意墙体与柱的对齐关系。
2.建筑施工图中，涂黑的墙体一般为钢筋混凝土材质的墙体，称为剪力墙，未填充图例的墙体一般为非钢筋混凝土材质的墙体。
3.本层中，剪力墙的作用是形成地下室挡土墙、采光井及排烟竖井，其钢筋信息见"结施-02基础结构平面图。

排烟竖井
排烟机房
男卫生间
女卫生间
餐厅
集水坑坑底标高-5.700
走廊
办公室
公共休息大厅
室外地坪标高-1.150
-3.900

设计	工程名称	1号办公楼	日期	2024.8
审核	图名	地下一层平面图	图号	建施-03

书刊检验 合格证 07

3

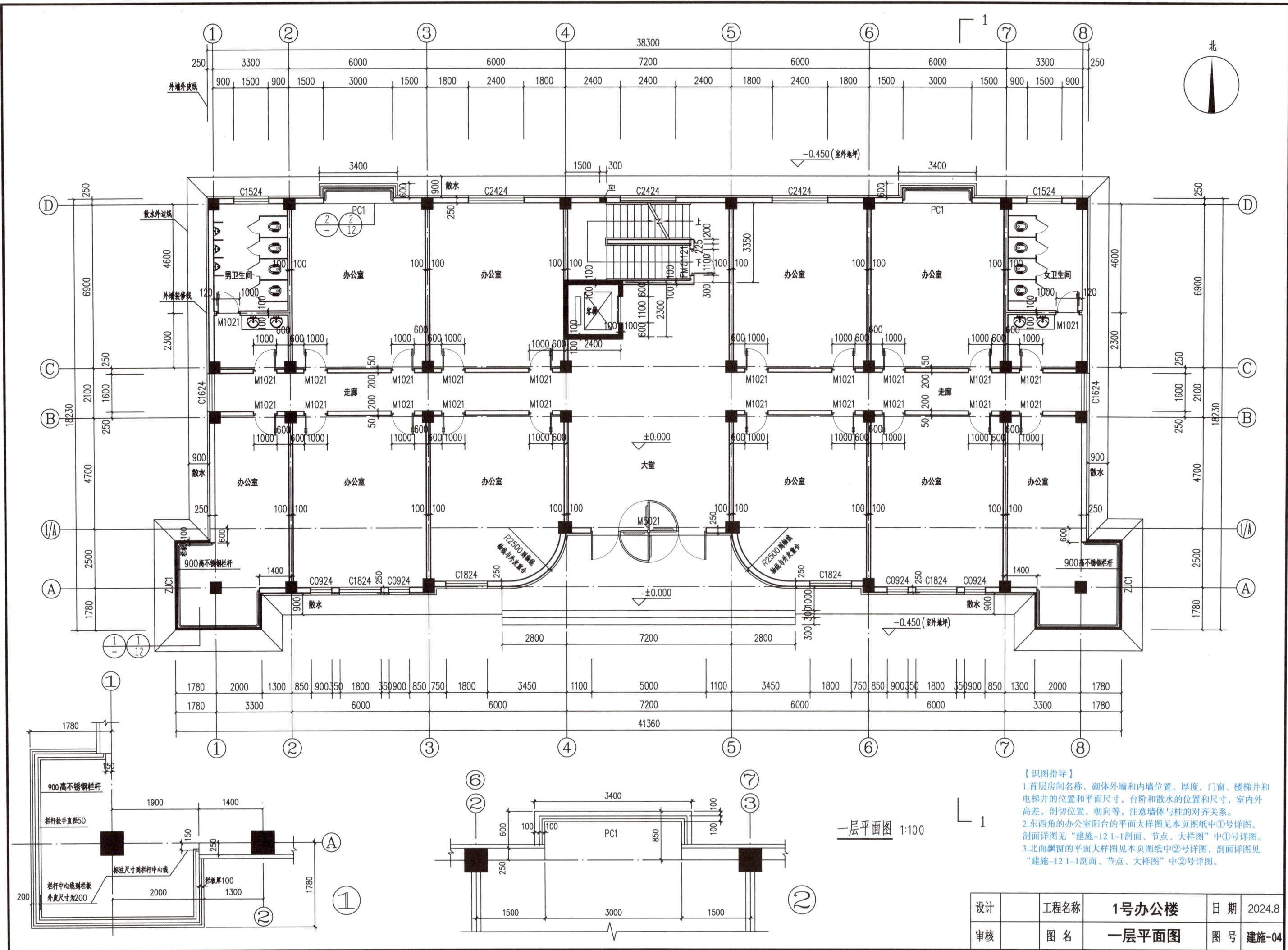

① ② ③ ④ ⑤ ⑥ ⑦ ⑧

38300

250 3300 6000 6000 7200 6000 6000 3300 250

900 1500 900 1500 3000 1500 1800 2400 1800 2400 2400 2400 1800 2400 1800 1500 3000 1500 900 1500 900

外墙外皮线

北

−0.450（室外地坪）

3400 1500 300 3400

C1524 散水 C2424 C2424 C2424 散水 C1524

散水外边线

D

外墙装修线

PC1 PC1

男卫生间 办公室 办公室 办公室 办公室 女卫生间

C2424

客梯

FM乙1021

M1021 M1021

1000 600 1000 1000 600 1000 1000 600 2400 600 1000 1000 600 1000 1000 600 1000

C1624 走廊 走廊 C1624

M1021 M1021 M1021 M1021 M1021 M1021 M1021 M1021 M1021

B

M1021 M1021 M1021 M1021 M1021 M1021 M1021 M1021

±0.000

办公室 办公室 办公室 大堂 办公室 办公室 办公室

1/A

M5021

900高不锈钢栏杆 900高不锈钢栏杆

ZJC1 R2500弧线 R2500弧线 ZJC1

A

±0.000

−0.450（室外地坪）

1400 C0924 C1824 C0924 C1824 250 C1824 C0924 250 C1824 C0924 1400

散水 散水

2800 7200 2800

1780 2000 1300 850 900 350 1800 350 900 850 750 1800 3450 1100 5000 1100 3450 1800 750 850 900 350 1800 350 900 850 1300 2000 1780

1780 3300 6000 6000 7200 6000 6000 3300 1780

41360

① ② ③ ④ ⑤ ⑥ ⑦ ⑧

900高不锈钢栏杆
栏杆扶手直径50
标注尺寸到栏杆中心线
栏杆中心线到栏杆
外皮尺寸为200
栏杆厚100

1900 1400

2000 1300

①

②

⑥ ⑦
② ③

3400

PC1

1500 3000 1500

②

一层平面图 1:100

【识图指导】
1.首层房间名称，砌体外墙和内墙位置、厚度、门窗、楼梯井和电梯井的位置和平面尺寸，台阶和散水的位置和尺寸，室内外高差，剖切位置，朝向等，注意墙体与柱的对齐关系。
2.东西角的办公室阳台的平面大样图见本页图纸中①号详图，剖面详图见"建施-12 1-1剖面、节点、大样图"中①号详图。
3.北面飘窗的平面大样图见本页图纸中②号详图，剖面详图见"建施-12 1-1剖面、节点、大样图"中②号详图。

设 计		工程名称	1号办公楼	日 期	2024.8
审 核		图 名	一层平面图	图 号	建施-04

4

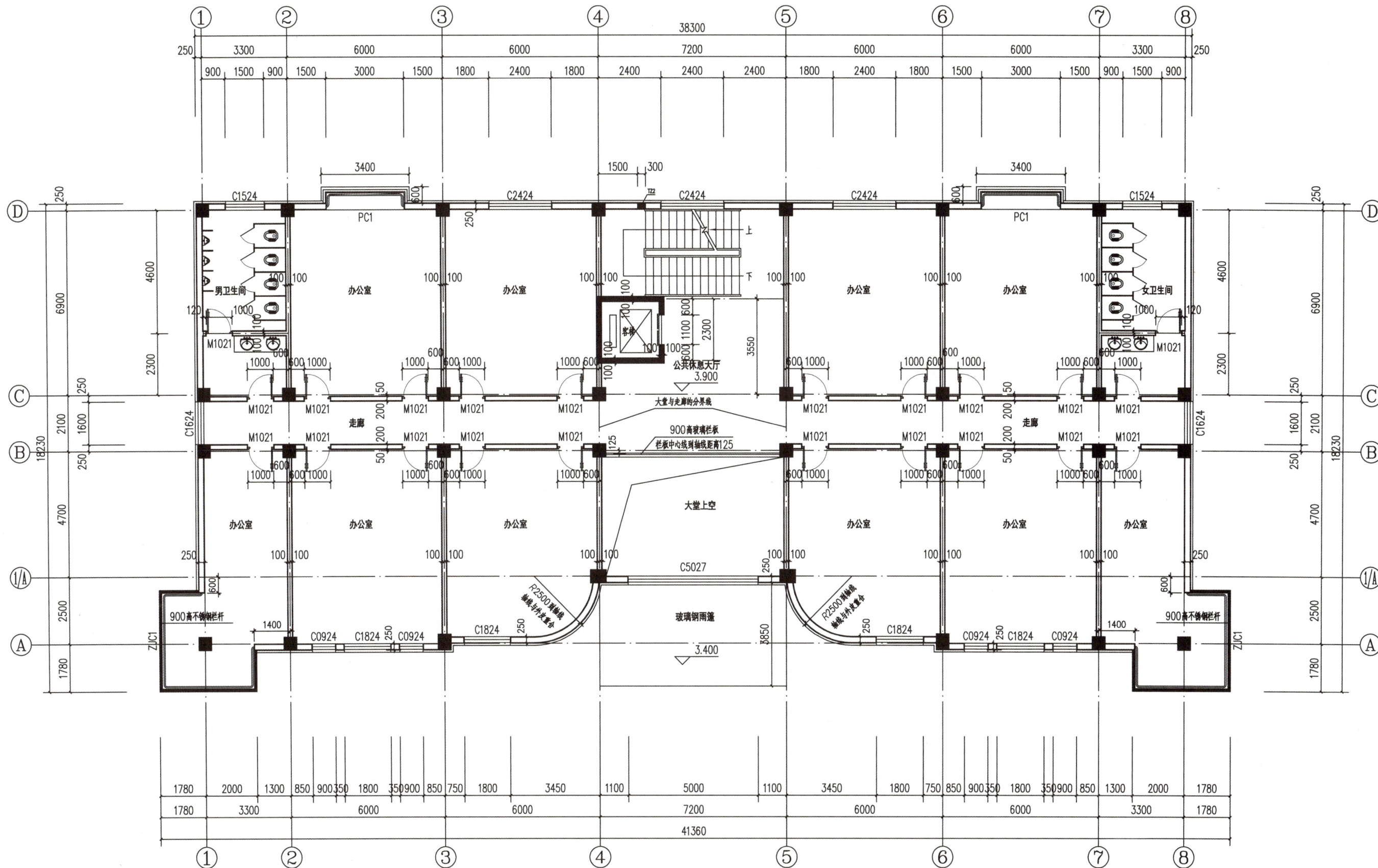

二层平面图 1:100

【识图指导】
1. 二层房间名称，砌体外墙和内墙位置、厚度，门窗的位置和平面尺寸，楼梯井和电梯井的位置和平面尺寸，雨篷的平面位置及平面尺寸，注意墙体与柱的对齐关系。
2. 东西角的办公室阳台的平面大样图见"建施-04 一层平面图"中①号详图，剖面详图见"建施-12 1-1剖面、节点、大样图"中①号详图。
3. 北面飘窗的平面大样图见"建施-04 一层平面图"中②号详图，剖面详图见"建施-12 1-1剖面、节点、大样图"中②号详图。

男卫生间　办公室　办公室　公共休息大厅 3.900　办公室　办公室　女卫生间
大堂与走廊的分界线
900高玻璃栏板
栏板中心线到轴线距离125
走廊　走廊
办公室　办公室　办公室　大堂上空　办公室　办公室　办公室
客梯
上　下
900高不锈钢栏杆
R2500弧形线　轴线与柱弧度差半　R2500弧形线　轴线与柱弧度差半
玻璃钢雨篷
3.400

C1524　C2424　C2424　C2424　C1524
PC1　PC1
C1624　C1624
C5027
ZJC1　C0924　C1824　C0924　C1824　C1824　C0924　C1824　C0924　ZJC1
M1021　M1021　M1021　T2

38300
250　3300　6000　6000　7200　6000　6000　3300　250
900 1500 900 1500 3000 1500 1800 2400 1800 2400 2400 2400 1800 2400 1800 1500 3000 1500 900 1500 900

250 4600 6900 2300 250 2100 1600 250 18230 250 4700 250 2500 1780

1780 2000 1300 850 900 350 1800 350 900 850 750 1800 3450 1100 5000 1100 3450 1800 750 850 900 350 1800 350 900 850 1300 2000 1780
1780 3300 6000 6000 7200 6000 6000 3300 1780
41360

| 设计 | 工程名称 | **1号办公楼** | 日期 | 2024.8 |
| 审核 | 图名 | **二层平面图** | 图号 | 建施-05 |

5

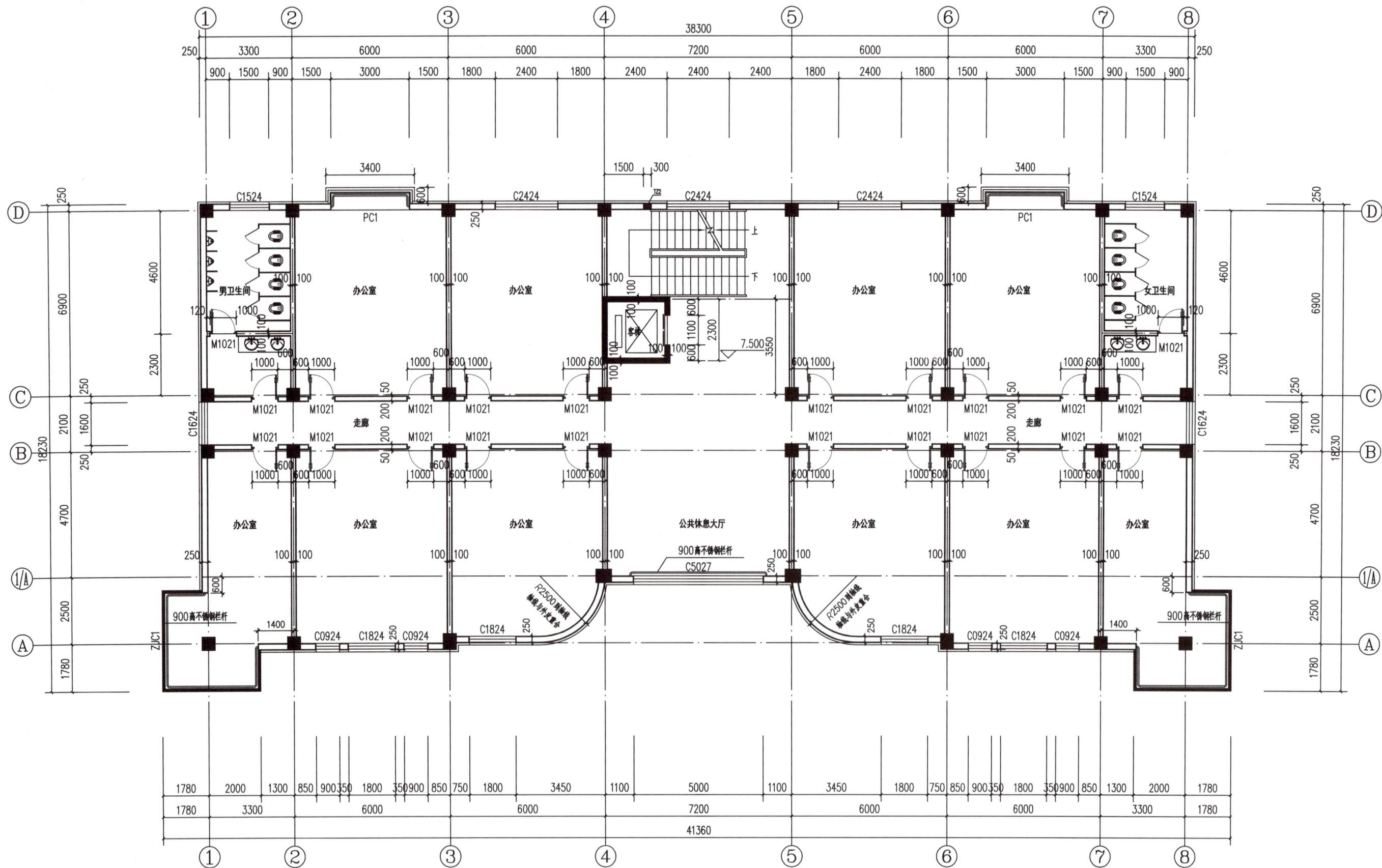

三层平面图 1:100

【识图指导】
1.三层房间名称、砌体外墙和内墙位置、厚度，门窗的位置和平面尺寸，楼梯
井和电梯井的位置和平面尺寸，注意墙体与柱的对齐关系。
2.东西角的办公室阳台的平面大样图见"建施-04 一层平面图"中①号详图，
剖面详图见"建施-12 1-1剖面、节点、大样图"中①号详图。
3.北面飘窗的平面大样图见"建施-04 一层平面图"中②号详图，剖面详图见
"建施-12 1-1剖面、节点、大样图"中②号详图。

设计		工程名称	**1号办公楼**	日 期	2024.8
审核		图 名	**三层平面图**	图 号	建施-06

6

四层平面图 1:100

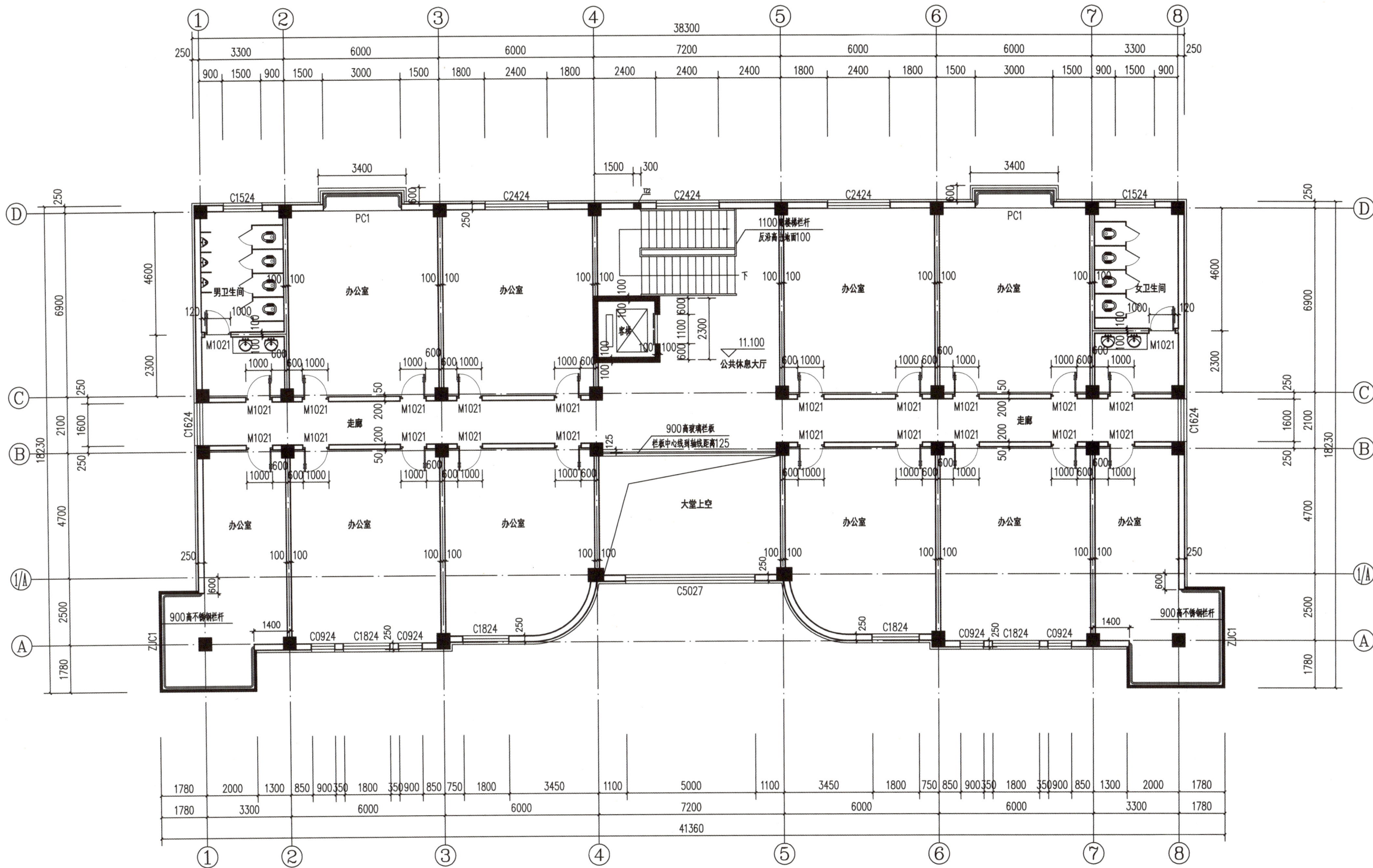

【识图指导】
1.四层砌体外墙和内墙位置、厚度，门窗的位置和平面尺寸，楼梯井和电梯井的位置和平面尺寸，注意墙体与柱的对齐关系。
2.东西角的办公室阳台的平面大样图见"建施-04 一层平面图"中①号详图，剖面详图见"建施-12 1-1剖面、节点、大样图"中①号详图。
3.北面飘窗的平面大样图见"建施-04 一层平面图"中②号详图，剖面详图见"建施-12 1-1剖面、节点、大样图"中②号详图。

| 设 计 | | 工程名称 | **1号办公楼** | 日 期 | 2024.8 |
| 审 核 | | 图 名 | **四层平面图** | 图 号 | 建施-07 |

7

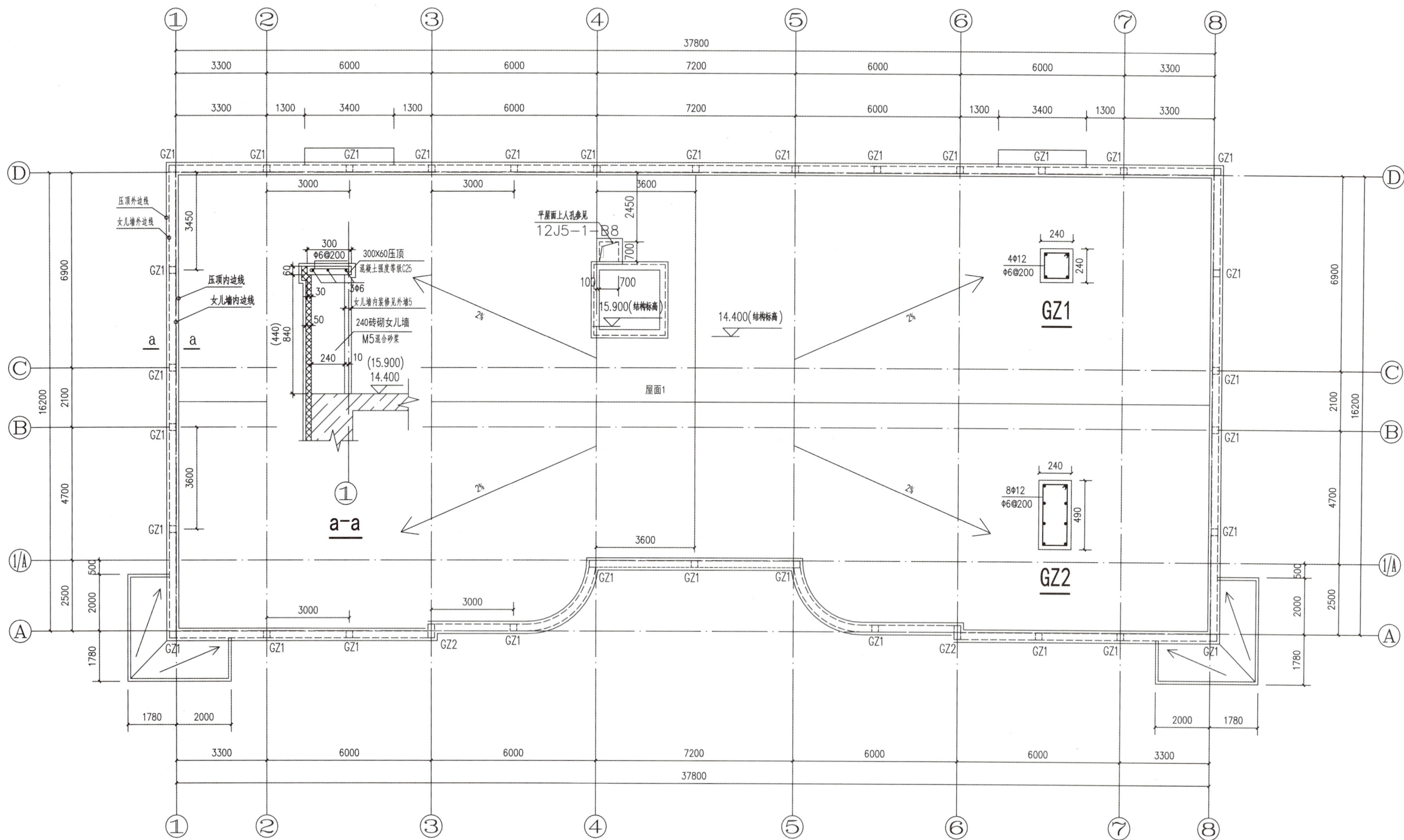

屋顶平面图 1:100

Axis labels top: ① ② ③ ④ ⑤ ⑥ ⑦ ⑧

Dimensions top: 37800; 3300 6000 6000 7200 6000 6000 3300
3300 1300 3400 1300 6000 7200 6000 1300 3400 1300 3300

Left vertical axis: Ⓓ Ⓒ Ⓑ ①/Ⓐ Ⓐ
16200; 6900 2100 4700 2500
3450, 3600, 1780

GZ1 (multiple locations)

压顶外边线
女儿墙外边线
压顶内边线
女儿墙内边线

300
Φ6@200
300X60压顶
混凝土强度等级C25
3Φ6
女儿墙内装修见外墙5
240砖砌女儿墙
M5混合砂浆
240
10
(15.900)
14.400

a-a

平屋面上人孔参见
12J5-1-R8
2450
700
700
100
15.900(结构标高)

14.400(结构标高)

屋面1

GZ1
240
240
4Φ12
Φ6@200

GZ2
240
490
8Φ12
Φ6@200

GZ2

2%

Bottom dimensions: 3000 3000 3600
2000 1780
3300 6000 6000 7200 6000 6000 3300
37800

Bottom axis labels: ① ② ③ ④ ⑤ ⑥ ⑦ ⑧

【识图指导】
1.屋顶层女儿墙材质、位置、厚度、标高,平屋面上人孔的位置和平面尺寸,构造柱和压顶的位置、尺寸和配筋,注意压顶与女儿墙的位置关系。
2.构造柱的详图见本页图纸中GZ1和GZ2详图。
3.压顶的详图见本页图纸中a-a剖面详图。
4.若在整套图纸中均未提及屋面防水的起卷高度,择取默认起卷高度250mm。
5.屋面1的结构标高为14.400m,电梯井屋面的结构标高为15.900m。

设计		工程名称	**1号办公楼**	日 期	2024.8
审核		图 名	**屋顶平面图**	图 号	建施-08

8

外墙1(白色面砖外墙)

外墙3(涂料外墙)　外墙1(白色面砖外墙)　外墙1(白色面砖外墙)　16.400　外墙1(白色面砖外墙)　外墙1(白色面砖外墙)　外墙3(涂料外墙)

15.300

屋面(结构)14.400

900 900 200

3300 2400

600 600

4F11.100

600 300

3600 2700

11.400　11.200

3F 7.500

600 300

3600 2700

8.100　7.800

2F 3.900

300

3900 2700

4.500　3.400　4.200

1F ±0.000

900 300

450 300

1500

0.600　±0.000　1500

37800

外墙2(干挂大理石)　外墙2(干挂大理石)　外墙2(干挂大理石)

①　④　⑤　②/12　⑧

①—⑧轴立面图 1:100

【识图指导】
1.层高、室内外高差、室外台阶阶数、屋面高度、女儿墙高度、窗户
离地高度、雨篷顶高度、南立面的外墙面装饰做法等。
2.注意首层南立面外墙面装饰做法的变化。
3.注意突出于屋面的电梯井的标高。
4.①⑧轴处的办公室阳台的平面大样图见"建施-04 一层平面图"中
①号详图，剖面详图见"建施-12 1-1剖面、节点、大样图"中①号
详图。

设计		工程名称	**1号办公楼**	日 期	2024.8
审核		图 名	**①—⑧轴立面图**	图 号	建施-09

9

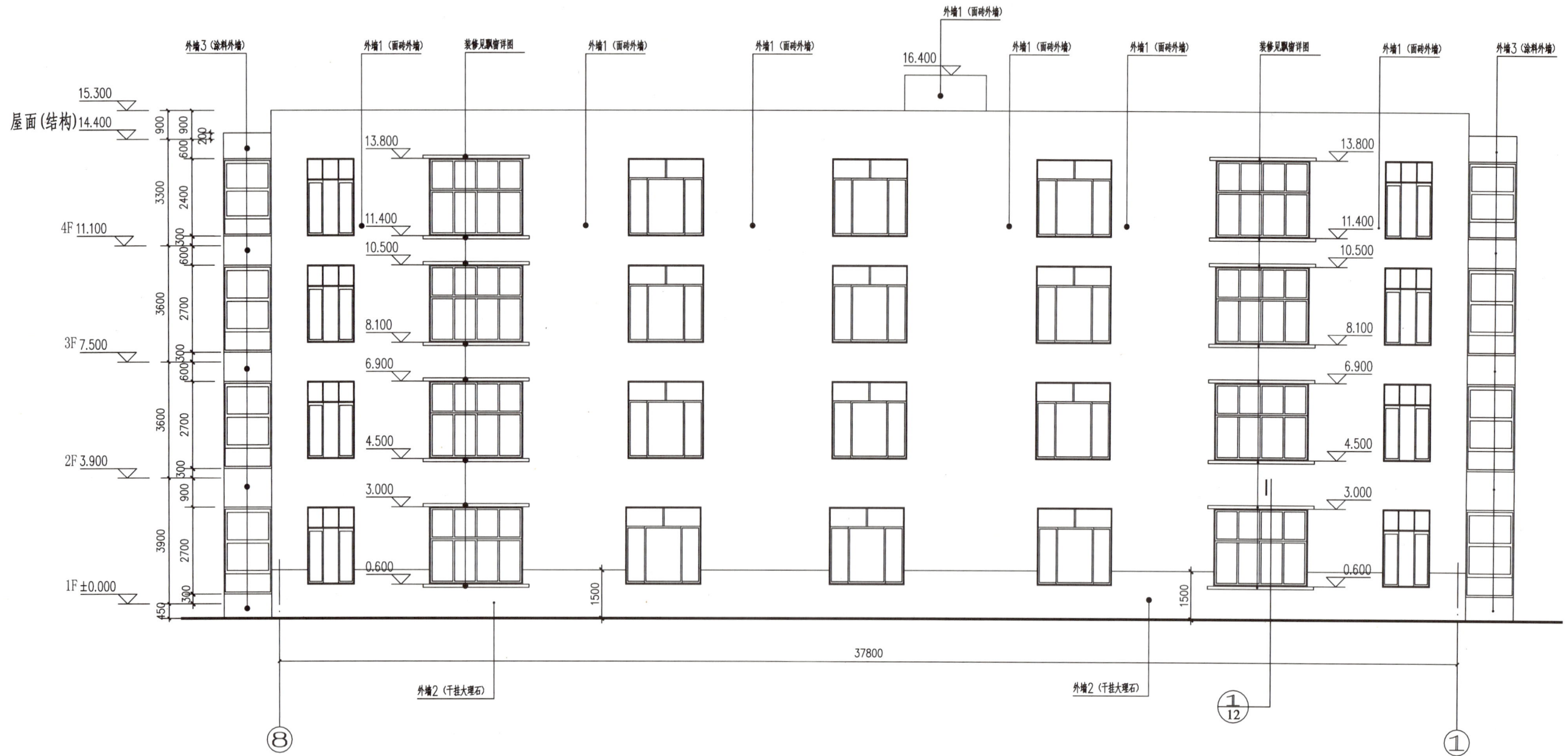

外墙3(涂料外墙)　外墙1(面砖外墙)　装修见飘窗详图　外墙1(面砖外墙)　外墙1(面砖外墙)　外墙1(面砖外墙)　外墙1(面砖外墙)　外墙1(面砖外墙)　装修见飘窗详图　外墙1(面砖外墙)　外墙3(涂料外墙)

16.400

15.300
屋面(结构)14.400

900 900 210

13.800

4F 11.100

11.400
10.500

3F 7.500

8.100

6.900

2F 3.900

4.500

3.000

1F ±0.000

0.600

3300 2400
3600 2700
3600 2700
3900 2700
600 600
600 300
600 300
900 300
300
450

1500

1500

37800

外墙2(干挂大理石)　　　　　　　　　　　　外墙2(干挂大理石)

⑧　　　　　　　　　　　　　　　　　　　　　　　　　　　　　①
12

⑧—①轴立面图 1:100

【识图指导】
1.层高、屋面高度、女儿墙高度、窗户离地高度、北立面的外墙面装饰做法等。
2.注意首层北立面外墙面装饰做法的变化。
3.注意突出于屋面的电梯井的标高。
4.北面飘窗的平面大样图见"建施-04 一层平面图"中②号详图，剖面详图见
　"建施-12 1-1剖面、节点、大样图"中②号详图。

| 设计 | | 工程名称 | **1号办公楼** | 日 期 | 2024.8 |
| 审核 | | 图 名 | ⑧—①轴立面图 | 图 号 | 建施-10 |

10

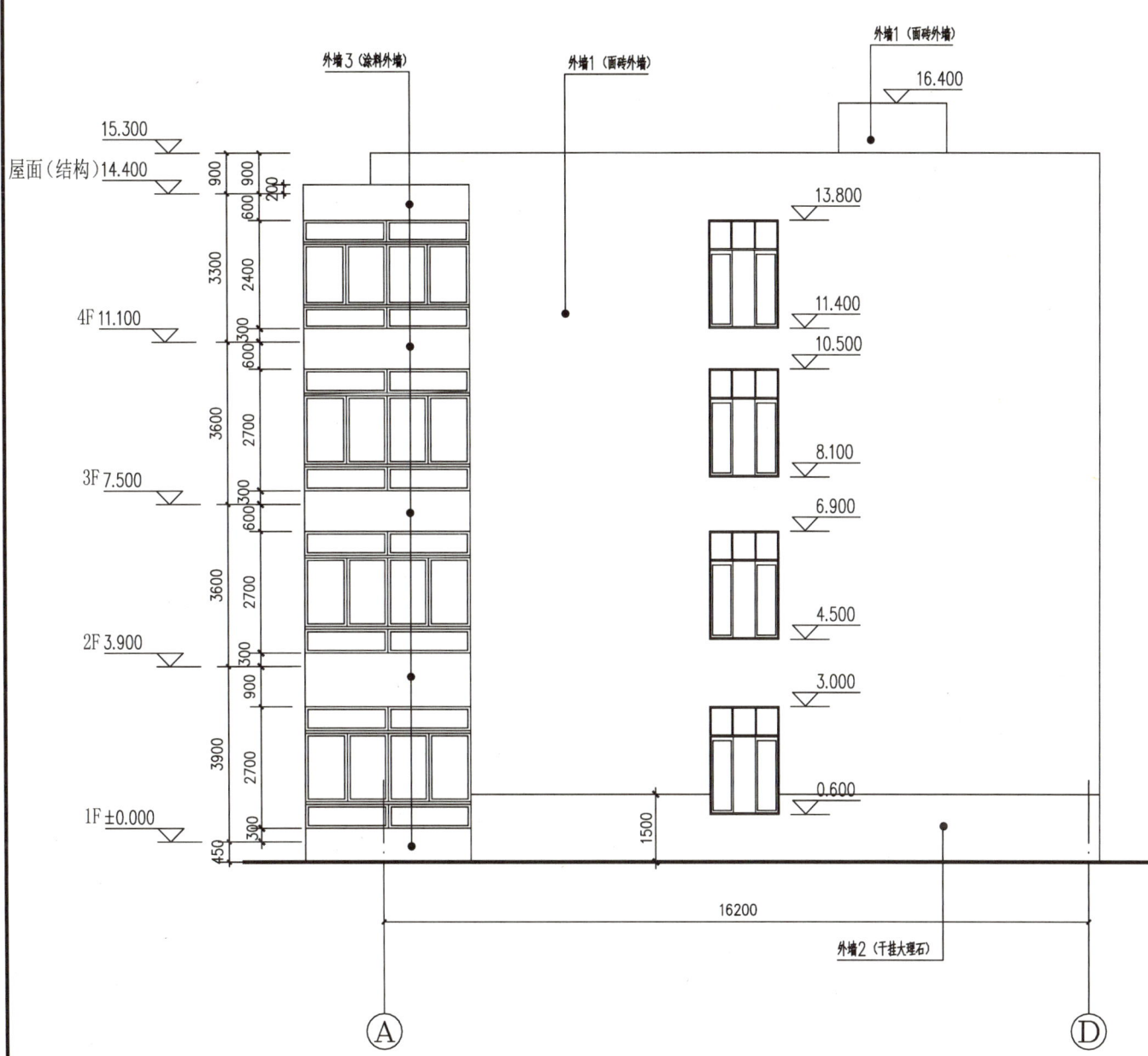

Ⓐ—Ⓓ 轴立面图 1:100

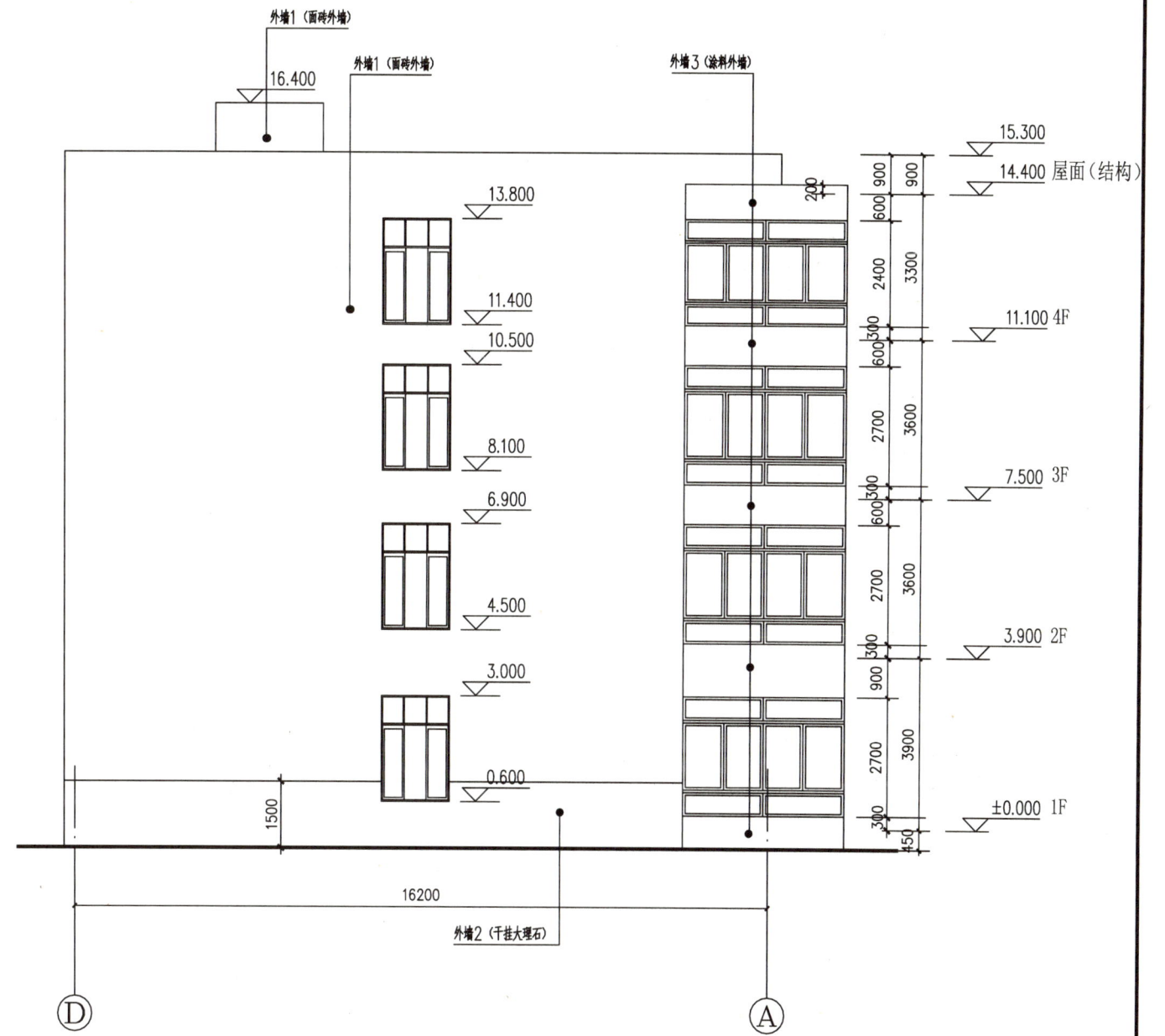

Ⓓ—Ⓐ 轴立面图 1:100

【识图指导】
1.层高、屋面高度、女儿墙高度、窗户离地高度、东西立面的外墙面装饰做法等。
2.注意首层东西立面外墙面装饰做法的变化。
3.注意突出于屋面的电梯井的标高。

设计		工程名称	**1号办公楼**	日 期	2024.8
审核		图 名	Ⓐ—Ⓓ轴立面图 Ⓓ—Ⓐ轴立面图	图 号	建施-11

11

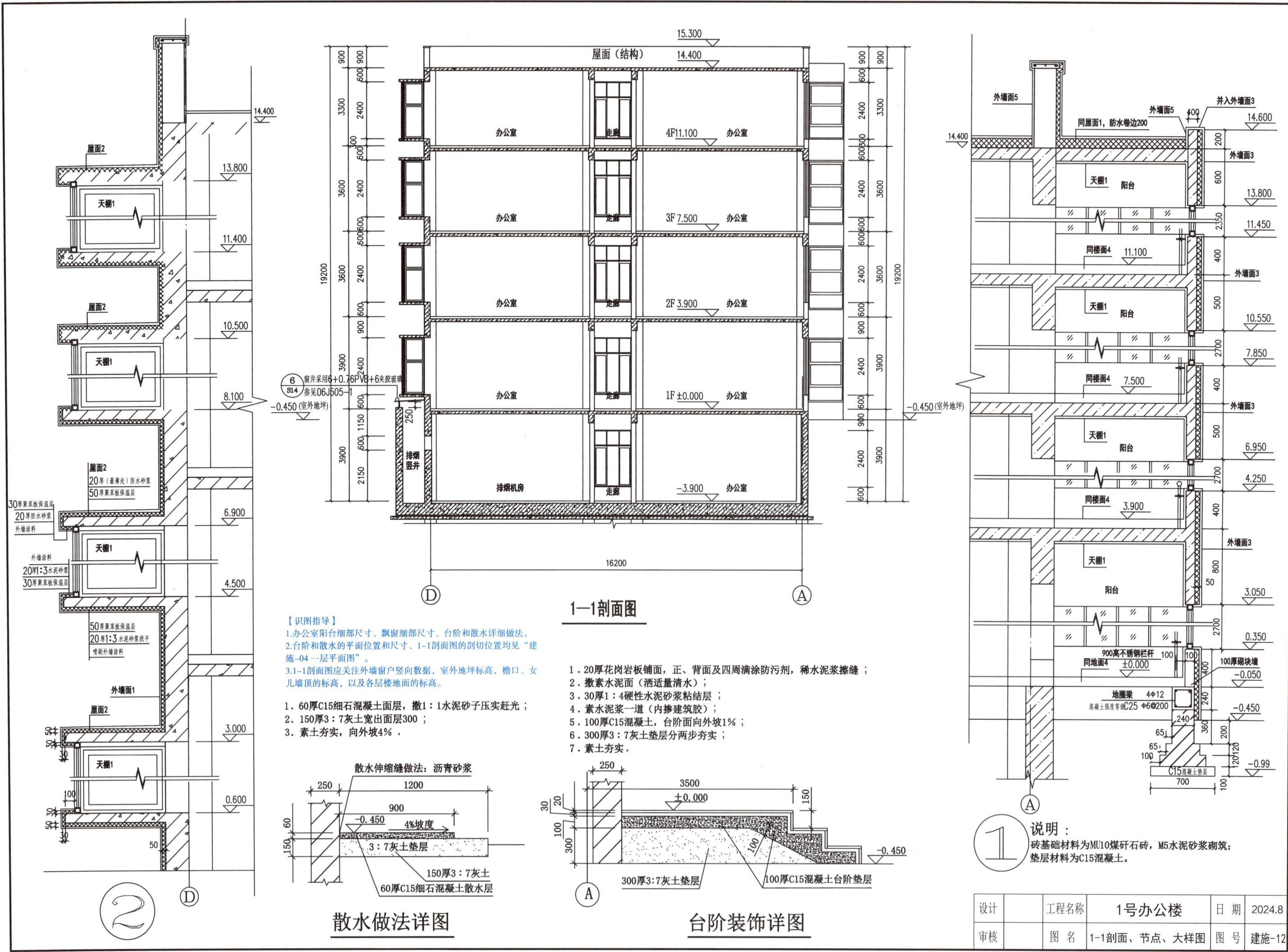

1-1剖面图

屋面（结构） 15.300
14.400

办公室 走廊 4F11.100 办公室

办公室 走廊 3F 7.500 办公室

办公室 走廊 2F 3.900 办公室

办公室 走廊 1F ±0.000 办公室

排烟机房 走廊 −3.900 办公室

−0.450（室外地坪）

16200

⑥ 窗井采用6+0.76PVB+6夹胶玻璃
S14 参见06J505—1
−0.450（室外地坪）

屋面2
天棚1 14.400
13.800
11.400

天棚1 10.500
8.100
−0.450（室外地坪）

屋面2
20厚（最薄处）防水砂浆
50厚聚苯板保温层
30厚聚苯板保温层
20厚防水砂浆
外墙涂料

天棚1 6.900

外墙涂料
20厚1：3水泥砂浆
30厚聚苯板保温层
喷刷外墙涂料 4.500

50厚聚苯板保温层
20厚1：3水泥砂浆找平
喷刷外墙涂料

屋面2
天棚1 3.000

天棚1 0.600

外墙面1

【识图指导】
1.办公室阳台细部尺寸、飘窗细部尺寸、台阶和散水详细做法。
2.台阶和散水的平面位置和尺寸、1-1剖面图的剖切位置均见"建施-04一层平面图"。
3.1-1剖面图应关注外墙窗户竖向数据、室外地坪标高、檐口、女儿墙顶的标高，以及各层楼地面的标高。

1．60厚C15细石混凝土面层，撒1：1水泥砂子压实赶光；
2．150厚3：7灰土宽出面层300；
3．素土夯实，向外坡4%。

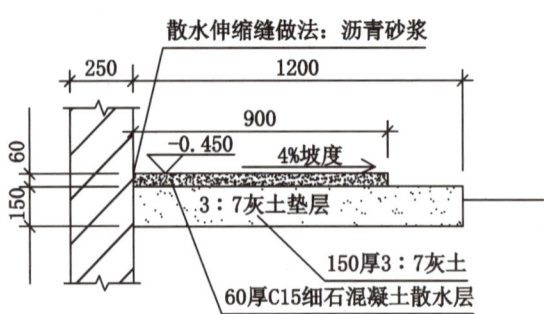

1．20厚花岗岩板铺面，正、背面及四周满涂防污剂，稀水泥浆擦缝；
2．撒素水泥面（洒适量清水）；
3．30厚1：4硬性水泥砂浆粘结层；
4．素水泥浆一道（内掺建筑胶）；
5．100厚C15混凝土，台阶面向外坡1%；
6．300厚3：7灰土垫层分两步夯实；
7．素土夯实。

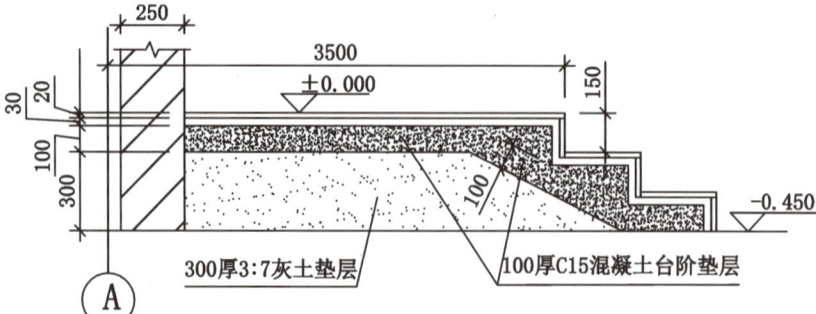

散水伸缩缝做法：沥青砂浆
250 1200
900
60 60 −0.450 4%坡度
150 60
3：7灰土垫层
150厚3：7灰土
60厚C15细石混凝土散水层

散水做法详图

250 3500
±0.000
20 150
30
100
100
300 300厚3：7灰土垫层 100C15混凝土台阶垫层
−0.450

Ⓐ

台阶装饰详图

外墙面5
同屋面1，防水卷边200 外墙面5 外墙面3
并入外墙面3
14.400 14.600
200
天棚1 阳台 外墙面3
600
13.800
2350
天棚1 阳台
外墙面3
11.100
400
同楼面4 11.100
外墙面3
天棚1 阳台
500
同楼面4 10.550
7.850
2700
天棚1 阳台 外墙面3
7.500
400
同楼面4 6.950
500
天棚1 阳台
3.900
2700
同楼面4 4.250
阳台 外墙面3
800
3.900
50 3.050
900高不锈钢栏杆
100 100
同地面4 ±0.000
0.350
地圈梁 4Φ12 −0.050
混凝土强度等级C25 Φ6@200 100厚砖块墙
240
C15混凝土垫层 −0.450
360
700 120120 −0.99
65
100 200
Ⓐ

① **说明：**
砖基础材料为MU10煤矸石砖，M5水泥砂浆砌筑；
垫层材料为C15混凝土。

| 设计 | 工程名称 | **1号办公楼** | 日 期 | 2024.8 |
| 审核 | 图 名 | 1-1剖面、节点、大样图 | 图 号 | 建施-12 |

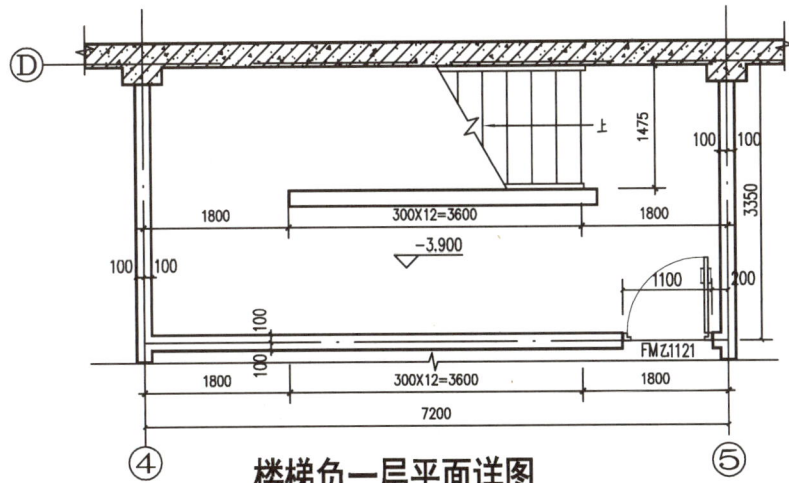

楼梯负一层平面详图
（楼梯标注尺寸均到栏杆中心线）

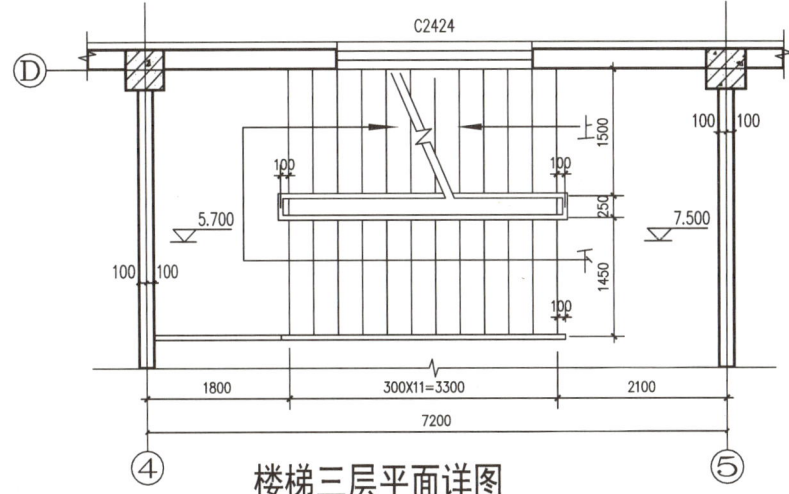

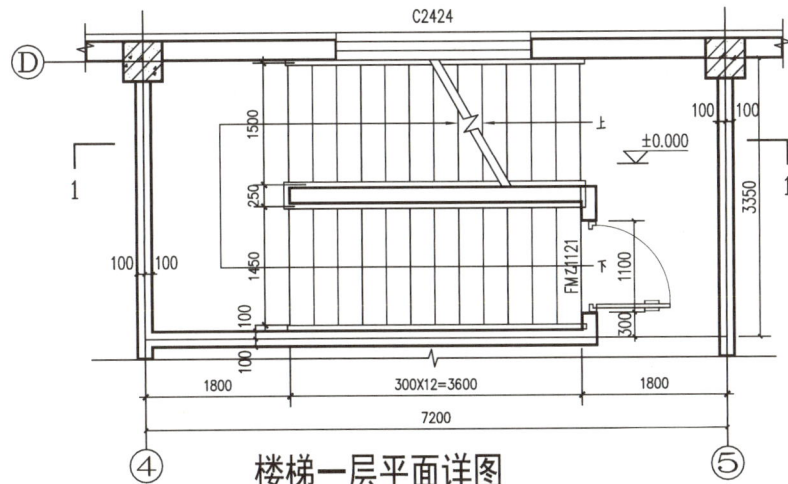

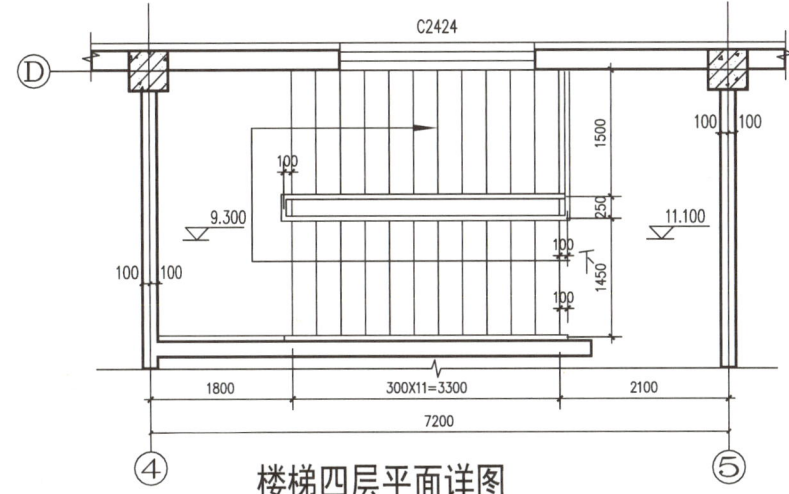

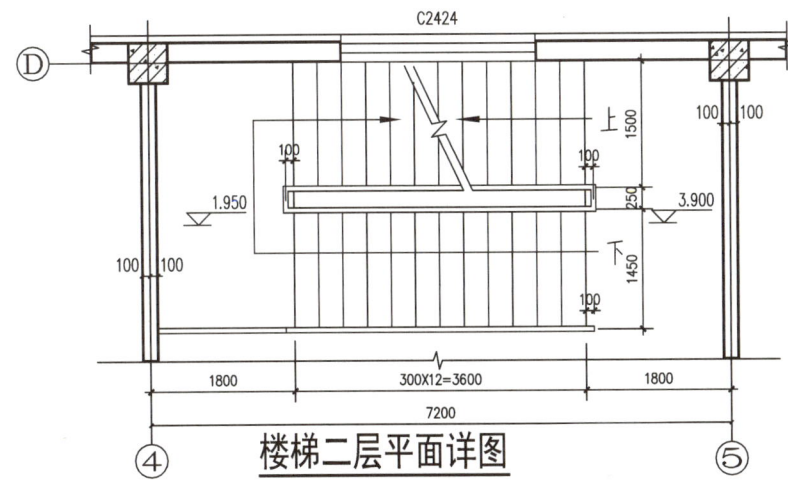

C2424
1475
3350
100 100
1800
300X12=3600
1800
-3.900
1100 200
1800 100
FMZ.1121
1800
300X12=3600
1800
7200
④ ⑤

楼梯三层平面详图
（楼梯标注尺寸均到栏杆中心线）

C2424
100 100
1500
250
1450
100
5.700
7.500
上 下
100
1800
300X11=3300
2100
7200
④ ⑤

楼梯一层平面详图
（楼梯标注尺寸均到栏杆中心线）

C2424
1500
250
1450
±0.000
100 100
3350
100 100
FMZ.1121
1100
300
1
1800
300X12=3600
1800
7200
④ ⑤

楼梯四层平面详图
（楼梯标注尺寸均到栏杆中心线）

C2424
1500
250
1450
9.300
11.100
100 100
100
1800
300X11=3300
2100
7200
④ ⑤

楼梯二层平面详图
（楼梯标注尺寸均到栏杆中心线）

C2424
1500
250
1450
1.950
3.900
100 100
100 100
1800
300X12=3600
1800
7200
④ ⑤

【识图指导】
1.楼梯间的开间与进深尺寸、休息平台尺寸、梯段与楼梯井尺寸、楼梯栏杆扶手的位置尺寸、楼梯间的楼地面和休息平台的面标高尺寸、上下楼梯的步级数等。
2.关注楼梯踏步数和踏步级数的关系。
3.本页图纸数据应结合"结施-13楼梯结构详图"共同识读。

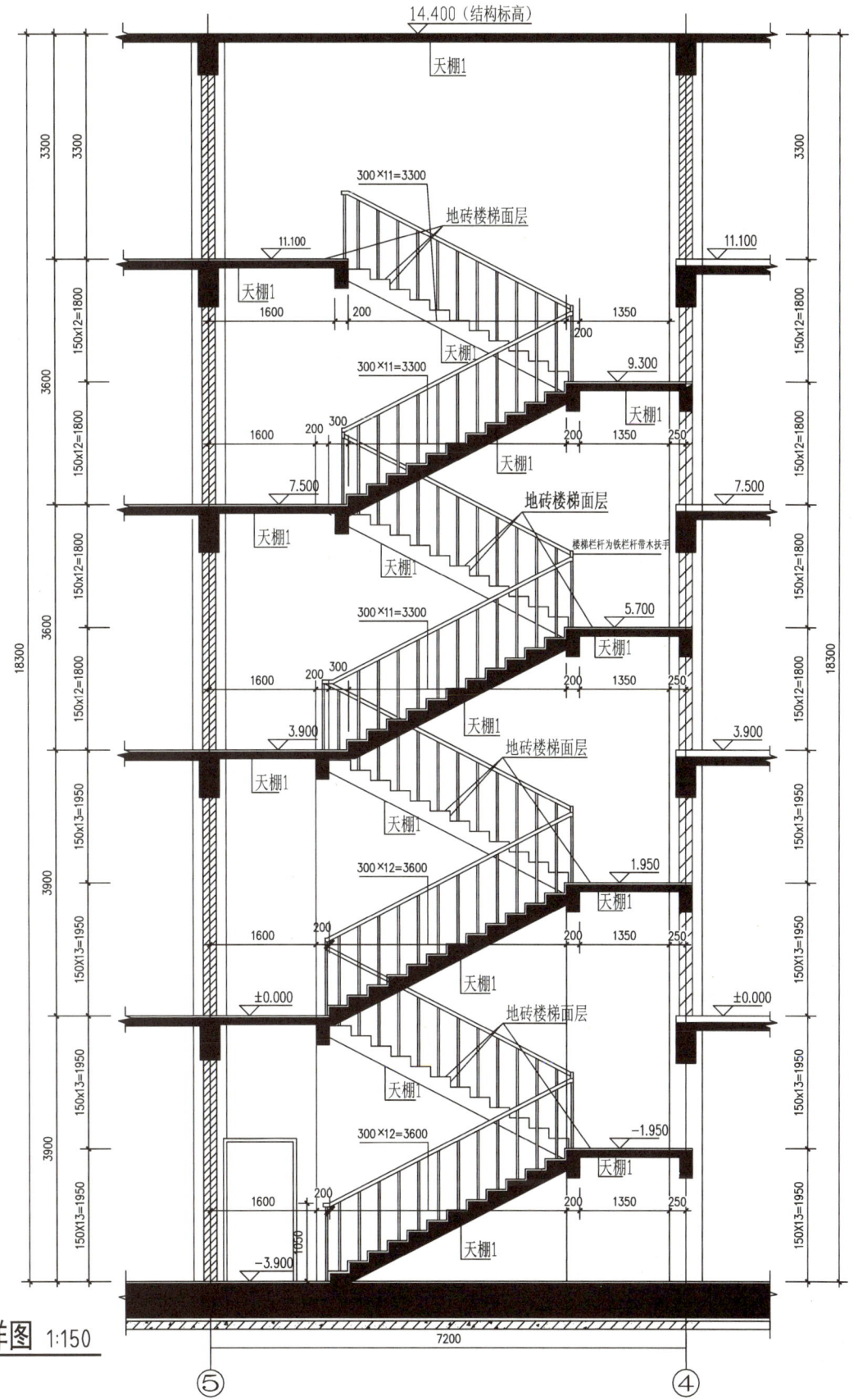

1—1剖面详图 1:150

14.400（结构标高）
天棚1
3300
3300
11.100
天棚1
1600 200
300×11=3300
地砖楼梯面层
11.100
150X12=1800
150x12=1800
300×11=3300
天棚1
9.300
1600 200 300
天棚1
3600
7.500
150X12=1800
天棚1
地砖楼梯面层
150x12=1800
300×11=3300
楼梯栏杆为铁栏杆带木扶手
天棚1
1600 200
5.700
天棚1
3600
3.900
150X12=1800
天棚1
地砖楼梯面层
150x13=1950
300×12=3600
1600 200
天棚1
3.900
3900
1.950
150X13=1950
天棚1
地砖楼梯面层
300×12=3600
150x13=1950
1600 200
±0.000
天棚1
±0.000
3900
-1.950
150X13=1950
天棚1
地砖楼梯面层
-3.900
150x13=1950
300×12=3600
1600 200
天棚1
-1.950
18300
7200
1350 250
⑤ ④

设 计	工程名称	**1号办公楼**	日 期	2024.8
审 核	图 名	楼梯详图	图 号	建施-13

13

结 构 设 计 总 说 明(一)

一、工程概况及结构布置

本工程为框架结构，地下室1层，地上4层。

二、自然条件

1.抗震设防有关参数: 抗震设防烈度为7度，抗震等级为三级。

2.场地的工程地质条件:

(1)本工程专为教学使用设计，无地质勘察报告。

(2)基础按独立基础设计，采用天然地基，地基承载力特征值 $f_{ak}=160kPa$。

三、本工程 ± 0.000相当于绝对标高暂定40.60m

四、本工程设计遵循的标准、规范、规程

1.《建筑结构可靠度设计统一标准》	GB 50068—2018
2.《建筑结构荷载规范》	GB 50009—2012
3.《混凝土结构设计规范》	GB 50010—2010
4.《建筑抗震设计规范》	GB 50011—2010
5.《建筑地基基础设计规范》	GB 50007—2011
6.《混凝土结构施工图平面整体表示方法制图规则和构造详图》	22G101—1,2,3
7.《建筑地基处理技术规范》	JGJ 79—2012
8.《钢筋混凝土连续梁和框架考虑内力重分布设计规程》	CECS51:93

五、设计采用的活荷载标准值

房间部位		活荷载（标准值）(kN/m)	组合值系数	频遇值系数	准永久值系数
屋面	上人屋面	2.0	0.7	0.5	0.4
	不上人屋面	0.5	0.7	0.5	0
楼面	门厅、卫生间	2.0	0.7	0.5	0.4
	办公室	2.0	0.7	0.6	0.5
	楼梯	3.5	0.7	0.6	0.5

注：大型设备按实际荷载计算；疏散楼梯为3.5kN/m²。

六、地基基础

采用独立基础加止水板，天然地基，地基承载力特征值 $f_{ak}=160kPa$。

七、主要结构材料

1.钢筋

Φ(HPB300)$f_y=f_y'=270N/mm^2$ $\underline{\Phi}$(HRB400)$f_y=f_y'=360N/mm^2$

$\underline{\Phi}$(T63E/E/G)$f_y=f_y'=545N/mm^2$

HPB300、HRB400、T63E/E/G均为热轧钢筋，其中HRB400和T63E/E/G必须符合抗震性能指标。

受力预埋件的锚筋应采用HRB400级或HPB300级钢筋，不应采用冷加工钢筋。

注：普通钢筋的抗拉强度实测值与屈服强度实测值的比值不应小于1.25，且钢筋的屈服强度实测值与强度标准值的比值不应大于1.3。

2.混凝土

混凝土所在部位	混凝土强度等级	备 注
基础垫层	C15	
独立基础、地梁	C30	
基础层~屋面主体结构墙、柱、梁、板、楼梯	C30	
其余各结构构件：构造柱、过梁、圈梁等	C25	

3.型钢、钢板: Q235-B

4.焊条

HPB300级钢筋、Q235焊接:E43;

HRB400级钢筋、Q345焊接:E50。

5.砌体（填充墙）

砌体砌块：容重<7.50kN/m³;

砂浆：采用M5水泥砂浆。

八、钢筋混凝土结构构造

本工程采用国家标准图集《混凝土结构施工图平面整体表示方法制图规则和构造详图》(22G101—1~3)表示方法。图中未注明的构造要求应按照标准图集的有关要求执行。

1.主筋的混凝土保护层厚度

基础钢筋:40mm

梁:20mm

柱:25mm

板:15mm

注：各部分主筋混凝土保护层厚度同时应满足不小于钢筋直径的要求。

2.钢筋接头形式及要求

(1)框架梁、框架柱当受力钢筋直径≥16mm时采用直螺纹机械连接，接头性能等级为一级；当受力钢筋直径<16mm时可采用绑扎搭接。

(2)接头位置宜设置在受力较小处，在同一根钢筋上应尽量少设接头。

(3)受力钢筋接头的位置应相互错开，当采用绑扎搭接接头时，在任一1.3倍搭接长度区段内；当采用机械连接接头时，在任一接头处的35d（d为较大的直径）区段内，有接头的受力钢筋截面面积占受力钢筋总截面面积的百分率应符合下表规定。

接头形式		受拉钢筋	受压钢筋
绑扎搭接接头	梁、板、墙	柱	50%
	25%	50%	
机械接头	50%		不限

3.纵向钢筋锚固搭接长度

(1)纵向受拉钢筋的最小锚固长度 l_a 及抗震锚固长度 l_{aE} 详见 22G101—1第2-3页;

(2)纵向受拉钢筋的搭接长度:

纵向钢筋搭接接头面积百分率(%)	25	50	100
l_l	$1.2 l_a$	$1.4 l_a$	$1.6 l_a$
l_{lE}	$1.2 l_{aE}$	$1.4 l_{aE}$	$1.6 l_{aE}$

注：在任何情况下，纵向受拉钢筋的搭接长度不应小于300mm。

(3)纵向受压钢筋的锚固长度不应小于纵向受拉钢筋锚固长度的0.7倍;

(4)纵向受压钢筋的搭接长度不应小于纵向受拉钢筋搭接长度的0.7倍，且在任何情况下不应小于200mm。

4.现浇钢筋混凝土板

除具体施工图中有特别规定外，现浇钢筋混凝土板的施工应符合以下要求:

(1)板的底部钢筋伸入支座长度应>5d，且应伸入支座中心线;

(2)板的边支座和中间支座顶标高不同时，负筋在梁内或墙内的锚固长度应满足受拉钢筋的最小锚固长度 l_a;

(3)双向板的底部钢筋，短跨钢筋置于下排，长跨钢筋置于上排;

(4)当板底与梁底平齐时，板的下部钢筋伸入梁内须折后置于梁的下部纵向钢筋之上;

(5)板上应预留孔洞，一般结构平面图中只表示出洞口尺寸>300mm的孔洞，施工时各工种的必须根据各专业图纸配合土建预留全部孔洞，不得后凿。当孔洞尺寸≤300mm时，洞边不再加钢筋，板内钢筋由洞边绕过，不得截断（见图1）。当洞口尺寸>300mm时，应设洞边加筋，按平面图示出的要求施工。当平面图未交代时，一般按图2要求。加筋的长度为单向板受力方向或双向板的两个方向沿跨度通长，并锚入支座≥5d，且应伸入支座中心线。单向板非受力方向洞口加筋长度为洞宽加两侧各40d，且应放置在受力钢筋之上。

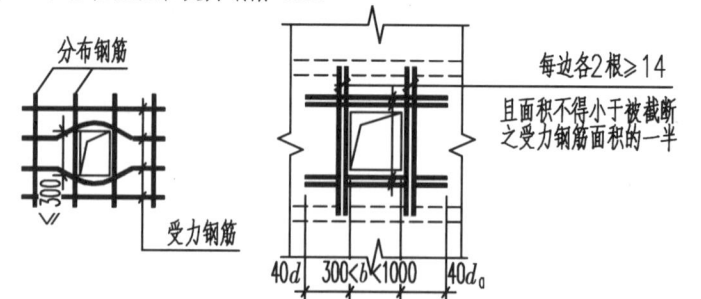

图1　　　　　图2

(6)水、暖、电管井的板为后浇板（定位详建筑），当注明配筋时，钢筋不断；未注明配筋时，均双向配筋 $\Phi8@200$ 置于板底，待设备安装完毕后，再用同强度等级的混凝土浇筑，板厚同周围楼板。

设计		工程名称	**1号办公楼**	日期	2024.8
审核		图名	**结构设计总说明（一）**	图号	结施-01(1)

（7）板内分布钢筋除注明者外见下表：

楼板厚度	≤110	120～160
分布钢筋直径、间距	Φ6@200	Φ8@200

注：分布钢筋还需同时满足截面面积不宜小于受力钢筋截面
面积的15%。

（8）凡在板上砌墙时，应在墙下板内底部放置加强筋（图中注明除外），当板跨L≤1500mm时：2Φ16；当板跨1500mm<L≤2500 mm时：3Φ16；当板跨L>2500 mm时：4Φ16。

5.钢筋混凝土梁

（1）梁内箍筋除单肢箍外，其余采用封闭形式，并做成135°弯钩。当纵向钢筋为多排时，应增加直线段弯钩，在两排或三排钢筋以下弯折，形式见图4。

（2）梁内第一根箍筋距柱边或梁边50mm起。

（3）主梁内在次梁作用处，箍筋应贯通布置，凡未在次梁两侧注明箍筋者，均在次梁两侧各设3组箍筋，箍筋肢数、直径同梁箍筋，间距为50mm。次梁吊筋在梁配筋图中表示。

（4）主次梁高度相同时，次梁的下部纵向钢筋应置于主梁下部纵向钢筋之上。

（5）梁的纵向钢筋需要设置接头时，底部钢筋应在距支座1/3跨度范围内接头，上部钢筋应在跨中1/3跨度范围内接头。同一接头范围内的接头数量不应超过总钢筋数量的50%（绑扎为25%）。

（6）在梁跨中开不大于φ150的洞，在具体设计中未说明做法时，洞的位置应在梁跨中的2/3范围内，梁高的中间1/3范围内。洞边及洞上下的配筋见图5，开方洞见图6。

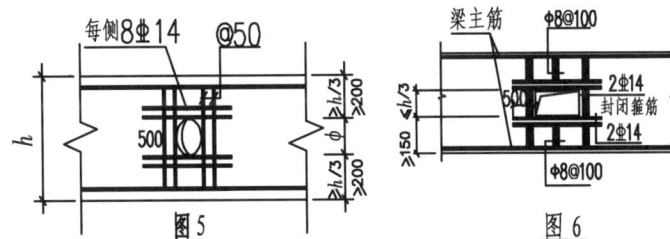

图5　图6

（7）梁跨度≥6m时，模板按跨度的0.3%起拱；悬臂梁>4m时，按悬臂长度的0.4%起拱。起拱高度不小于20mm。

（8）梁上柱支在主梁作用处，在主梁两侧各设3组箍筋，箍筋肢数同梁箍筋，直径为12mm，间距为50mm，另加主梁吊筋2Φ18于柱下。

6.钢筋混凝土柱

（1）柱箍筋一般形式见图7。

（2）柱应按建筑施工图中填充墙的位置预留拉结筋，做法见图8。

（3）柱与现浇过梁、圈梁连接处，在柱内应预留插铁，插铁伸出柱外长度为1.2l_a，锚入柱内长度为l_a。

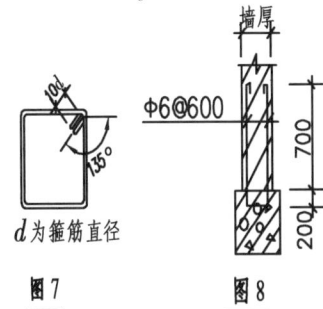

图4　图7　图8

7.填充墙

（1）填充墙平面位置见建施图，不得随意更改。

（2）当首层填充墙下有基础梁或结构梁时，填充墙可直接砌筑于其上。首层阳台基础见建施-12。

（3）填充墙与柱、抗震墙及构造柱连接处应设拉结筋，做法见图8。

（4）构造柱的设置：本图构造柱的位置见图9，构造柱的尺寸和配筋见图10，构造柱上、下端框架梁处500mm高度范围内，箍筋间距加密到100mm。构造柱与楼面相交处在施工楼面时应留出相应插筋，见图11。

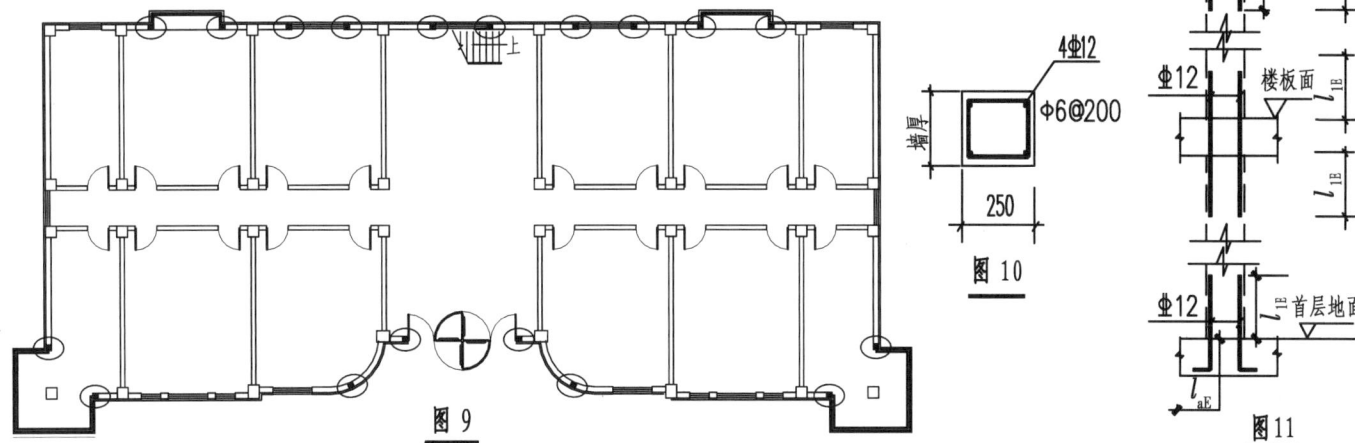

图9　图10　图11

（5）填充墙洞口过梁根据"过梁尺寸及配筋表"执行，采用现浇过梁，当洞口紧贴柱或钢筋混凝土墙，施工主体结构时，应按相应的梁配筋，在柱（墙）内预留，相应插筋见图12 a，其余现浇过梁断面及配筋见图12 b。过梁尺寸及配筋表（地梁混凝土强度等级为C25）如下：

过梁尺寸及配筋表

门窗洞口宽度	≤1200		>1200且≤2400		>2400且≤4000		>4000且≤5000	
断面b×h	b×120		b×180		b×300		b×400	
配筋 / 墙厚	①	②	①	②	①	②	①	②
b≤90	2φ10	2Φ14	2Φ12	2Φ16	2Φ14	2Φ18	2Φ16	2Φ20
90<b<240	2φ10	3Φ12	2Φ12	3Φ14	2Φ14	3Φ16	2Φ16	3Φ20
b≥240	2φ10	4Φ12	2Φ12	4Φ14	2Φ14	4Φ16	2Φ16	4Φ20

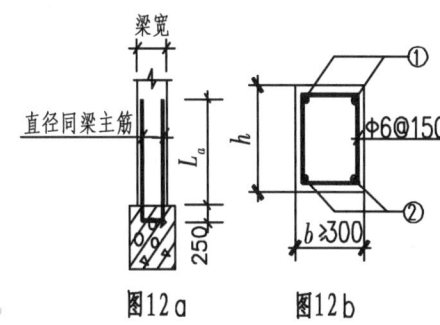

图12a　图12b

（6）所有外墙窗下标高处增加钢筋混凝土现浇带，截面尺寸为墙厚×180，配筋上下各2Φ12，Φ6@200。

（7）墙体加筋为2Φ6@600，遇到圈梁、框架梁起步为200mm，遇到构造柱锚固为200mm，遇到门窗洞口退一个保护层（60mm），加弯折（60mm）；遇到过梁梁头也是退一个保护层（60mm），加弯折（60mm）。

九、预埋件

所有钢筋混凝土构件均应按各工种的要求，如建筑吊顶、门窗、栏杆、管道吊架等设置预埋件。各工种应配合土建施工，将需要的埋件留全。

十、其他

1.本工程图示尺寸以毫米（mm）为单位，标高以米（m）为单位。

2.为了教学要求，本工程对于梁腹高小于450mm的梁也增设了侧面纵筋。

3.本工程模板图中表示梁截面及梁顶标高，未注明标高者为楼面标高。

设计		工程名称	**1号办公楼**	日期	2024.8
审核		图名	**结构设计总说明（二）**	图号	结施-01(2)

地下室工程结构设计说明（一）

一、使用规范

1.《地下工程防水技术规范》　　　　　　　　　GB 50108—2008
2.《人民防空地下室设计规范》　　　　　　　　GB 50038—2005
3.《土方与爆破工程施工及验收规范》　　　　　GB 50201—2012
4.《建筑地基基础工程施工质量验收规范》　　　GB 50202—2018
5.《混凝土结构工程施工质量验收规范》　　　　GB 50204—2015
6.《高层建筑筏形与箱形基础技术规范》　　　　JGJ 6—2011
7.《地下防水工程质量验收规范》　　　　　　　GB 50208—2011

二、防水等级

1.本工程地下室中，如有变电所及配电间，则其防水等级为一级，地下室其他部分的防水等级为二级。
2.本工程防水混凝土的设计抗渗等级为P6。
3.地下室结构构件保护层厚度如下：

基础外墙、池壁迎水面	50mm
基础其他部分	40mm
墙板	20mm
梁、柱	30mm

三、如有人防工程，则人防设计详见人防设计说明。

四、基坑开挖、排水、回填土要求

1.基坑开挖时应保留300mm厚原状土层，浇筑基础垫层前用人工挖土一次性挖到基底设计标高，施工中以不扰动持力层原状土为原则。当持力层深于基底设计标高，产生超挖情况时，如超挖深度≤300mm，则采用C20素混凝土垫层回填至设计标高；如超挖部分深度＞300mm，则采用砂石垫层回填至设计底标高。砂石垫层回填要求同"结构设计总说明"中基础砂石垫层要求。基坑开挖结束后，应尽快浇筑100mm厚C20素混凝土垫层，并应尽快施工地下室承台及底板，不宜晾槽太久，以免基底土体回弹引起建筑物附加沉降。
2.在基坑开挖时应将地下水降至垫层底部1000mm以下，并持续至主体施工完毕覆土回填且混凝土达到设计强度，且采用可靠的抗浮措施。
3.本工程基坑开挖时，应采取可靠的基坑围护措施，保护相邻建筑物、构筑物及各种管道的安全。
4.基坑四周回填土要求（压实系数≥0.94）：
（1）地下室结构施工完成且混凝土达到设计强度后，四周应及时回填土，不得长期暴露，回填土应四周同时均匀进行并分层夯实；
（2）回填范围围内杂物应清除干净，挖除淤泥，排干积水；
（3）围护桩与地下工程之间用粉质黏土沿地下室四周均匀并分层夯实，每层虚铺厚度不得超过250mm；
（4）对于高层建筑地下室有伸缩要求的，应在地下室沉降（抗震、伸缩）缝之间用粗砂细石填实。
5.施工期间必须做好排水抗浮工作。

五、防水混凝土

1.地下室底板、外墙、室外顶板，水池底板、顶板、侧板均采用防水混凝土。防水混凝土应通过调整配合比，按施工规范掺加外加剂、掺合料配置而成。配合比应按《普通混凝土配合比设计规程》（JGJ 55—2011）的规定进行计算和试配，并经试验和检测。
2.本工程地下室底板的混凝土垫层的强度等级为C20，厚度为100mm。
3.用于防水混凝土的水泥应符合下列规定：
（1）水泥品种宜采用硅酸盐水泥、普通硅酸盐水泥，采用其他品种水泥时应经试验确定；
（2）在受侵蚀性介质作用时，应按介质的性质选用相应的水泥品种；
（3）不得使用过期或受潮结块的水泥，并不将不同品种或不同强度等级的水泥混合使用。

4.防水混凝土所用砂、石应符合下列规定：
（1）石子最大粒径不宜大于40mm，泵送时其最大粒径应为输送管径的1/4；吸水率不应大于1.5%；不得使用碱活性骨料。其他要求应符合《普通混凝土用砂石质量及检验方法标准》（JGJ 52—2006）的规定。
（2）砂宜采用中砂，其要求应符合《普通混凝土用砂、石质量及检验方法标准》（JGJ 52—2006）的规定。
5.防水混凝土可根据工程需要掺入减水剂、膨胀剂、防水剂、密实剂、引气剂、复合型外加剂等外加剂，其品种和掺量应经试验确定。所有外加剂应符合国家或行业标准一等品及以上的质量要求。
6.防水混凝土选用矿物掺合料时，应符合下列规定：
（1）粉煤灰的品质应符合现行《用于水泥和混凝土中的粉煤灰》（GB/T 1596—2017）的有关规定，粉煤灰的级别不应低于Ⅱ级，烧失量不应大于5%，用量宜为胶凝材料总量的20%～30%，当水胶比小于0.45时，粉煤灰用量可适当提高；
（2）硅粉的品质应符合下表的要求，用量宜为胶凝材料总量的2%～5%。

硅粉品质要求

项目	指标
比表面积（m²/kg）	≥15000
二氧化硅含量（%）	≥85

7.每立方米防水混凝土中各类材料的总碱量（Na₂O当量）不得大于3kg。
8.防水混凝土的配合比，应符合下列规定：
（1）胶凝材料用量应根据混凝土的抗渗等级和强度等级选用，其总用量不宜小于320kg/m³；当强度要求较高或地下水有腐蚀性时，胶凝材料用量可通过试验调整。
（2）在满足混凝土抗渗等级、强度等级和耐久性条件下，水泥用量不宜小于260kg/m³。
（3）砂率宜为35%～40%，泵送时可增至45%。
（4）灰砂比宜为1:1.5～1:2.5。
（5）水胶比不得大于0.50，有侵蚀性介质时水胶比不宜大于0.45。
（6）防水混凝土采用预拌混凝土时，入泵坍落度宜控制在120～160mm，坍落度每小时损失值不应大于20mm，坍落度总损失值不应大于40mm。
（7）掺加引气剂或引气型减水剂时，混凝土含气量应控制在3%～5%。
（8）预拌混凝土的初凝时间宜为3～4h。
9.防水混凝土拌合物在运输后如出现离析，必须进行二次搅拌。当坍落度损失不能满足施工要求时，应加入原水灰比的水泥浆或二次掺加减水剂进行搅拌，严禁直接加水。
10.防水混凝土应连续浇筑，宜少留施工缝。当留设施工缝时，应遵守下列规定：
（1）墙体只允许留水平施工缝，竖向要设缝时采用后浇带。墙体水平施工缝不应留在剪力与弯距最大处或底板与侧墙的交接处，应留在高出底板表面不小于500mm的墙体上，墙体有预留孔洞的，施工缝距孔洞边缘不应小于300mm。墙体水平施工缝如无其他特殊构造，应按图1、图2施工。
（2）顶板和底板施工中原则上不留施工缝，如确需留设施工缝时，应避开剪力较大部位，并按图3施工。
11.施工缝的施工应符合下列规定：水平施工缝浇灌混凝土前，应将其表面浮浆和杂物清除，先铺净浆，再铺30～50mm厚1:1水泥砂浆或涂刷混凝土界面处理剂，并及时浇灌混凝土。
12.大体积防水混凝土的施工（基础底板），应采取以下措施：
（1）在设计许可的情况下采用混凝土60 d强度作为设计强度。
（2）采用低热或中热水泥，掺加粉煤灰、磨细矿渣粉等掺合料。
（3）掺入减水剂、缓凝剂、膨胀剂等外加剂。
（4）在炎热季节施工时，采取降低原材料温度、减少混凝土运输时吸收外界热量等降温措施。
（5）应采取保温保湿养护。混凝土中心温度与表面温度的差值不应大于25℃，表面温度与大气温度的差值不应大于20℃，温降梯度不得大于3℃/d，养护时间不应少于14d。
（6）当分层浇筑时，应在每个浇筑层上、下均有温度筋。添加的温度筋不小于⌀8@150，且上层钢筋的绑扎应在浇下层混凝土后进行。在上层浇筑前将层面上的浮浆、松动的砂、石及杂物清除干净并不得有积水。

| 设计 | | 工程名称 | 1号办公楼 | 日 期 | 2024.8 |
| 审核 | | 图 名 | 地下室工程结构设计说明(一) | 图 号 | 结施-01(3) |

地下室工程结构设计说明（二）

（7）芯筒内墙体钢筋（竖向和横向）均应配置到基底，原墙门洞口部分补齐。

13. 防水混凝土终凝以后应立即进行养护，养护时间不得少于14d。

14. 防水混凝土的冬期施工，应符合下列规定：

（1）混凝土入模温度不应低于5℃；

（2）应用综合蓄热法等养护方法，并应保持混凝土表面湿润，防止混凝土早期脱水；

（3）当采用掺化学外加剂方法施工时，应采取保温措施。

15. 由于本工程超长，要求在地下室混凝土中加入一定的TSN杜渗安，抗裂等级为一级，裂缝降低系数大于70%，掺量为2kg/m³。

六、钢筋工程

1. 图中未说明的钢筋 Ⅱ 为HRB400钢筋，f_y=360N/mm²。（可详见总说明）

2. 锚固长度：地下室侧壁的竖向钢筋在顶、底板内的锚固长度，侧壁水平筋在壁柱、转角处的锚固长度，以及底板、顶板钢筋在支座内的锚固长度，凡图中未注明者，均按22G101—1中第2-2～2-3页执行。

3. 钢筋直径$d \geq 22$mm时采用机械连接，$d < 22$mm时可采用搭接接头或焊接（可详见总说明）。地下室的所有搭接均按受拉接头处理，搭接长度未说明者按22G101—1第2-4～2-6页执行。

4. 所有底板、顶板双面布筋时，二层面筋之间拉结梅花形布置，凡未注明者，厚度在400mm以下时用 Ⅱ8@1000×1000；厚度在400~800mm时用 Ⅱ10@1000×1000；厚度在800~1200mm时用 Ⅱ12@1000×1000；厚度在1200~1500mm时用 Ⅱ14@1000×1000；厚度在1500mm以上时用 Ⅱ16@1000×1000，顶板及底板做成马凳形。

5. 凡地下室外墙、水池池壁均在迎水面的混凝土保护层内，增加为Φ4@150的单层双向钢筋网片，钢筋网片保护层厚度为25mm，详图4。墙板中拉筋间距宜为板筋间距的倍数。

七、沉降观测

1. 沉降观测点埋设位置：当图中未详注时，应在房屋四角转角处以及中间每隔10~20m的轴线上可观测到的墙、柱上设置。

2. 观测点埋置构造见图5。

3. 水准点：不少于2个，设置在距建筑物30~80m稳定、可靠的土层内或沉降已稳定的建筑物上。

4. 观测要求：观测点稳固后即开始，以后每层1次直至完工。完工当年每3个月测1次共4次，第二年6个月1次，第三年起每年1次直到稳定。

5. 施工中途停顿，应在停工前与复工前各观测1次，停工期间每隔3个月测1次。

6. 未详之处参见《建筑变形测量规范》（JGJ 8-2016）中"沉降观测"相关章节。

八、其他

1. 地下室中的坑无详图时参照图6施工。其中钢筋①为同相应部位底板配筋。

2. 混凝土现浇构件中的所有预埋件、预留孔洞及预埋套管，均应事先预埋，严禁后凿。结构图纸中仅表示出300mm×300mm以上的方孔或φ300以上的圆孔的定位，凡小于300mm×300mm（φ300）的孔，均按建筑施工图、设备施工图预留，钢筋绕过孔边（不切断）。设备管道穿混凝土侧壁时的构造如图7所示。

3. 板、梁在跨中呈台阶或弯折变化时，当无详图时，可参照图8、图9的构造处理。

4. 未详部分参照有关规程、规范的规定执行。

注：在本图中，凡有"O"符号者为可选项，涂为"●"者均为本工程设计所用。其他均为必用项。

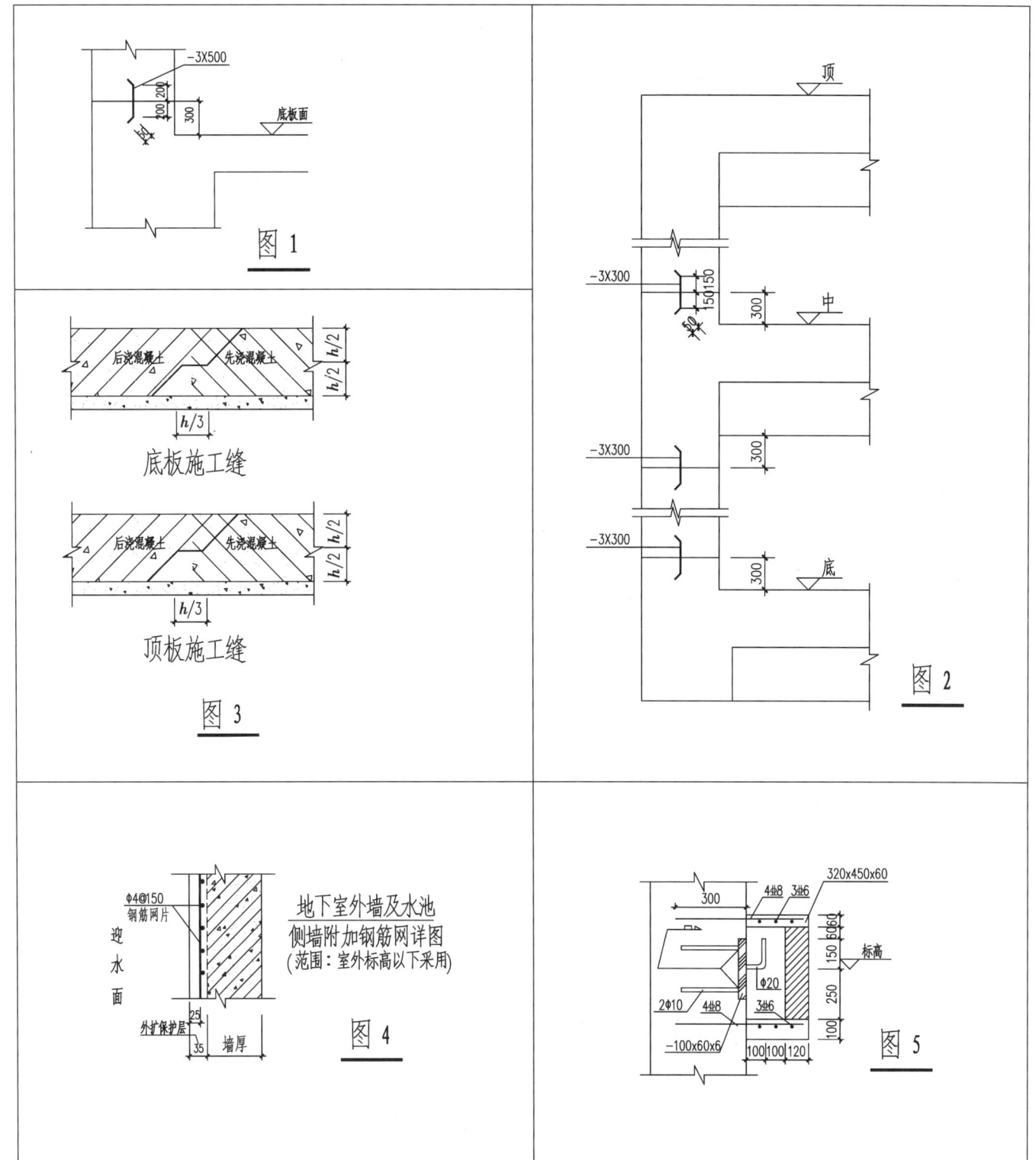

图 1

图 2

底板施工缝

顶板施工缝

图 3

地下室外墙及水池
侧墙附加钢筋网详图
（范围：室外标高以下采用）

图 4

图 5

设计	工程名称	**1号办公楼**	日 期	2024.8
审核	图 名	**地下室工程结构设计说明（二）**	图 号	结施-01(4)

地下室工程结构设计说明（三）

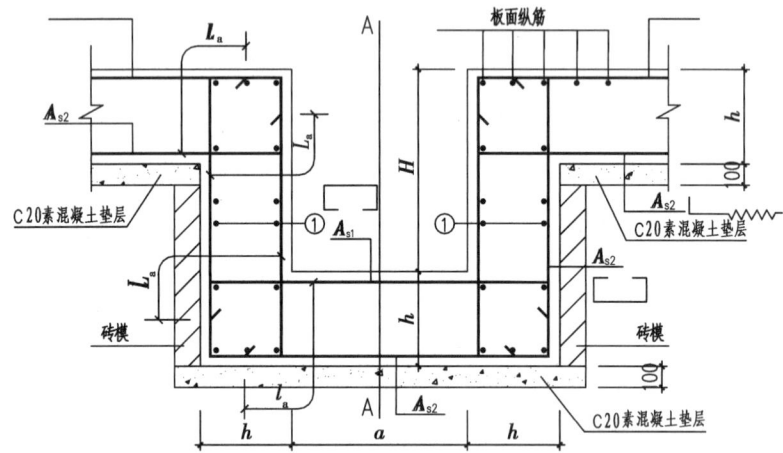

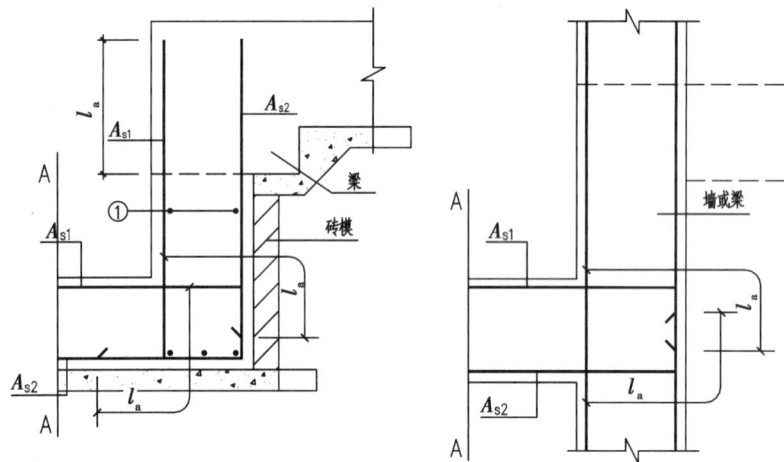

图 6

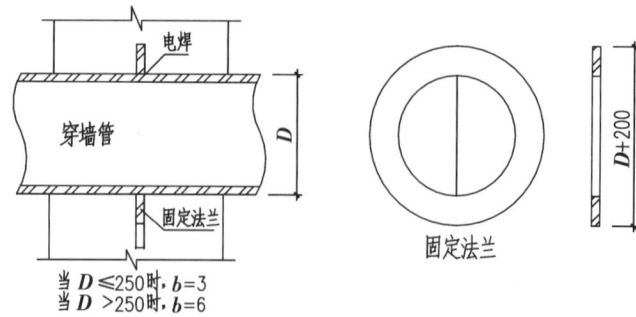

当 $D \leqslant 250$ 时，$b=3$
当 $D > 250$ 时，$b=6$

图 7

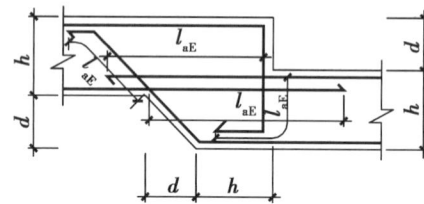

图 8

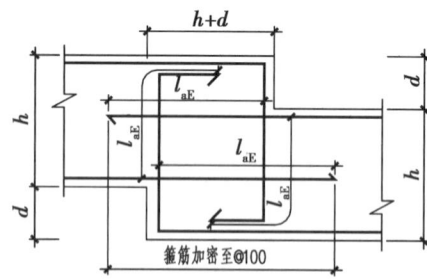

箍筋加密至@100

（当 $h+d$ 大于400时另加四肢箍；大于600时另加六肢箍，箍筋为Φ12@200）

图 9

| 设计 | | 1号办公楼 | 日 期 | 2024.8 |
| 审核 | | 地下室工程结构设计说明（三） | 图 号 | 结施-01(5) |

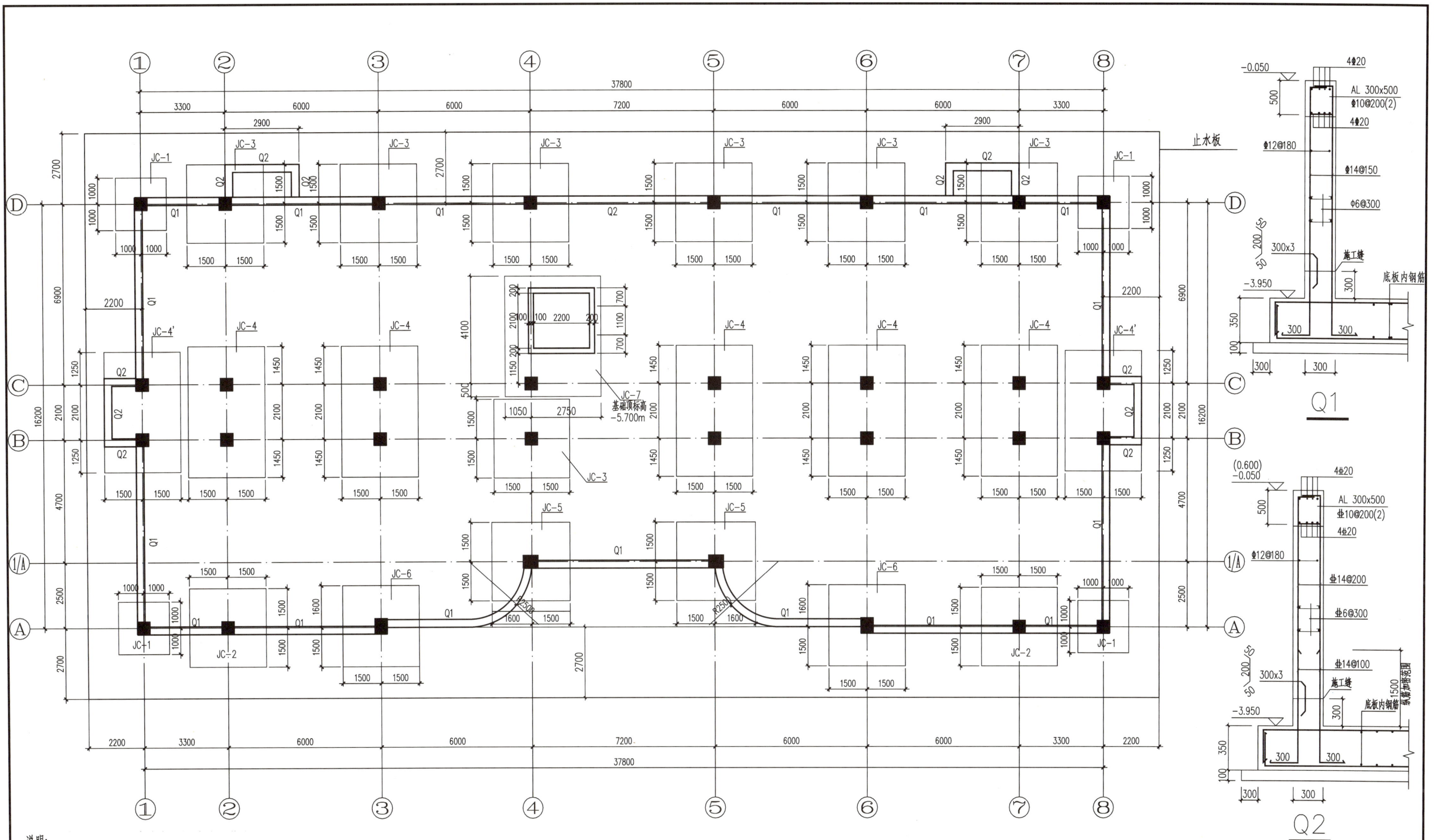

基础结构平面图 1:100

（轴线编号：① ② ③ ④ ⑤ ⑥ ⑦ ⑧，横向轴线：D C B 1/A A）

主要标注尺寸（上部总尺寸）：37800
3300 6000 6000 7200 6000 6000 3300

基础编号：JC-1、JC-2、JC-3、JC-4、JC-4'、JC-5、JC-6、JC-7、JC-3

剪力墙编号：Q1、Q2

JC-7 基础顶标高 -5.700m

止水板

Q1 截面详图
-0.050
500
AL 300×500
Φ10@200(2)
4Φ20
Φ12@180
Φ14@150
Φ6@300
50 200/50
300×3
施工缝
-3.950
底板内钢筋
350
300 300
100
300 300

Q2 截面详图
(0.600)
-0.050
500
AL 300×500
Φ10@200(2)
4Φ20
Φ12@180
Φ14@200
Φ6@300
50 200/50
300×3
施工缝
Φ14@100
-3.950
底板内钢筋
1500 纸面加强带
350
300 300
100
300 300

说明：
1. 基础以卵石层为持力层，地基承载力特征值采用160kPa。
2. 基槽、基坑开挖至设计标高后应普遍钎探，并应及时通知勘察、设计单位进行验槽，若未挖至持力层，应继续开挖直至持力层，凡槽、坑底软硬不均或与建议土质出入较大部分需仔细研究并进行妥善处理。
3. ±0.000相对于绝对标高参见建筑。
4. 基础混凝土强度等级为C30；基础垫层混凝土强度等级为C20。
5. 柱子定位参见柱子结构平面图。
6. 图中未注明基础联系梁的定位轴线居中。
7. 基础宽度大于2.5m时，钢筋长度取宽度的0.9倍。
8. 未注明止水板厚度为350mm，板顶标高-3.950，通长筋为双层双向 Φ12@150（图中未画出）。
9. 其他详见设计总说明。

【识图指导】
1. 独立基础和止水板的位置、尺寸；地下室挡土墙（剪力墙）和暗梁的位置、尺寸、标高和配筋信息。
2. 止水板的厚度、标高和配筋信息见说明第8条。
3. 本页图纸剪力墙（Q1、Q2）采用截面注写方式。
4. 剪力墙（Q1、Q2）的尺寸、标高和配筋信息见Q1、Q2的截面详图。
5. 暗梁（AL）实质上是剪力墙在楼层位置的水平加强带，其尺寸、标高和配筋信息见Q1、Q2的截面详图。
6. 办公室阳台下砖基础见"建施-12 1-1剖面、节点、大样图"中①号详图。

设计		工程名称	**1号办公楼**	日期	2024.8
审核		图名	**基础结构平面图**	图号	结施-02

19

1-1 1:50

纵筋同柱箍筋2Φ8
Φ12@150
Φ12@150

2-2 1:50

纵筋同柱箍筋2Φ8
Φ14@150
Φ14@150

3-3 1:50

Φ12@150
Φ14@150
2Φ8
Φ12@150

4-4 1:50

Φ12@150
纵筋同柱
Φ12@150
Φ14@150
2Φ8
Φ12@150

JC-1

Φ12@150
Φ12@150

JC-2、JC-3
（JC-5）
[JC-6]

Φ14@150
Φ14@150

JC-4'

Φ12@150
Φ14@150

JC-4

Φ12@150
Φ14@150

350厚止水板
三元乙丙防水卷材
100厚C20垫层
100厚聚苯板

-3.950
独基
止水板上筋
L_a
止水板厚度
L_a
独基配筋
基础宽
止水板下筋

独基处止水板做法 1:20
主筋直锚满足L_a时可不弯折

JC-7

Φ14@150
Φ14@150

5-5 1:50

Φ12@150
Φ12@150
Φ14@150
-6.300
Φ14@150

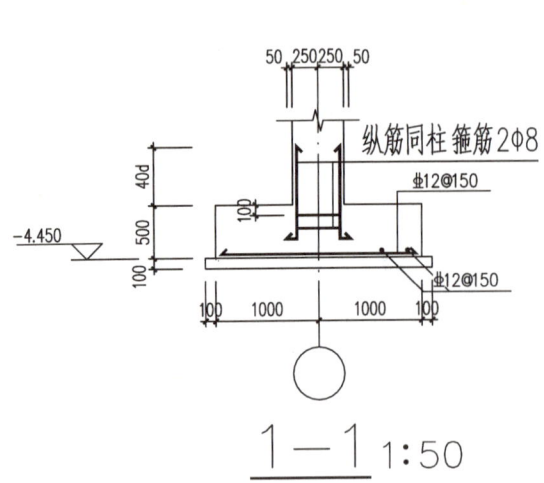

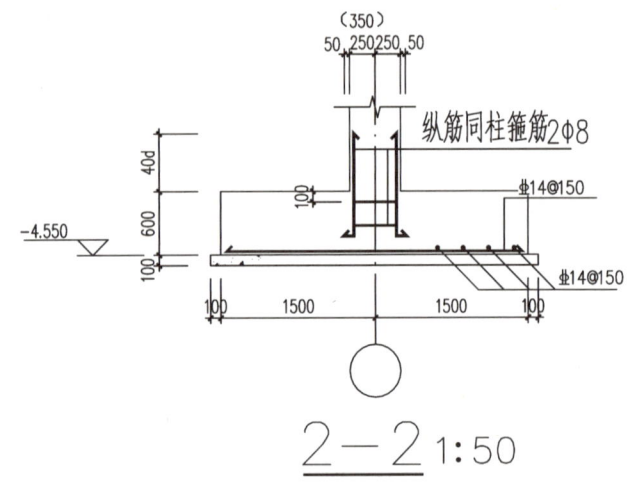

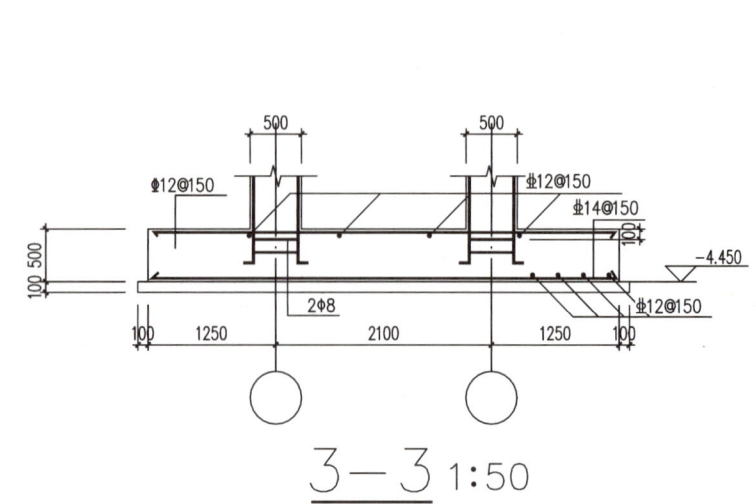

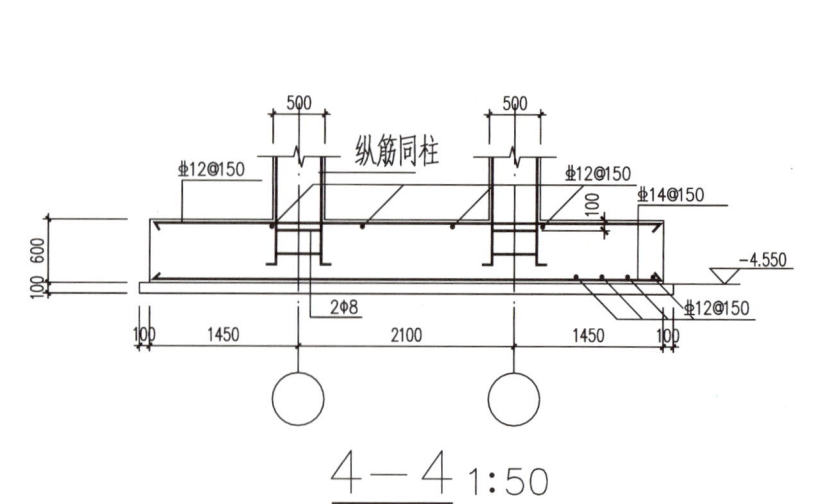

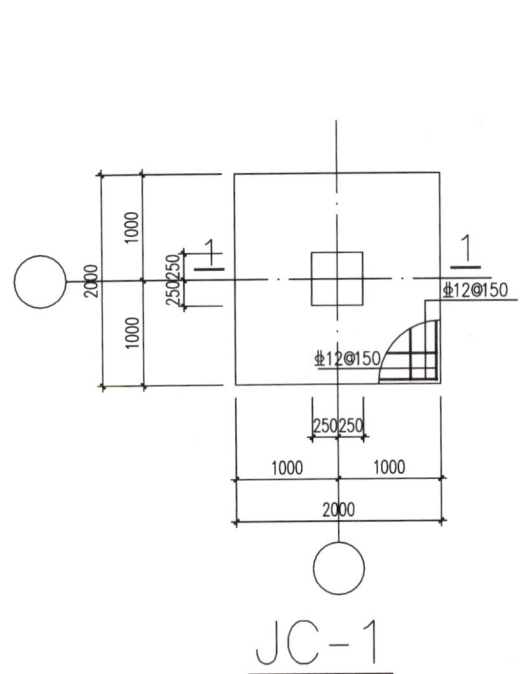

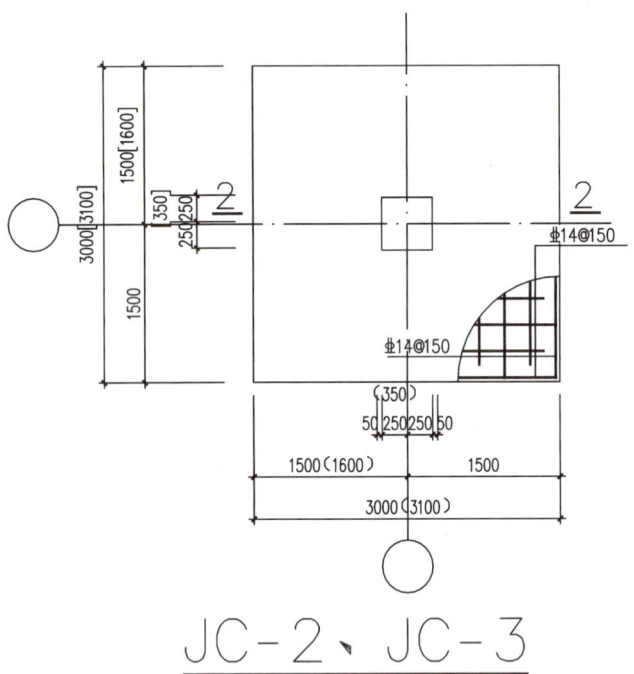

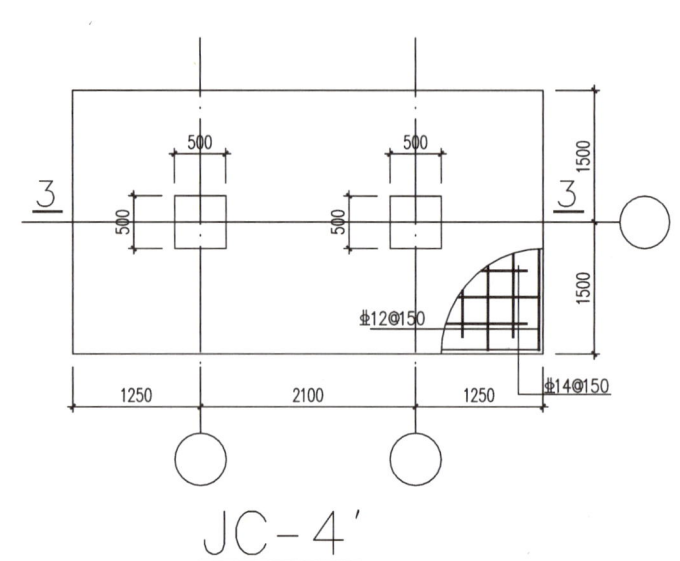

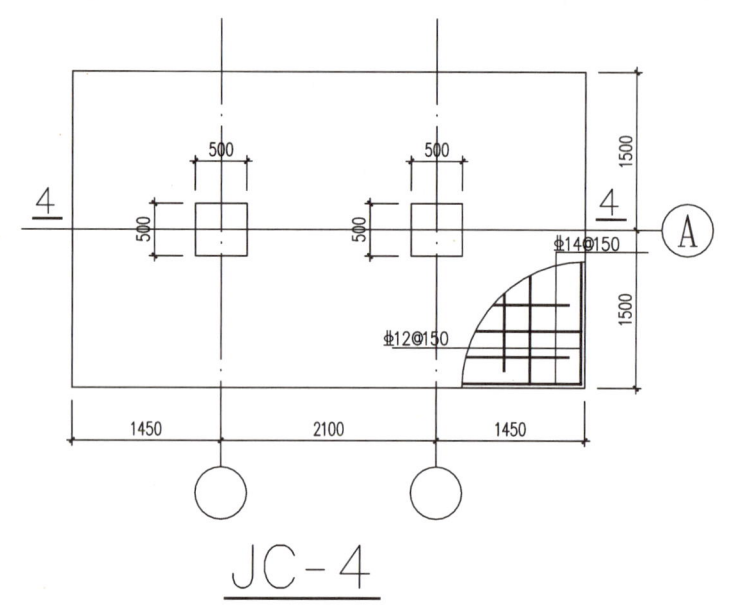

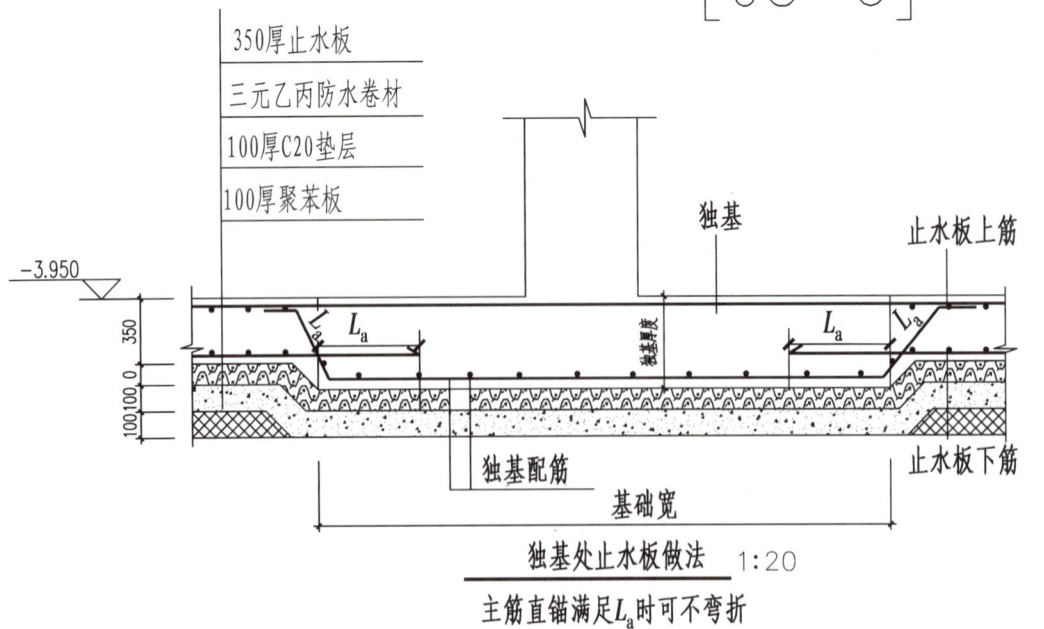

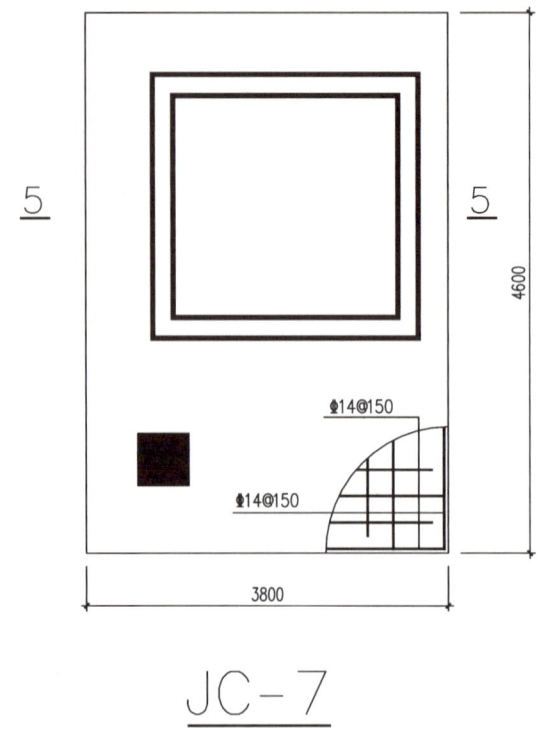

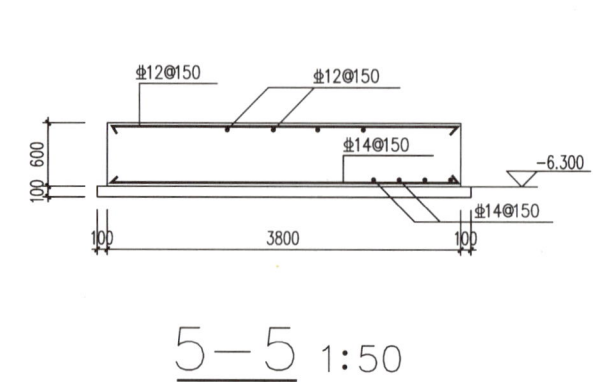

【识图指导】
1.独立基础和止水板的尺寸、标高和配筋信息、垫层的厚度和出边距离。
2.JC-1、JC-2、JC-3、JC-5、JC-6为底部双向配筋，JC-4、JC-4'、JC-7为双层双向配筋。
3.独立基础涉及-4.45、-4.55和-6.3三种底标高。
4.柱的基础插筋信息见基础剖面图。

| 设计 | | 工程名称 | 1号办公楼 | 日 期 | 2024.8 |
| 审核 | | 图 名 | 基础详图 | 图 号 | 结施-03 |

20

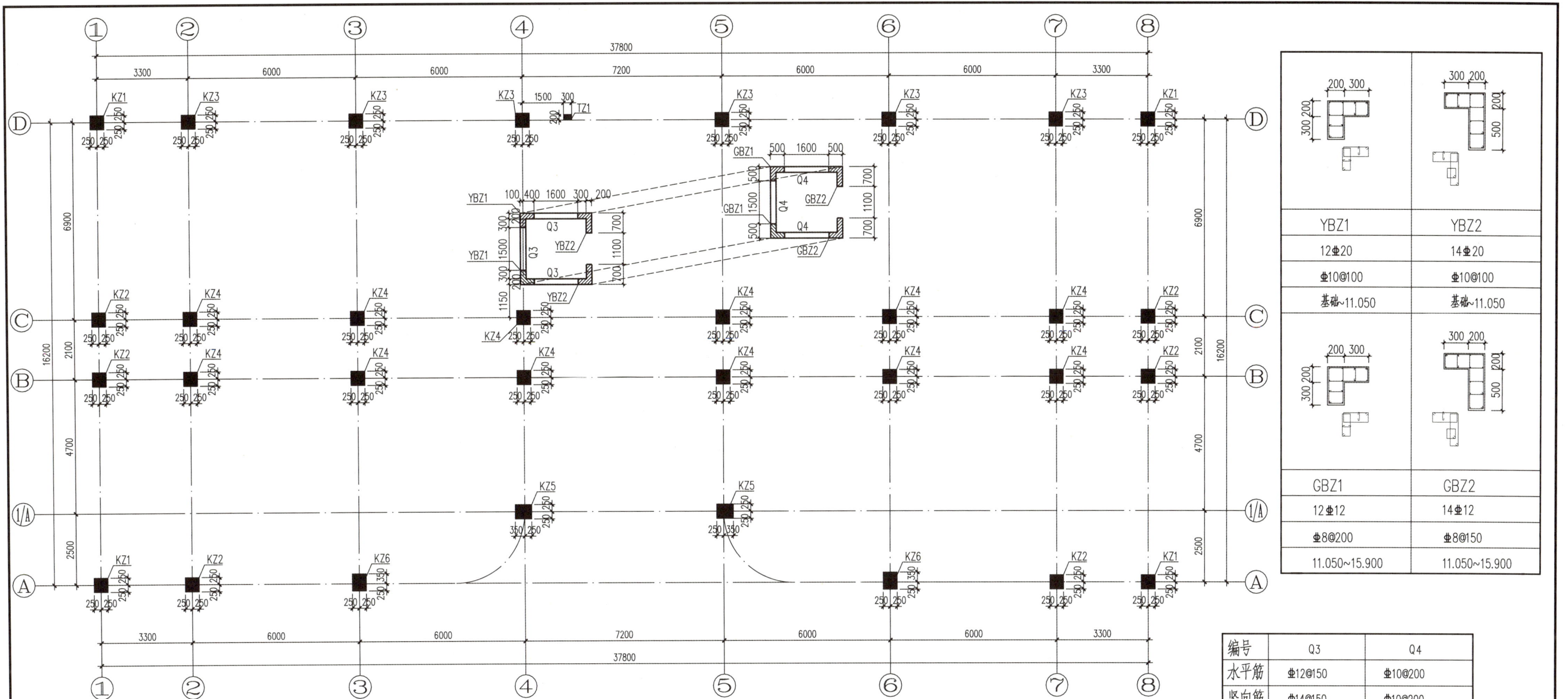

柱墙结构平面图 1:100

说明:
1. 柱子配筋按照22G101-1有关规定执行。
2. 未定位柱子对所在轴线定位居中。
3. 柱子混凝土强度等级为C30。

【识图指导】
1.柱和电梯井壁（剪力墙）的位置、尺寸、标高和配筋信息。
2.YBZ为约束边缘构件，GBZ为构造边缘构件，起到提高剪力墙的延性、保证墙体稳定及改善其抗震性能的重要作用。
3.本工程框架柱（KZ）采用列表注写方式，边缘构件（YBZ、GBZ）采用截面注写方式。
4.本页图纸剪力墙（Q3、Q4）采用列表注写方式。
5.本工程梯柱（TZ）的配筋信息见"结施-13楼梯结构详图"。

边缘构件

	YBZ1	YBZ2
	12Φ20	14Φ20
	Φ10@100	Φ10@100
	基础~11.050	基础~11.050

	GBZ1	GBZ2
	12Φ12	14Φ12
	Φ8@200	Φ8@150
	11.050~15.900	11.050~15.900

编号	Q3	Q4
水平筋	Φ12@150	Φ10@200
竖向筋	Φ14@150	Φ10@200
拉筋	Φ8@450	Φ8@600
厚度	200	200
标高	基础~11.050	11.050~15.900

柱子配筋表

柱号	标高	b×h	角筋	b每侧中部筋	h每侧中部筋	箍筋类型号	箍筋
KZ1	基础顶~3.850	500X500	4Φ22	3Φ18	3Φ18	1(4X4)	Φ8@100
	3.850~14.400	500X500	4Φ22	3Φ16	3Φ16	1(4X4)	Φ8@100
KZ2	基础顶~3.850	500X500	4Φ22	3Φ18	3Φ18	1(4X4)	Φ8@100/200
	3.850~14.400	500X500	4Φ22	3Φ16	3Φ16	1(4X4)	Φ8@100/200
KZ3	基础顶~3.850	500X500	4Φ25	3Φ18	3Φ18	1(4X4)	Φ8@100/200
	3.850~14.400	500X500	4Φ22	3Φ18	3Φ18	1(4X4)	Φ8@100/200
KZ4	基础顶~3.850	500X500	4Φ25	3Φ20	3Φ20	1(4X4)	Φ8@100/200
	3.850~14.400	500X500	4Φ25	3Φ18	3Φ18	1(4X4)	Φ8@100/200
KZ5	基础顶~3.850	600X500	4Φ20	4Φ20	3Φ20	1(5X4)	Φ8@100/200
	3.850~14.400	600X500	4Φ25	4Φ18	3Φ18	1(5X4)	Φ8@100/200
KZ6	基础顶~3.850	500X600	4Φ25	3Φ20	4Φ20	1(4X5)	Φ8@100/200
	3.850~14.400	500X600	4Φ25	3Φ18	4Φ18	1(4X5)	Φ8@100/200

备注: b侧数字轴线

设计		工程名称	1号办公楼	日期	2024.8
审核		图名	柱墙结构平面图	图号	结施-04

地下室顶梁配筋图 1:100

本层梁、墙混凝土强度等级：C30

轴线编号
①②③④⑤⑥⑦⑧

尺寸标注
37800
3300　6000　6000　7200　6000　6000　3300

16200
6900　2100　4700　2500

梁配筋标注（部分可识别）

墙顶标高-0.600
LL2(1) 250X1050
Φ100/200(2)
2Φ20；2Φ20
GΦ12@200

KL10d(1) 300X600
Φ8@100/200(2)
2Φ25；2Φ25
G2Φ12

LL1(1) 200X1000
Φ10@100(2)
4Φ22；4Φ22
GΦ12@200

L1(1) 300X550
Φ8@100(2)
2Φ22
G2Φ12

参见楼梯详图

KL5(3) 300X500
2Φ25
G2Φ12

KL4(1) 300X600
Φ10@100/200(2)
2Φ25
G2Φ12

KL10d(3) 300X600
Φ8@100/200(2)
2Φ25
G2Φ12

KL3(3) 250X500
Φ10@100/200(2)
2Φ25
G2Φ12

KL10(3) 300X600
Φ8@100/200(2)
2Φ25；G2Φ12

KL9(3) 300X600
Φ10@100/200(2)
2Φ25
G2Φ12

KL8(1) 300X600
Φ10@100/200(2)
2Φ25
G2Φ12

LL2(1)

KL7(1) 300X500
Φ10@100/200(2)
2Φ25；2Φ25
G2Φ12

KL8(1), KL7(1), KL5(3), KL9(3)

3500　2500

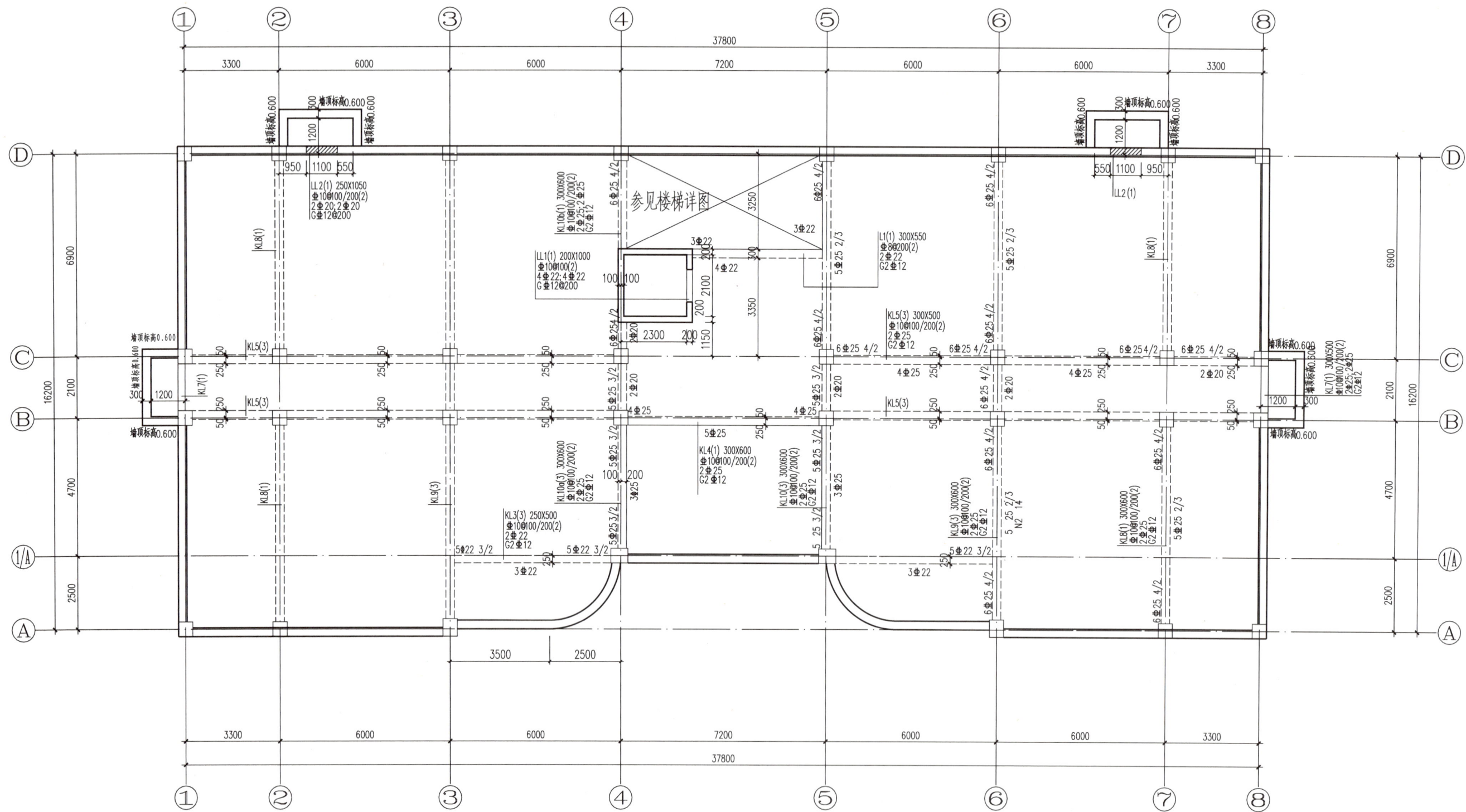

说明：
1. 梁配筋按照22G101-1有关规定执行。
2. 未标注定位梁对所在轴线、定位线居中。
3. 图中未注明梁顶标高同板顶标高，当梁两侧板顶标高不一致时，梁顶与较高板顶取齐。
4. 主次梁交接处，主梁内次梁两侧按右图各附加3根箍筋，间距50 mm，直径同主梁箍筋。
5. 其余说明详见结构设计总说明。
6. 地下室挡土墙Q1墙顶标高-0.050(采光井及排烟竖井Q2墙顶标高0.600)，Q1和Q2具体位置见结施-02。

主梁　附加箍筋
次梁

结构层楼面标高表

楼层	层底标高	层高	
屋顶	14.400		
4	11.050	3.350	
3	7.450	3.600	约束构件底部加强区
2	3.850	3.600	
1	-0.050	3.900	
-1	-3.950	3.900	

【识图指导】
1.地下室顶梁、连梁、挡土墙、采光井及排烟竖井的位置、尺寸、标高和配筋信息。
2.连梁（LL）是连接剪力墙墙肢的结构构件，起到效提高建筑结构的稳定性、延性、抗震能力以及整体刚度的重要作用。
3.注意主次梁交界处存在附加箍筋（次梁加筋）。
4.注意梁的偏心。
5.挡土墙（Q1）、采光井及排烟竖井（Q2）的详细信息见"结施-02基础结构平面图"。

设计		工程名称	**1号办公楼**	日期	2024.8
审核		图名	**地下室顶梁配筋图**	图号	结施-05

22

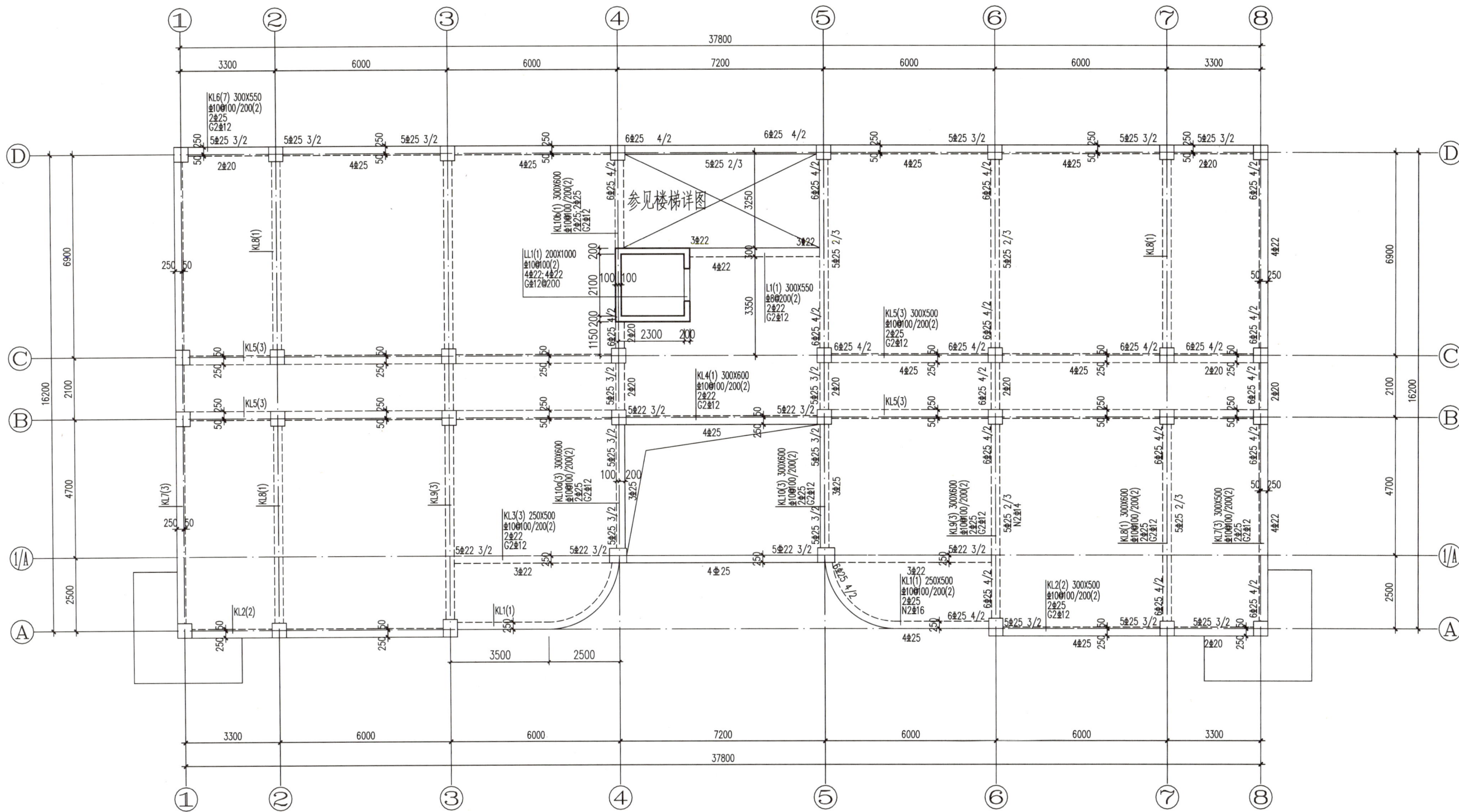

一、三层顶梁配筋图 1:100

本层梁混凝土强度等级：C30

说明：
1. 梁配筋按照22 G 101-1有关规定执行。
2. 未标注定位梁对所在轴线、定位线居中。
3. 图中未注明梁顶标高同板顶标高，当梁两侧板顶标高不一致时，梁顶与较高板顶取齐。
4. 主次梁交接处，主梁内次梁两侧按右图各附加3根箍筋，间距50mm，直径同主梁箍筋。
5. 其余说明详见结构设计总说明。

结构层楼面标高表

楼层	层底标高	层高
屋顶	14.400	
4	11.050	3.350
3	7.450	3.600
2	3.850	3.600
1	-0.050	3.900
-1	-3.950	3.900

约束构件底部加强区

【识图指导】
1. 一、三层顶梁、连梁的位置、尺寸、标高和配筋信息。
2. 梁的平面注写包括集中标注与原位标注。施工时，原位标注取值优先于集中标注。
3. 注意主次梁交界处存在附加箍筋（次梁加筋）。
4. 注意梁的偏心。

设计		工程名称	**1号办公楼**	日期	2024.8
审核		图名	**一、三层顶梁配筋图**	图号	结施-06

23

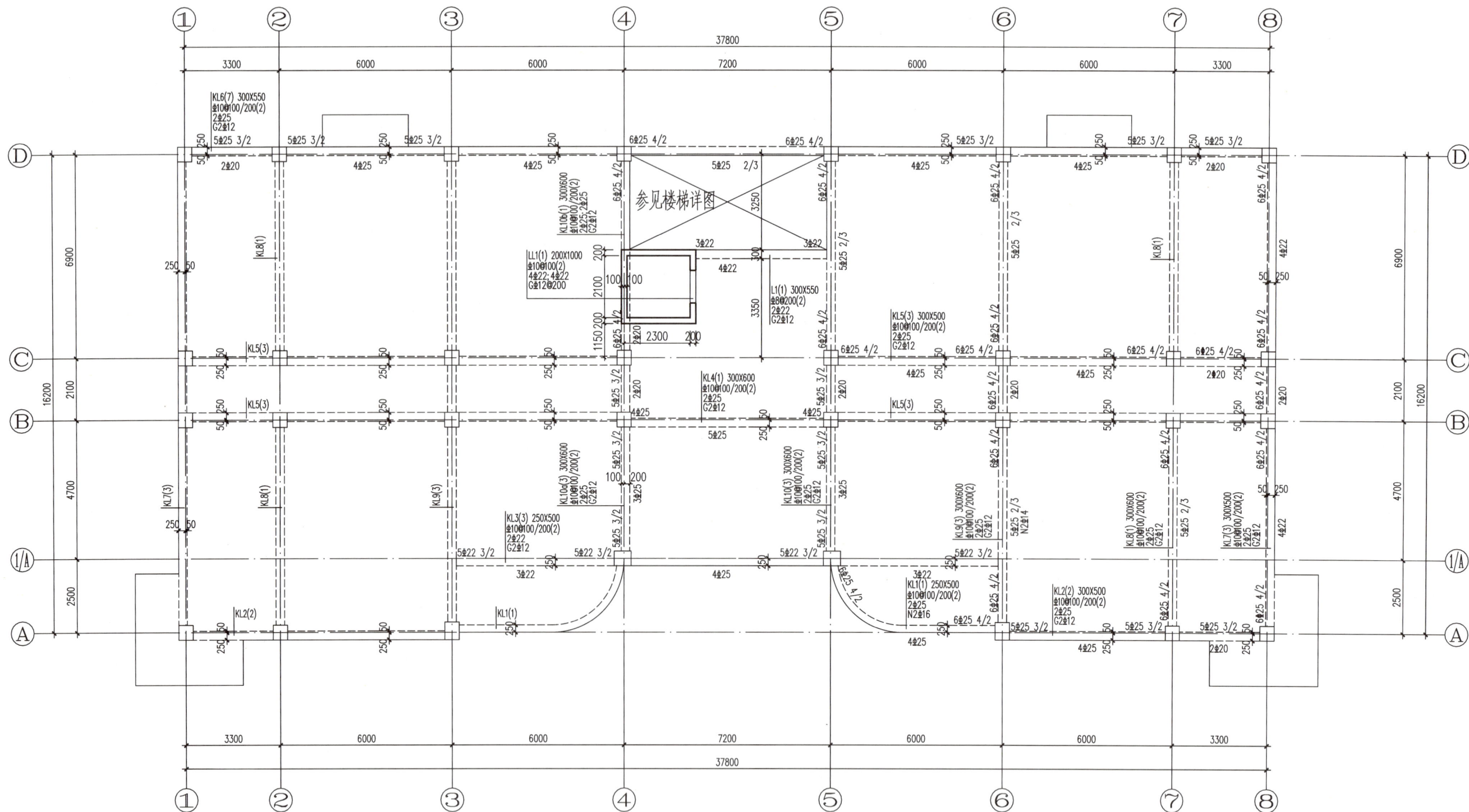

轴网尺寸（上）：
37800
3300 | 6000 | 6000 | 7200 | 6000 | 6000 | 3300

① ② ③ ④ ⑤ ⑥ ⑦ ⑧

D C B A 轴线

KL6(7) 300X550
Φ10@100/200(2)
2Φ25
G2Φ12
5Φ25 3/2

KL8(1)
KL5(3)
KL7(3)
KL9(3)
KL3(3) 250X500
Φ10@100/200(2)
G2Φ12

KL10b(1) 300X600
Φ10@100/200(2)
3Φ25;2Φ25
G2Φ12

参见楼梯详图

LL1(1) 200X1000
Φ10@100(2)
4Φ22;4Φ22
G2Φ12@200

L1(1) 300X550
2Φ22
G2Φ12

KL5(3) 300X500
Φ10@100/200(2)
2Φ25
G2Φ12

KL4(1) 300X600
Φ10@100/200(2)
2Φ25
G2Φ12

KL10(3) 300X600
Φ10@100/200(2)
2Φ25
G2Φ12

KL9(3) 300X600
Φ10@100/200(2)
2Φ25
G2Φ12
N2Φ14

KL8(1) 300X600
Φ10@100/200(2)
2Φ25
G2Φ12

KL7(3) 300X500
Φ10@100/200(2)
2Φ25
G2Φ12

KL1(1) 250X500
Φ10@100/200(2)
2Φ25
G2Φ12
N2Φ16

KL2(2) 300X500
Φ10@100/200(2)
2Φ25
G2Φ12

6900 / 2100 / 16200 / 4700 / 2500

37800
3300 | 6000 | 6000 | 7200 | 6000 | 6000 | 3300

二层顶梁配筋图 1:100
本层梁混凝土强度等级：C30

说明:
1. 梁配筋按照22G101—1有关规定执行。
2. 未标注定位梁对所在轴线、定位线居中。
3. 图中未注明梁顶标高同板顶标高，当梁两侧板顶标高不一致时，梁顶与较高板顶取齐。
4. 主次梁交接处，主梁内次梁两侧按右图各附加3根箍筋，间距50mm，直径同主梁箍筋。
5. 其余说明详见结构设计总说明。

主梁 附加箍筋
次梁

结构层楼面标高表

楼层	层底标高	层高
屋 顶	14.400	
4	11.050	3.350
3	7.450	3.600
2	3.850	3.600
1	−0.050	3.900
−1	−3.950	3.900

约束构件底部加强区

【识图指导】
1. 二层顶梁、连梁的位置、尺寸、标高和配筋信息。
2. 注意主次梁交界处存在附加箍筋（次梁加筋）。
3. 注意梁的偏心。

设计		工程名称	1号办公楼	日 期	2024.8
审核		图 名	二层顶梁配筋图	图 号	结施-07

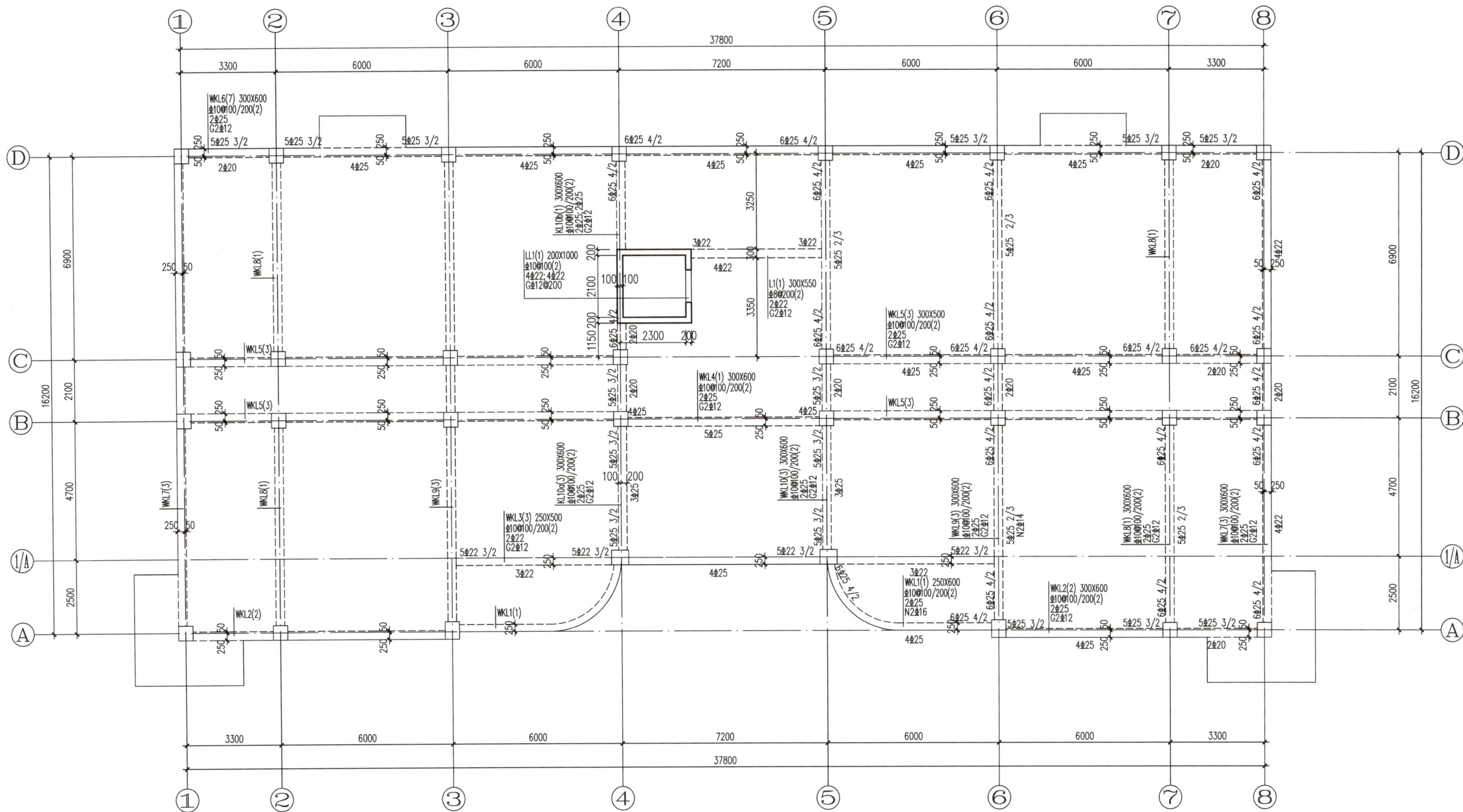

四层顶梁配筋图 1:100

本层梁混凝土强度等级：C30

主要梁构件标注（部分）：

- WKL6(7) 300X600 Φ10@100/200(2) 2Φ25 G2Φ12 5Φ25 3/2
- KL10b(1) 300X600 Φ10@100/200(2) 2Φ25；2Φ25
- LL1(1) 200X1000 Φ10@100(2) 4Φ22；4Φ22 G4Φ12@200
- L1(1) 300X550 Φ10@200(2) 2Φ22 G2Φ12
- WKL5(3) 300X500 Φ10@100/200(2) 2Φ25 G2Φ12
- WKL4(3) 300X600 Φ10@100/200(2) 2Φ25 G2Φ12
- WKL5(3)
- WKL3(3) 250X500 Φ10@100/200(2) 2Φ25 G2Φ12
- KL10a(3) 300X600 Φ10@100/200(2) 2Φ25
- WKL10(3) 300X600 Φ10@100/200(2) 2Φ25
- WKL9(3) 300X600 Φ10@100/200(2) 2Φ25 G2Φ12
- WKL8(1) 300X600 Φ10@100/200(2) 2Φ25 G2Φ12
- WKL7(3) 300X600 Φ10@100/200(2) 2Φ25 G2Φ12
- WKL2(2) 300X600 Φ10@100/200(2) 2Φ25 N2Φ16 G2Φ12
- WKL1(1) 250X600 Φ10@100/200(2) 2Φ25 N2Φ16
- WKL7(3)
- WKL8(1)
- WKL9(3)
- WKL2(2)

轴网尺寸：3300 / 6000 / 6000 / 7200 / 6000 / 6000 / 3300 （总37800）
竖向：2500 / 4700 / 2100 / 6900 （16200）

说明：
1. 梁配筋按照22G 101-1有关规定执行。
2. 未标注定位梁对所在轴线、定位线居中。
3. 图中未注明梁顶标高同板顶标高，当梁两侧板顶标高不一致时，梁顶与较高板顶取齐。
4. 主次梁交接处，主梁内次梁两侧按右图各附加3根箍筋，间距50mm，直径同主梁箍筋。
5. 其余说明详见结构设计总说明。

主梁 / 次梁 / 附加箍筋

结构层楼面标高表

楼层	层底标高	层高
屋顶	14.400	
4	11.050	3.350
3	7.450	3.600
2	3.850	3.600
1	-0.050	3.900
-1	-3.950	3.900

约束构件 / 底部加强区

设计	工程名称	1号办公楼	日期	2024.8
审核	图名	四层顶梁配筋图	图号	结施-08

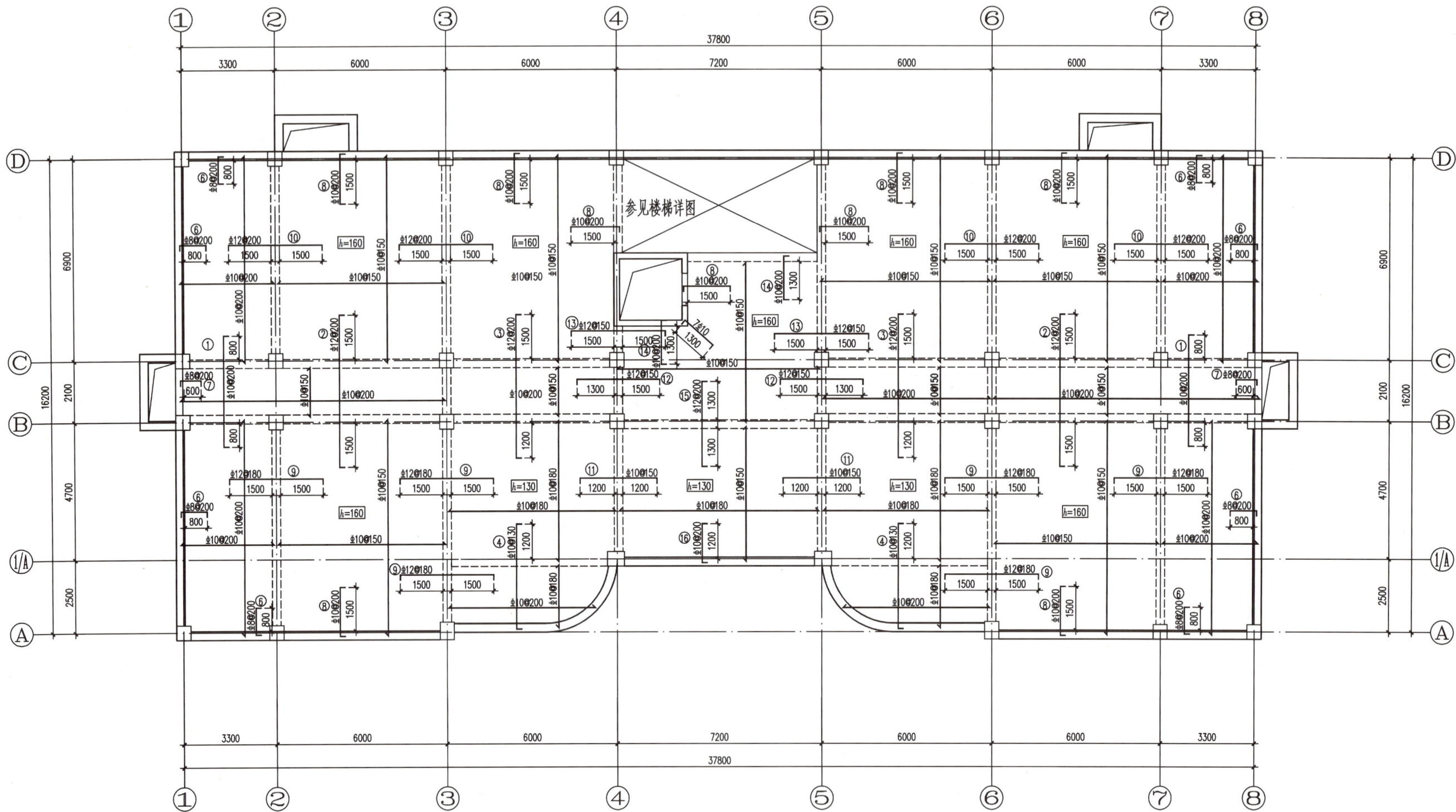

地下室顶板配筋图 1:100

本层板混凝土强度等级：C30

参见楼梯详图

说明:
1. 图中未注明板顶标高同结构楼层标高，除标注外板厚均为120mm；
2. 图中未注明楼板下铁均为φ10@200；
3. 图中板边节点细部、挑板及空调板与建筑平面及墙身大样核对无误后方可施工；
4. 所有孔洞施工时应与机电图纸配合预留，不得后凿；
5. 其余说明详见结构设计总说明。

结构层楼面标高表

楼层	层底标高	层高
屋顶	14.400	
4	11.050	3.350
3	7.450	3.600
2	3.850	3.600
1	-0.050	3.900
-1	-3.950	3.900

（与建筑专业配合）

【识图指导】
1. 地下室顶板的位置、板厚、标高和配筋信息。
2. "下铁"的意思为下部钢筋。
3. 地下室顶板包含120mm、130mm、160mm三种厚度。
4. 地下室顶板中包含的钢筋类型为：板底钢筋（板底受力筋）、板面钢筋（支座负筋和跨板受力筋）、分布筋和电梯井处的阳角放射筋。
5. 板分布筋的详细信息见"结施-01（2）结构设计总说明（二）"。

| 设计 | | 工程名称 | 1号办公楼 | 日期 | 2024.8 |
| | | 图名 | 地下室顶板配筋图 | 图号 | 结施-09 |

26

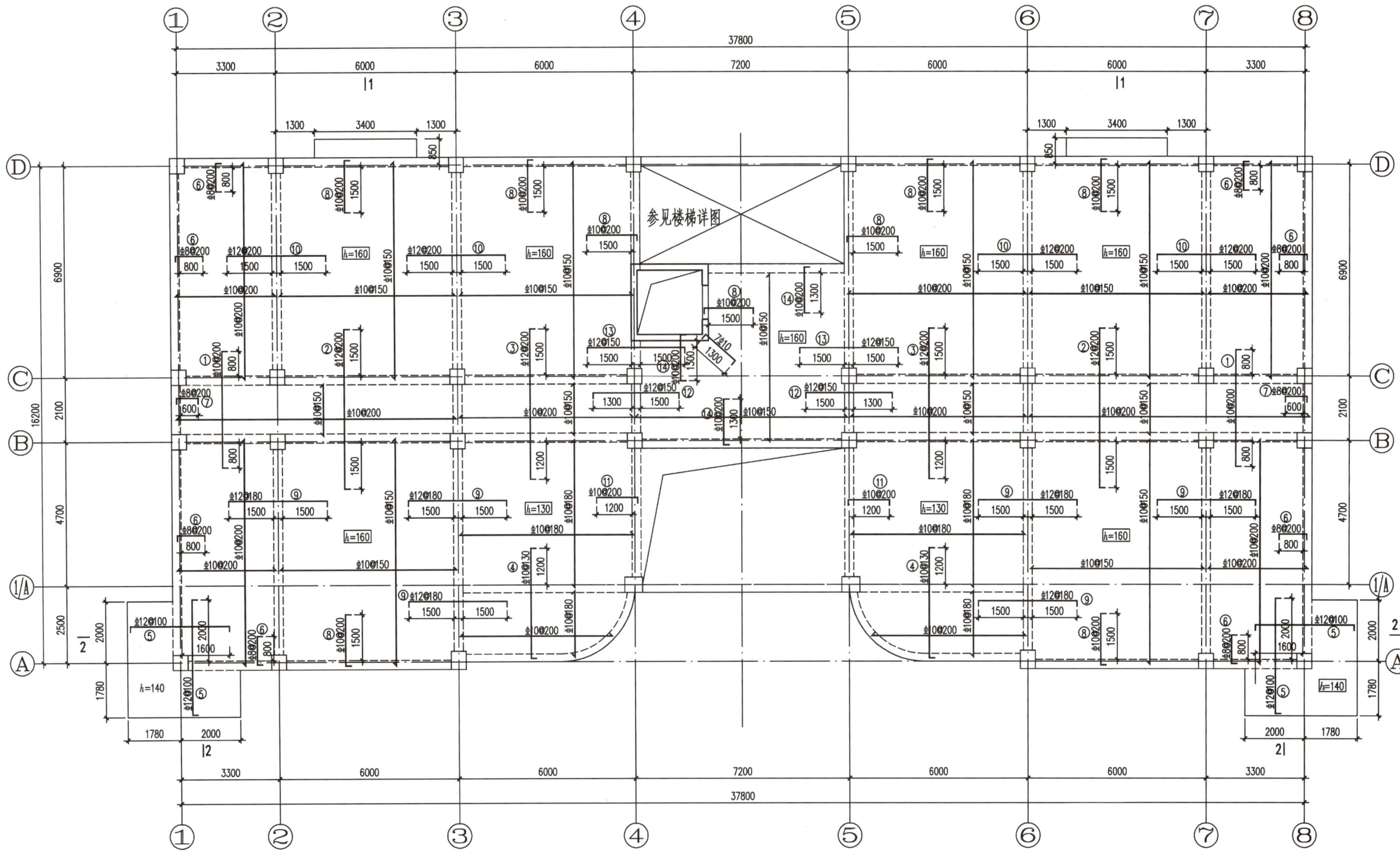

一、三层顶板配筋图

本层板混凝土强度等级：C30

结构层楼面标高表

楼层	层底标高	层高
屋顶	14.400	
4	11.050	3.350
3	7.450	3.600
2	3.850	3.600
1	-0.050	3.900
-1	-3.950	3.900

说明：
1.图中未注明板顶标高同结构楼层标高，除标注外板厚均为120mm；
2.图中未注明楼板下铁均为Φ10@200；
3.图中板边节点细部、挑板及空调板与建筑平面及墙身大样核对无误后方可施工；
4.所有孔洞施工时应与机电图纸配合预留，不得后凿；
5.其余说明详见结构设计总说明。

【识图指导】
1.一、三层顶板的位置、板厚、标高和配筋信息；飘窗的标高、细部尺寸和配筋信息；阳台板的标高、细部尺寸和配筋信息。
2."下铁"的意思为下部钢筋。
3.一、三层顶板包含120mm、130mm、140mm、160mm四种厚度。
4.一、三层顶板中包含的钢筋类型为：板底钢筋（板底受力筋）、板面钢筋（支座负筋和跨板受力筋）、分布筋和电梯井处的阳角放射筋。
5.楼梯井、电梯井、天井处无顶板。
6.板分布筋的详细信息见"结施-01（2）结构设计总说明（二）"。

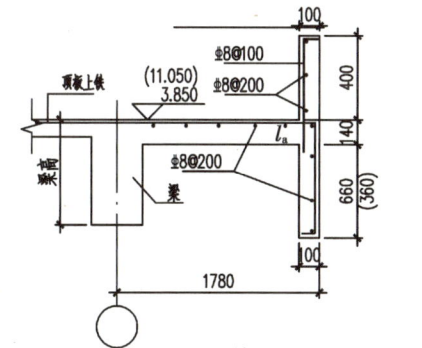

2-2详图

注：( )内标注用于三层顶板

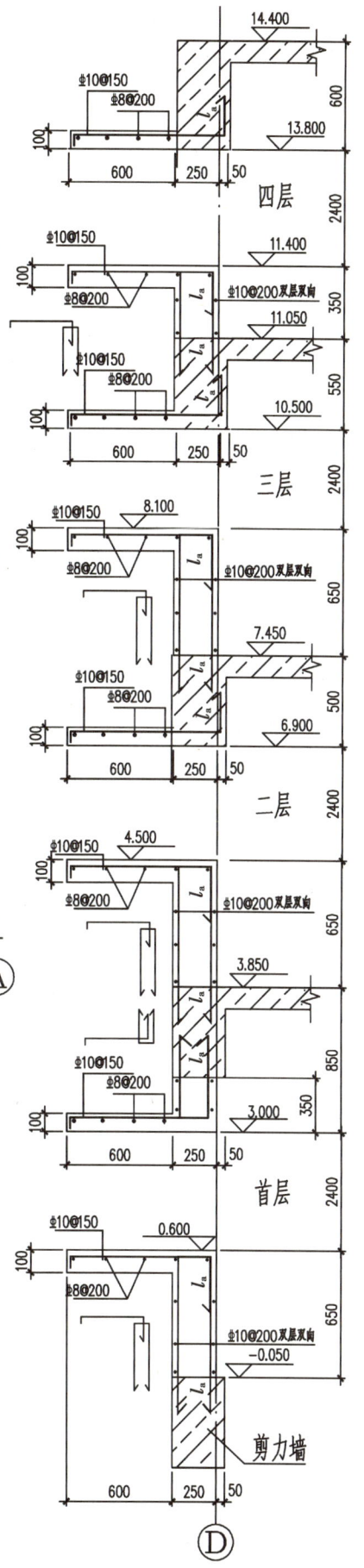

1-1详图（飘窗处）

注：飘窗板根部构件长度同飘窗板长度

设计		工程名称	1号办公楼	日期	2024.8
图名			一、三层顶板配筋图	图号	结施-10

27

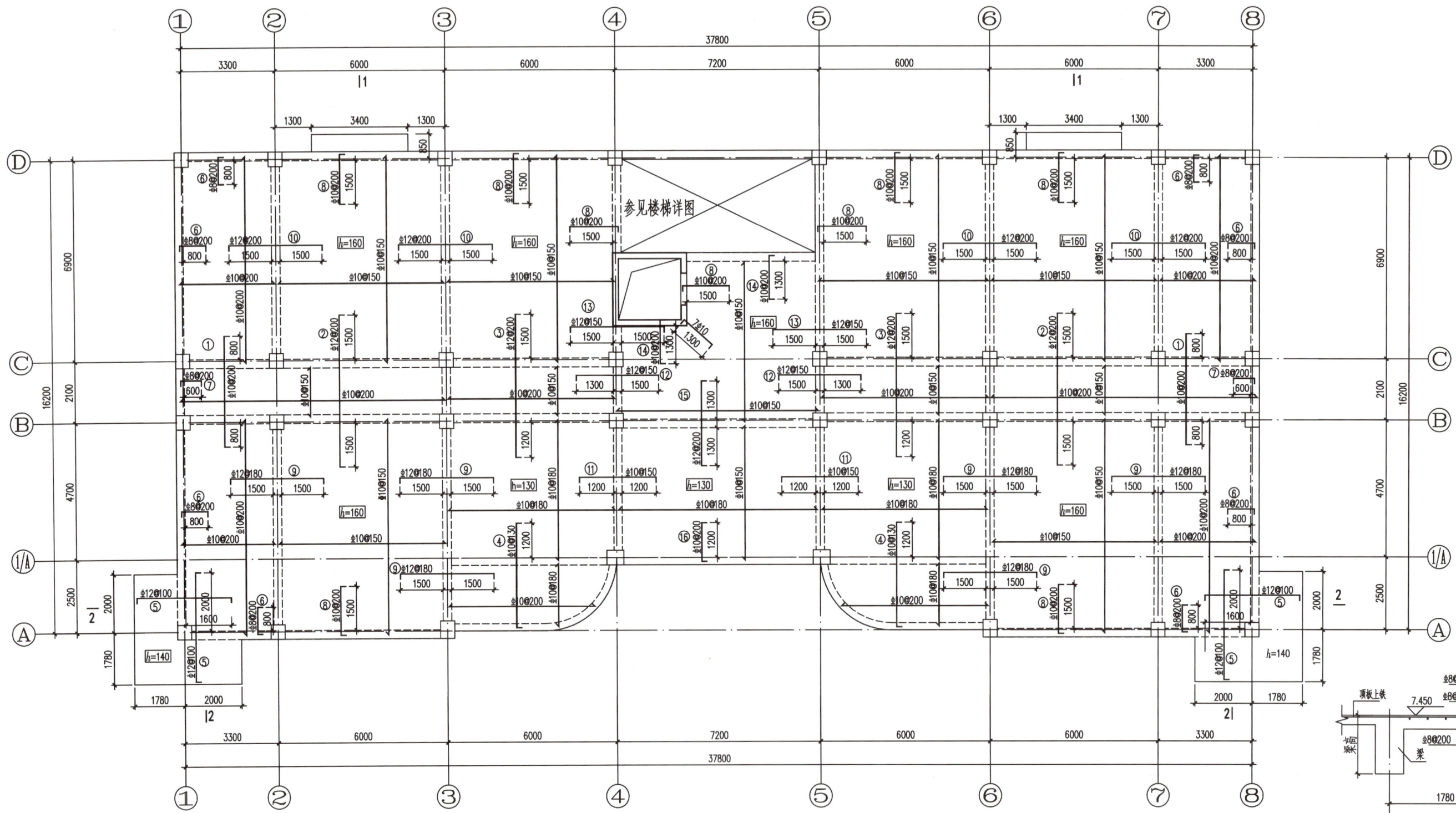

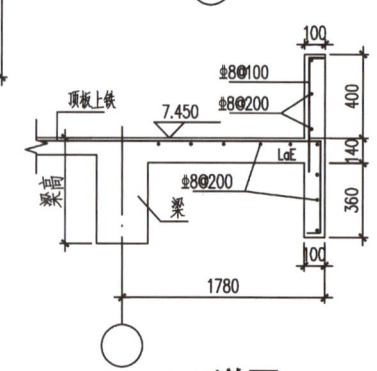

二层顶板配筋图

本层板混凝土强度等级：C30

2-2详图

结构层楼面标高表

楼层	层底标高	层高
屋顶	14.400	
4	11.050	3.350
3	7.450	3.600
2	3.850	3.600
1	-0.050	3.900
-1	-3.950	3.900

说明：
1. 图中未注明板顶标高同结构楼层标高，除标注外板厚均为120mm；
2. 图中未注明楼板下铁均为±10@200；
3. 图中板边节点细部、挑板及空调板与建筑平面及墙身大样核对无误后方可施工；
4. 所有孔洞施工时应与机电图纸配合预留，不得凿；
5. 其余说明详见结构设计总说明。

设计		工程名称	1号办公楼	日期	2024.8
		图名	二层顶板配筋图	图号	结施-11

28

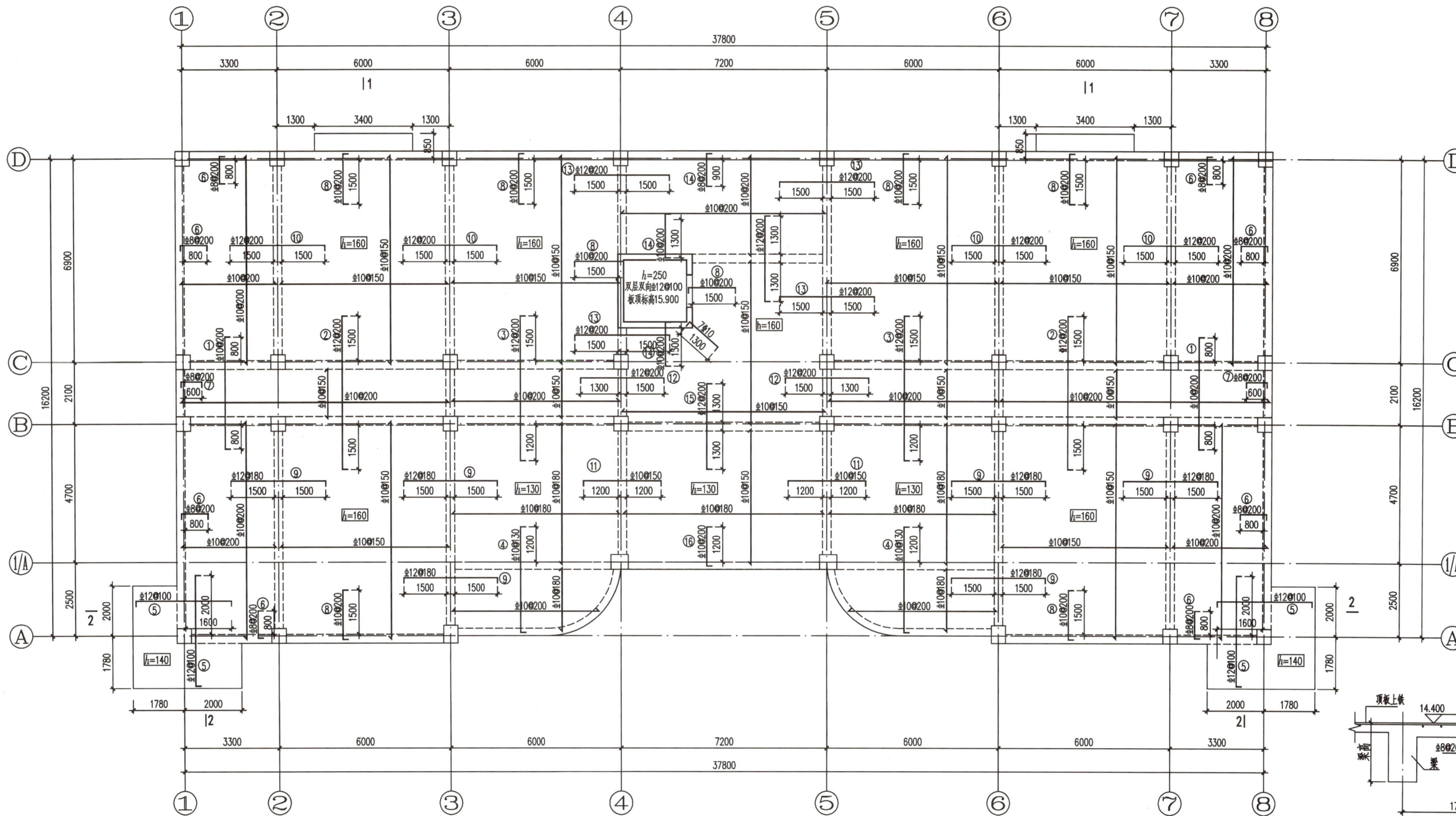

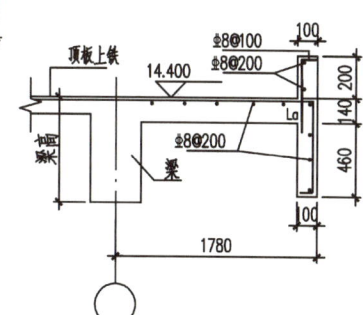

四层顶板配筋图

本层板混凝土强度等级：C30（本层温度筋为$\phi8@200$）

说明：
1. 图中未注明板顶标高同结构楼层标高，除标注外板厚均为120mm；
2. 图中未注明楼板下铁均为$\phi10@200$；
3. 图中板边节点细部、挑板及空调板与建筑平面及墙身大样核对无误后方可施工；
4. 所有孔洞施工时应与机电图纸配合预留，不得后凿；
5. 顶板中部单层钢筋区域附加温度筋$\phi8@200$；
6. 其余说明详见结构设计总说明。

屋顶上人孔平面
定位见建筑平面图

墙上起侧壁时竖筋 $\phi8@200$锚于圈梁l_a。

X—X
（Y—Y）

结构层楼面标高表

楼层	层底标高	层高	
屋顶	14.400		
4	11.050	3.350	均东构件
3	7.450	3.600	
2	3.850	3.600	底部加强区
1	−0.050	3.900	
−1	−3.950	3.900	

2-2详图

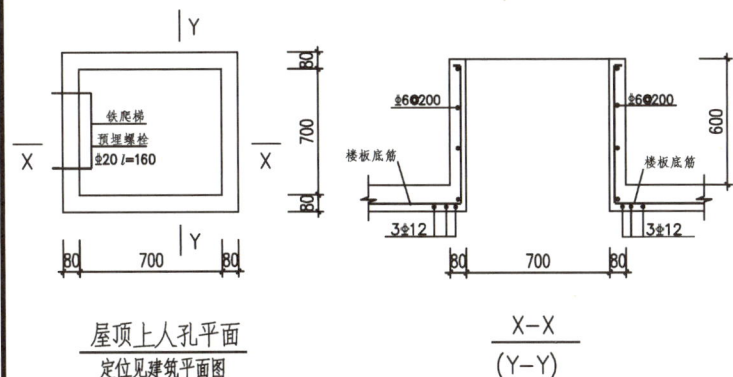

设计		工程名称	**1号办公楼**	日期	2024.8
		图名	**四层顶板配筋图**	图号	结施-12

29

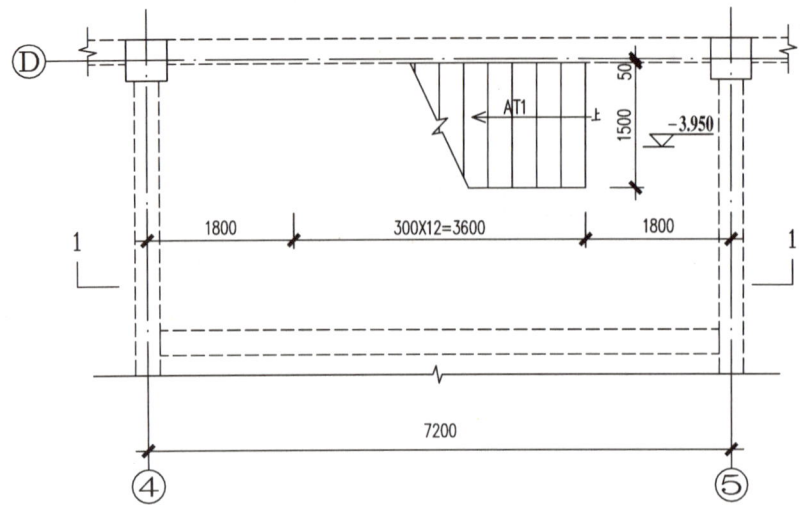
楼梯地下一层平面详图

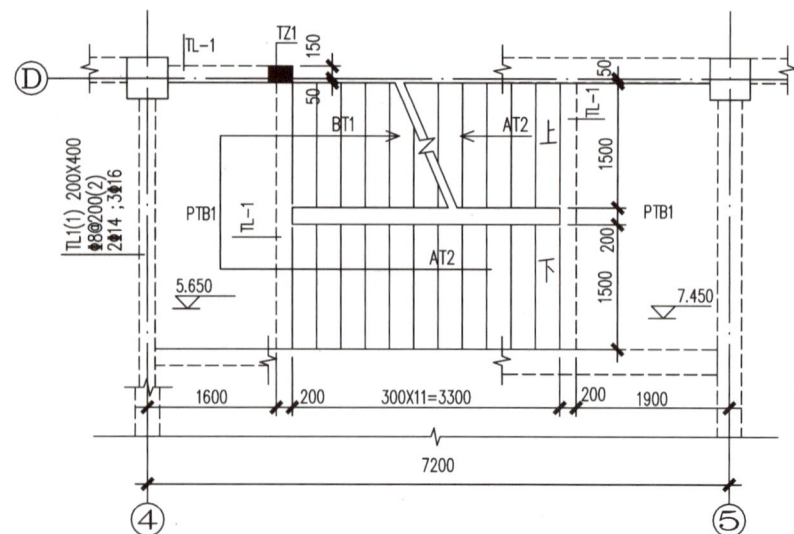
楼梯三层平面详图

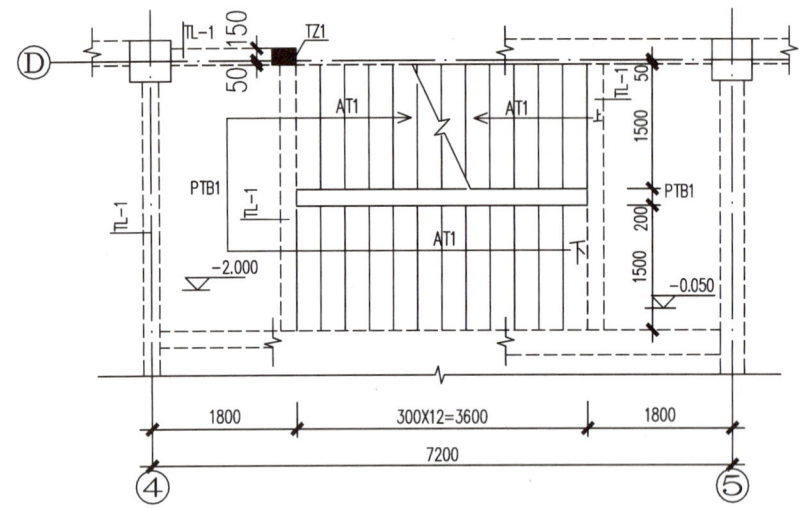
楼梯一层平面详图

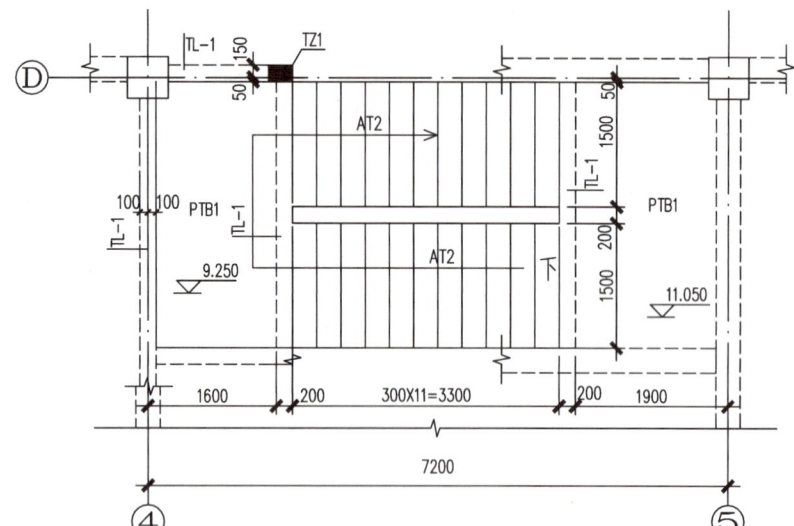
楼梯四层平面详图

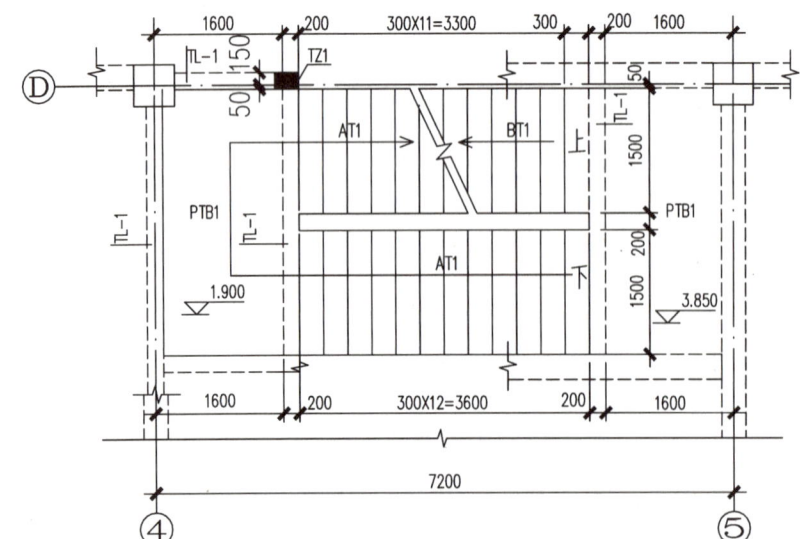
楼梯二层平面详图

【识图指导】
1.结合平面详图和剖面详图,确定每层楼梯的剖切位置;梯段板和休息平台的位置、标高、厚度和配筋信息;梯梁和梯柱的位置、标高和配筋信息。
2.本工程楼梯均为双跑楼梯。
3.在楼梯平面详图中,可识读:楼梯间平面尺寸、踏步平面尺寸、楼层结构标高、休息平台标高、楼梯上下方向、梯梁的尺寸及配筋信息等。
4.在楼梯剖面详图中,可识读:楼梯类型、梯段总高度、级数、梯段板的厚度和配筋信息、梯梁和梯柱的位置、标高等。
5.在说明中,可识读:平台板的厚度和配筋信息、未注明的分布筋的钢筋信息。
6.梯柱的尺寸及配筋信息见本页梯柱大样。

300X200
6Φ16
Φ10@150

TZ1

说明:
1.平台板PTB1厚为100mm,配筋双层双向Φ8@150。
2.未注明的分布筋为Φ8@250。

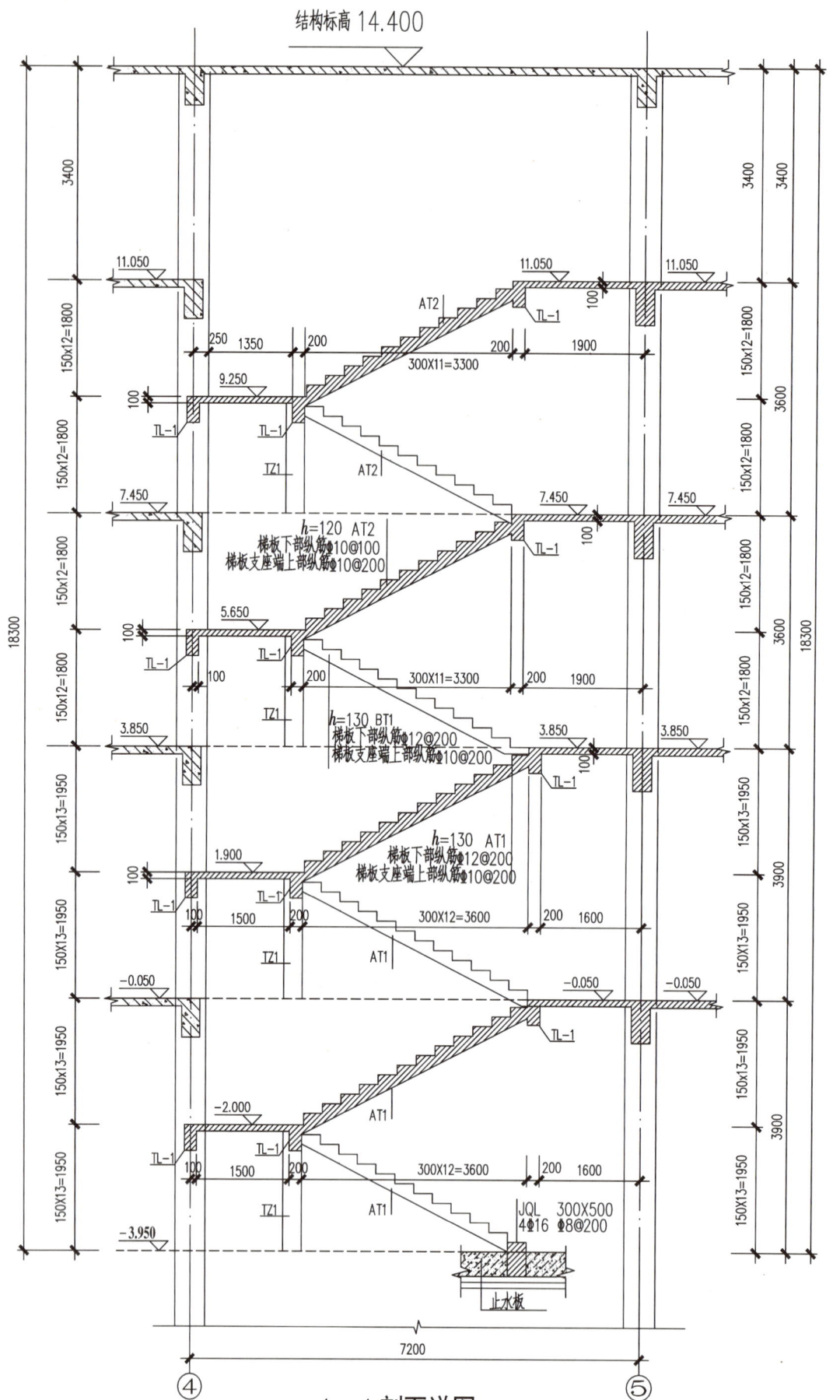
1—1剖面详图 1:50

| 设 计 | | 工程名称 | 1号办公楼 | 日 期 | 2024.8 |
| 审 核 | | 图 名 | 楼梯结构详图 | 图 号 | 结施-13 |

30

下篇:安装工程施工图

工程名称	1号办公楼	工程编号		工程造价		万元
项目名称		建筑面积	3155 m²	出图日期		

目 录

生活给水系统及排水系统说明

一、设计依据
1.《建筑给水排水设计标准》　　　　　　　　GB 50015—2019
2.《建筑设计防火规范》　　　　　　　GB 50016—2014，2018年版
3.《建筑给水排水及采暖工程施工质量验收规范》GB 50242—2002
4.《建筑灭火器配置设计规范》　　　　　　　GB 50140—2005
5.《自动喷水灭火系统设计规范》　　　　　　GB 50084—2017
6.《自动喷水灭火系统施工及验收规范》　　　GB 50261—2017
7.《消防给水及消火栓系统技术规范》　　　　GB 50974—2014
8.《建筑机电工程抗震设计规范》　　　　　　GB 50981—2014
9.其他国家现行有关规范、规定和标准。

二、工程概况
1.本工程非实际工程，勿按图施工。
2.本工程为二类多层办公建筑，地上4层，地下1层，总建筑面积3115 m²，室内外高差为0.45 m，建筑总高度为14.4 m。
3. 本工程为框架结构。

三、设计内容
本工程设计内容：室内生活给水系统、排水系统、消火栓系统、喷淋系统及灭火器配置。

四、设计参数
1.给水系统
本建筑生活供水水源来自市政供水，供水压力0.25 MPa，建筑供水采用下行上给式系统。最高日生活用水量为32 m³/d，供水水质应符合《城市供水水质标准》及《生活饮用水卫生标准》(GB 5749—2006)的规定。
2.污废水系统
(1)室内排水系统采用污废合流，经室外化粪池处理后，排入市政污水管网。
(2)地上室内生活污废水均重力流排出，地下一层污水排至室外污水提升设施(污水提升设施本设计不涉及)。
3.雨水系统
屋面雨水为内排水系统，屋面设置雨水斗，雨水经内排雨水管排入院区雨水管道。
4.消火栓系统
(1)本工程室内消火栓用水量为15 L/s，室内消防用水量由消防水池提供，供水方式为消防水泵、高位消防水箱联合供水。消防水池有效容积为190 m³，高位水箱设在其他更高建筑屋顶，有效容积为18 m³并配备增压稳压设施。本建筑室内消火栓需水泵出口压力为0.45 MPa。
(2)室外消防用水量为25 L/s，室外消防用水量由环状市政管网直接供给，由两条市政管网引入两条给水干管，在小区内成环状，布置管径DN150。室外消火栓间距不超过120 m，保护半径不超过150 m，距路边不大于2 m，距房屋外墙不宜小于5 m。
5.自动喷淋系统
本建筑采用湿式自动喷淋系统，危险等级为轻危险级，喷水强度不低于4 L/(min·m²)，作用面积160 m²，喷淋用水量22 L/s。湿式报警阀组设置于消防泵房内，报警阀组前环形管网接出两套水泵接合器。本建筑自动喷淋所需水泵出口压力为0.50 MPa。
6.建筑灭火器
本建筑为中危险级A类火灾，采用MF/ABC3型磷酸铵盐干粉灭火器，每处消火栓处放置两具，其他位置见平面图。

五、施工说明
1.给排水系统说明

(1)图注尺寸标高为米，其他尺寸为毫米，本工程以建筑标高±0.000为0.000。
污水、废水、雨水等重力流管道和无水流的通气管道是指管道内底(有特殊标注的除外)，其他所有管道标高指管中心。除图中注明管位和标高外，均应靠墙贴梁、柱安装，以免影响其他工种管道的敷设及室内装修处理。
(2)给水管道采用PP-R管，S5级，热熔连接(产品符合GB/T 18742—2017的要求)。排水立管采用硬聚氯乙烯加强型螺旋管，粘接。支管采用实壁PVC-U管，粘接。排水横干管坡度：De75为0.015，De110为0.012，De125为0.01，De160为0.007，De200为0.005，排水横支管的标准坡度为0.026。
排水支管坡向立管，干管坡向室外。管道管线穿楼板和墙体时，管道与套管之间采用不燃材料填实。
(3)阀门：DN＜50时采用J11W-10T全铜截止阀；DN≥50时采用铸钢侧轮蝶阀，PN=1.0 MPa。蝶阀采用A型对夹式蝶阀，闸阀型号为Z41H-10C。快开部位均采用球阀。止回阀采用缓闭止回阀，型号为HH41X，PN=1.0 MPa。所有阀门及其配件均采用铜制，满足耐腐蚀和耐压的要求。
(4)刷油、保温：楼梯间等非采暖房间的生活给水管道均做保温，采用橡塑材料(B1级难燃材料)，厚30 mm。管道穿防火墙处采用岩棉保温，厚50 mm。防结露做法见12S11-16(4)，防潮层采用复合铝箔。明装钢管支、吊架均刷一遍红丹防锈漆、两遍银粉漆，暗装钢管支、吊架刷两遍红丹防锈漆，埋地钢管、镀锌钢管防腐采用石油沥青涂料，做法：底料→沥青→玻璃布→沥青→玻璃布→沥青→外保护层。
(5)试压：给水冷水管道试验压力为0.6 MPa。试压按《建筑给水塑料管道工程技术规程》(CJJ/T 98—2014)第6.2.3条执行。
给水管道在交付使用前必须冲洗消毒，并经有关部门取样检验符合国家《生活饮用水卫生标准》方可使用。排水管安装完毕后做灌水试验，灌水高度不得低于底层卫生器具的上边缘，满水15 min后待液面下降，再灌满水持续5 min不下降管道无渗漏为合格。排水主立管及水平干管均做通球试验，通球球径不小于排水管道管径的2/3，通球率必须达到100%。
(6)施工时应配合土建施工设置预埋件、预埋套管及预留洞。管道穿地下室外壁时均做防水套管，刚性防水套管见12S2-268，柔性防水套管安装见12S2-269。管道穿伸缩缝处安装见12S2-268。
(7)图中其他未尽之事按GB 50242—2002、GB 50261—2017及国标施工。施工中有不明处请与设计者联系。

注：蹲便器脚踏冲洗阀安装详见12S1-106，感应式小便器安装详见12S1-144，清扫口安装见12S1-251。户外水表安装见12S2-08，地漏、卫生器具存水弯(水封深度不小于50 mm)安装见12S1-220，地漏(新型防返溢)安装见12S1-234，严禁采用钟罩、扣碗式地漏。洁具安装根据甲方型号进行，卫生器具与配件均采用节水型产品，塑料管管卡安装见12S9-2829。给排水管线穿楼板墙体时，孔洞采取密闭隔声措施。每层排水立管上设伸缩节一个，支管伸缩节与立管伸缩节安装详见12S1-95。排水立管穿楼板处均设阻火圈B型，见12S9-100。排水管穿屋面做法参见12S9-97。室外水表井做法见12S2-8。排水检查井做法见12S8-13，排出管坡度不小于0.01。
2.消防栓系统说明
(1)管材：消防给水管采用热浸镀锌钢管，管径＞DN50时采用沟槽或法兰连接，管径≤DN50时采用螺纹连接。
(2)阀门、阀件：消防栓系统均采用铸钢侧轮蝶阀，均须启闭状态明显并带有锁紧装置，阀门工作压力均为1.0 MPa。
(3)刷油保温：非采暖房间消防管道采用30 mm厚难燃橡塑海绵保温，外包0.18 mm厚铝板。埋地钢管防腐采用石油沥青涂料，做法：底料→沥青→玻璃布→沥青→玻璃布→沥青→外保护层。明装钢管支、吊架均刷一遍红丹防锈漆、两遍银粉漆，暗装钢管支、吊架刷两遍红丹防锈漆。

(4)消火栓为SN65，水枪口为φ19，衬胶水龙带，长度为25 m。铝合金消火栓箱内设消防按钮，并加保护措施。箱体暗装详见12S4-21带灭火器箱组合式消防柜，箱体厚度240 mm。
(5)室内消火栓系统安装完成后取屋顶试验消火栓和一层两处消火栓做试射实验，充实水柱达到10 m为合格。
(6)试压：消火栓系统以1.40 MPa表压试压，试压30 min，管网应无泄漏、无变形，且压力降不应大于0.05 MPa。
(7)消火栓管网施工、系统调试与验收按照《消防给水及消火栓系统技术规范》(GB 50974—2014)要求执行。
3.喷淋系统说明
(1)管材：喷淋管道均为内外壁热镀锌钢管，DN≤50为螺纹连接，DN＞50为沟槽或法兰连接。
(2)喷淋管的配水支管应以0.004坡度坡向干管，配水干管以0.002坡度坡向充空管，管道支吊架安装见05S9-1-19、29-51。管道穿墙、楼板处，缝隙应用φ6石棉绳填塞密实。
(3)喷淋管的支吊架设置应满足：①支吊架的设置位置不得妨碍喷头喷水的效果；②吊架距喷头距离应大于300 mm，距末端喷头的间距应小于750 mm；③相邻两个喷头之间的管段上应至少设置一个吊架，并且吊架间距不大于3600 mm；④配水支管的末梢管段与相邻配水支管的第一管段，必须设置吊架；⑤配水立管、配水干管和配水支管上必须附加设置防晃支架。
(4)系统试压：喷淋安装完毕后，水压试验强度1.4 MPa，稳压半个小时，观测管道无泄漏、无变形且压力降不大于0.05 MPa，严密性试验应在水压强度试验和管网冲洗合格后进行，试验压力应为设计工作压力，稳压24 h无泄漏为合格。
(5)喷头型号ZSTX-15(68℃)，湿式报警阀型号ZSFS150。末端试水装置安装参见12S4-77，试水接头K值为80。水泵接合器为DN100-SQX型，安装见12S4-41。水流指示器、信号阀，安装参见12S4-77。
(6)喷头安装应按GB 50261—2017第5.2条执行。喷淋验收应执行GB 50261—2017。
(7)图中未尽事宜按照《自动喷水灭火系统施工及验收规范》(GB 50261—2017)要求施工。

图例

图 例	名 称	图 例	名 称
——X——	消防水管	◢	脚踏式冲洗阀
	喷淋水管	⊘ ▽	地漏
— — —	生活给水管	Ⓖ	给水管
-------	排水管	Ⓦ	排水管
▷◁	闸阀	Ⓧ	消防管
▷◁●	截止阀	ⓅⓅ	喷淋管
▷◱	蝶阀	WL-n	排水立管
▷	止回阀	XL-n	消防立管
⊥	压力表	◨◨	信号蝶阀
÷	刚性防水套管	σ	水流指示器
◐ ▬	室内单栓消火栓	⊘	末端试水阀
		◎	水表
▲	灭火器		自动排气阀

设 计		工程名称	1号办公楼	日 期	2024.8
审 核		图 名	生活给水系统及排水系统说明	图 号	水施-01

32

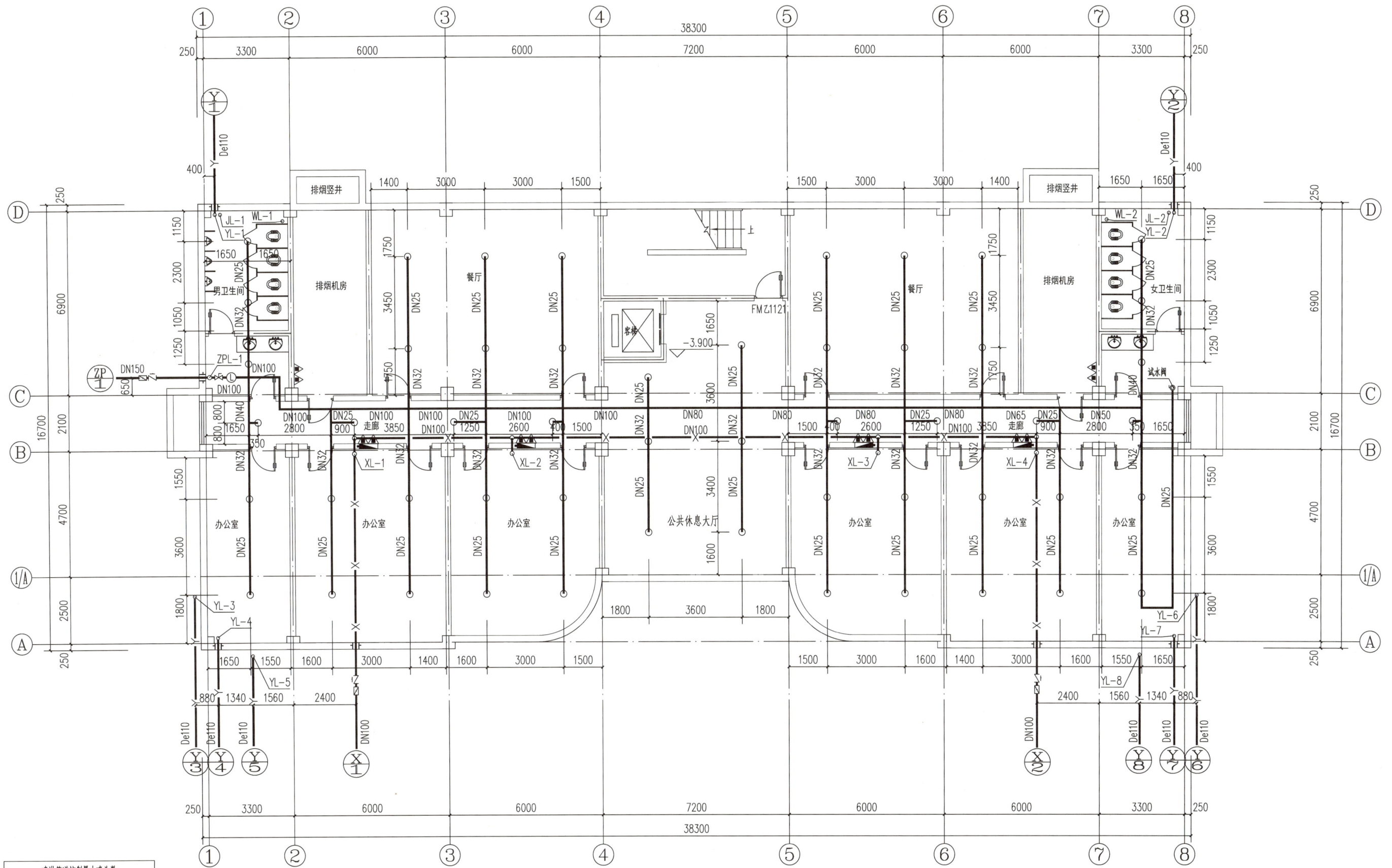

地下一层给排水平面图 1:100

喷淋管道控制最大喷头数

公称管径(mm)	控制的标准喷头数(只)
25	1
32	2
40	3
50	7
65	11
80	30
100	60
150	>60

【识图指导】
1.给排水施工图识读，建议分系统识读，平面图结合系统图，顺水流方向识读。
2.各系统中管道的走向、管径大小、施工高度、立管和设备所在的位置、卫生器具的类型和位置排布。
3.管道需要注意不同系统的字母代号，如本系统给水系统用J表示，污废水系统用W表示，雨水系统用Y表示，消火栓系统用X表示，自动喷淋系统用ZP表示。
4.管径需要注意不同的标注方式，如图纸中De为外径（给水、污废水、雨水），DN为公称直径（消防）。
5.分系统识读需要注意组成的完整性，如给水系统引入管部分卫生间详图图纸有标识，但平面图中并未绘制，仅显示2根立管JL-1和JL-2的位置。

设计		工程名称	**1号办公楼**	日 期	2024.8
审核		图 名	地下一层给排水平面图	图 号	水施-02

33

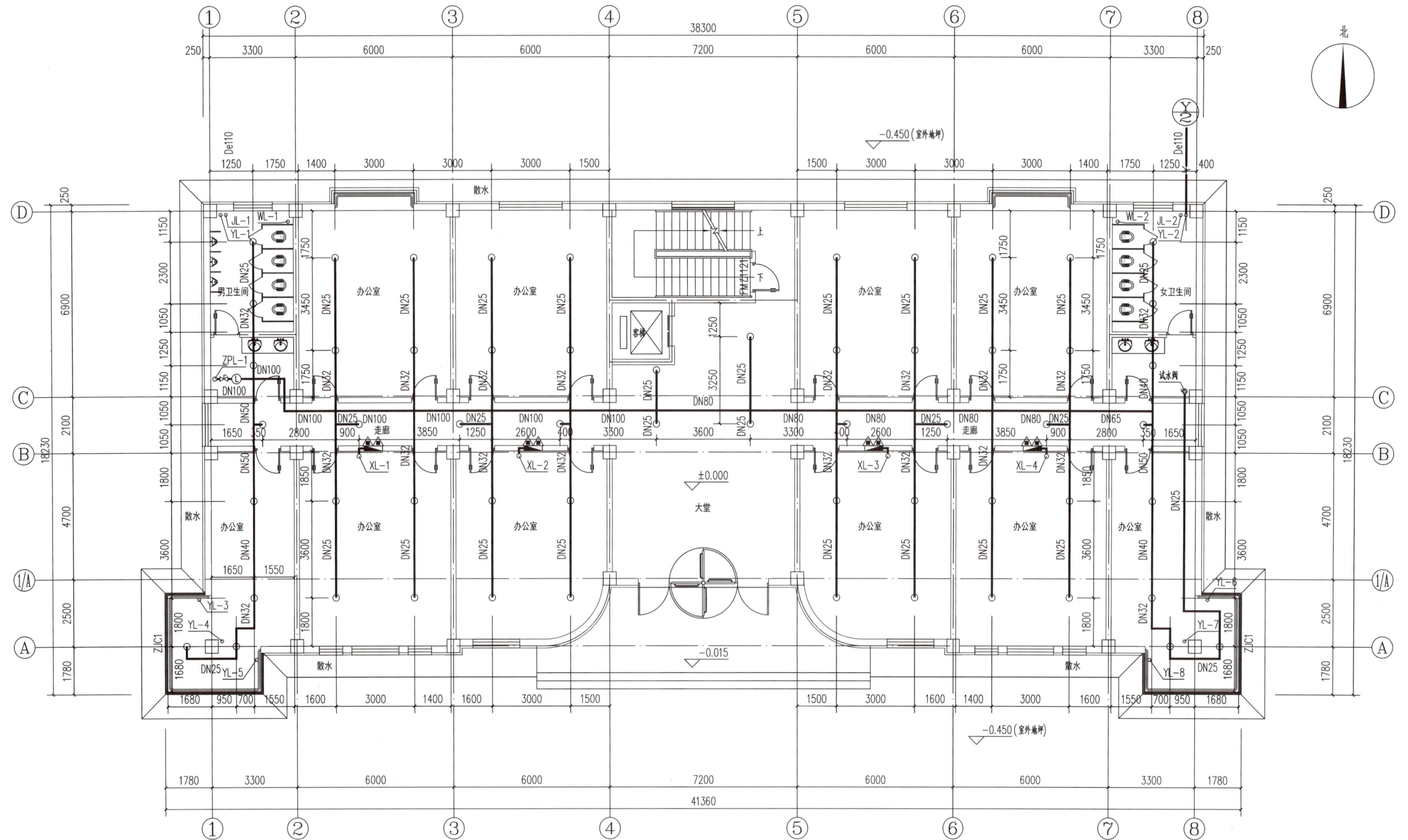

一层给排水平面图 1:100

喷淋管道控制最大喷头数

公称管径(mm)	控制的标准喷头数(只)
25	1
32	2
40	3
50	7
65	11
80	30
100	60
150	>60

【识图指导】
1.各系统中管道的走向、管径大小、施工高度、立管和设备所在的位置、卫生器具的类型和位置排布。
2.给水系统和消防系统:识读时,需要注意阀门标识代表的不同类别,尤其是闸阀和截止阀的图例符号比较相近,需要注意区别。
3.给排水系统:本项目为办公建筑,给水系统主要是为卫生间各类卫生器具供水。其中,卫生器具主要是蹲式大便器、立式小便斗和洗脸盆。同时,还需注意地漏和地面扫除口所在位置和数量。
4.给排水系统:因为卫生间在平面图中显示较小,若绘制管道则容易杂乱。故本项目平面图中卫生间内的给排水管道并未绘制,而是需要在卫生间详图中进行识读。

设计	工程名称	**1号办公楼**	日 期	2024.8
审核	图 名	一层给排水平面图	图 号	水施-03

34

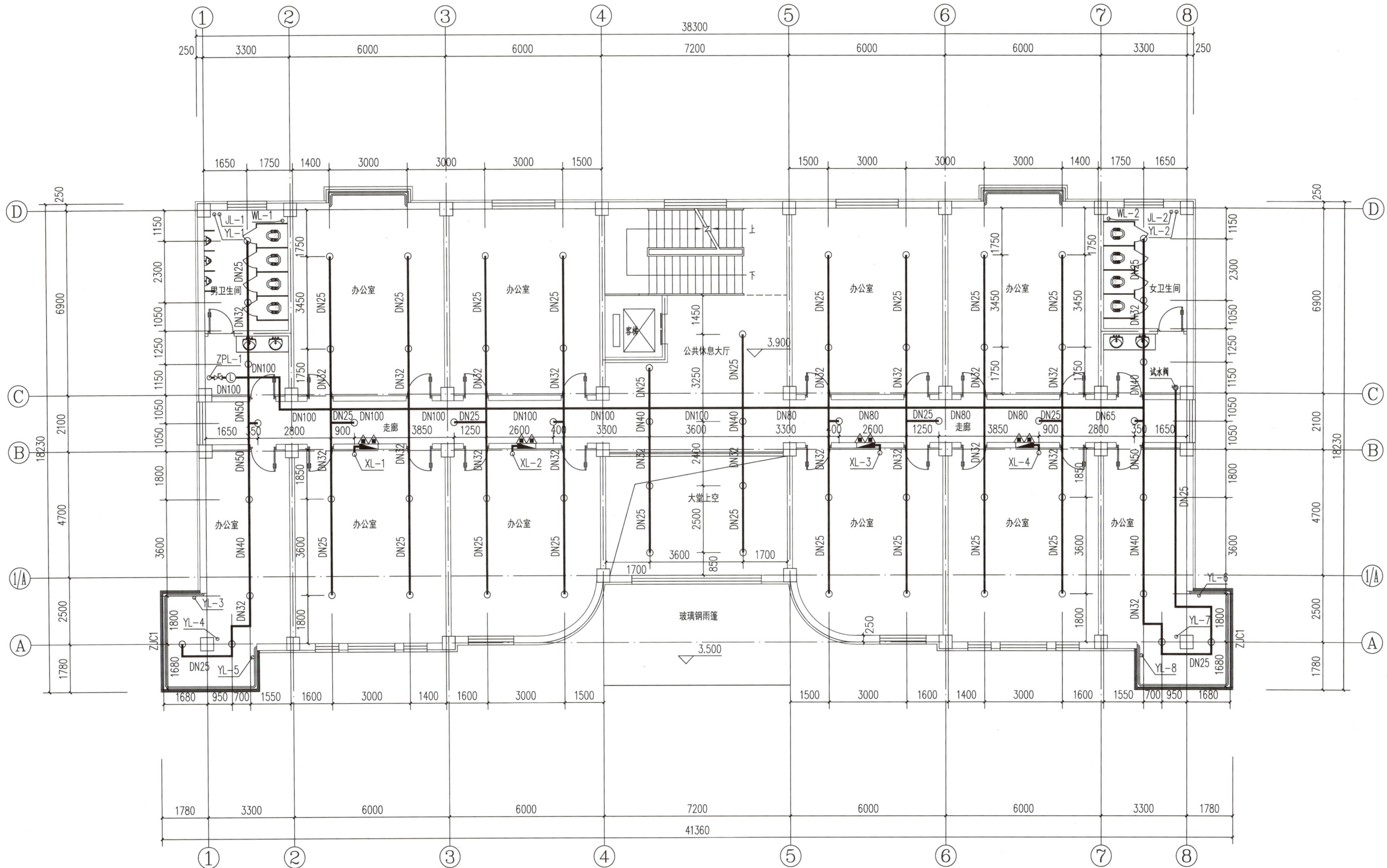

二层给排水平面图 1:100

【识图指导】

1.各系统中管道的走向、管径大小、施工高度、立管和设备所在的位置、卫生器具的类型和位置排布。

2.给排水系统：1至4层卫生间布局均为标准间，给排水系统识读基本一致。

3.雨水系统：需要注意雨水管所在的位置，YL代表雨水立管，共计8根，管径均为De110，且由系统图可知，YL-2布置同YL-1；YL-4~8布置同YL-3。

4.自动喷淋系统：需要注意喷淋管道管径的变化，顺水流方向，越流向末端管径越小；还需要注意入户大堂是2层挑高，一层大堂处自动喷淋系统管道和二层的布置有所差别；同时，也需要注意信号蝶阀、水流指示器和管网末端试水阀所在的位置。

喷淋管道控制最大喷头数

公称管径（mm）	控制的标准喷头数（只）
25	1
32	2
40	3
50	7
65	11
80	30
100	60
150	>60

设计		工程名称	**1号办公楼**	日 期	2024.8
审核		图 名	**二层给排水平面图**	图 号	水施-04

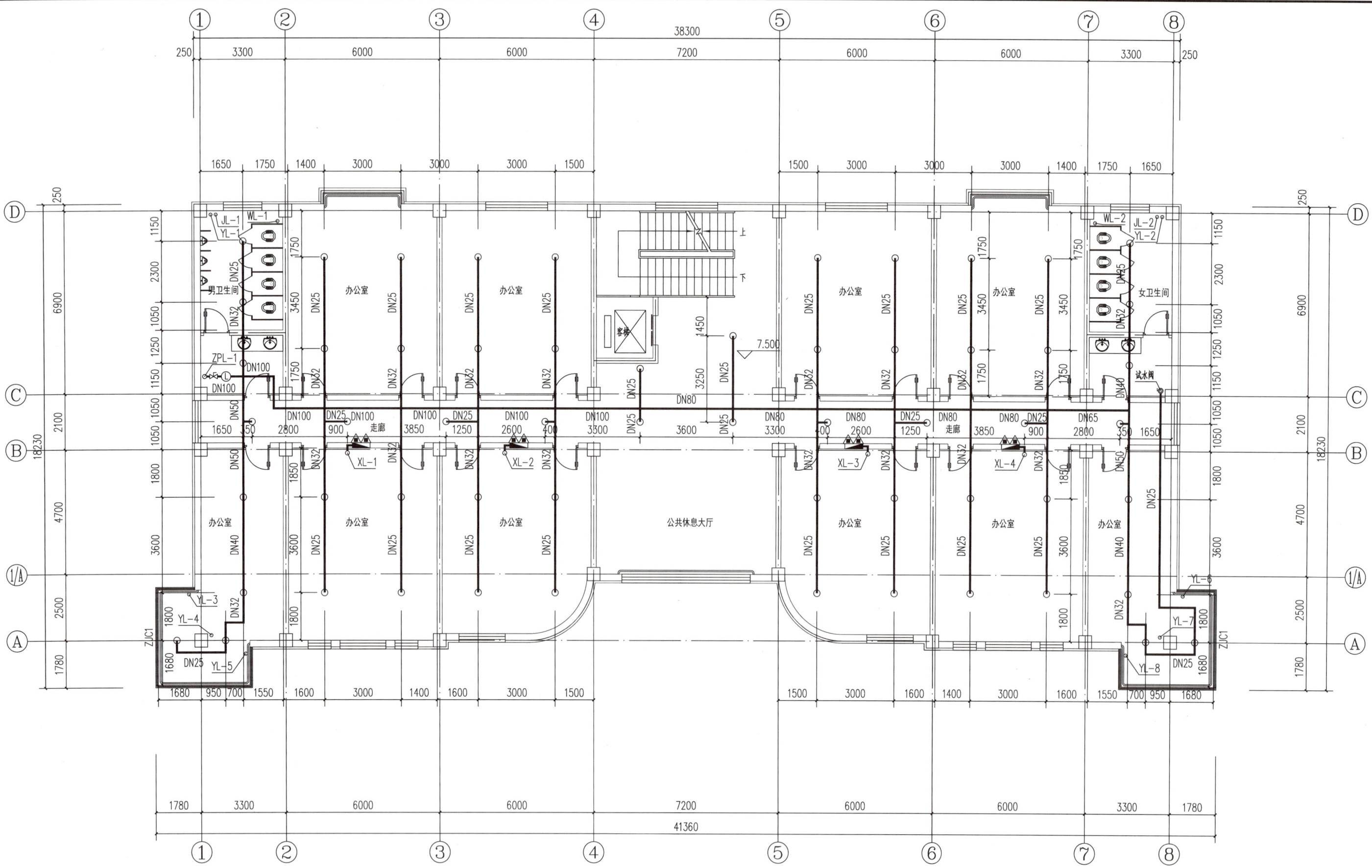

三层给排水平面图 1:100

喷淋管道控制最大喷头数	
公称管径（mm）	控制的标准喷头数（只）
25	1
32	2
40	3
50	7
65	11
80	30
100	60
150	>60

【识图指导】
1.各系统中管道的走向、管径大小、施工高度、立管和设备所在的位置、卫生器具的类型和位置排布。
2.消防系统：首先需要观察消火栓系统立管XL的数量（本项目共计4根）和具体位置；其次需要确认消火栓箱的安装方式（本项目为嵌入式）和类型（本项目为单出口消火栓）；同时，注意观察灭火器的数量和位置（本项目为手提式灭火器，每个消火栓箱下放置2具）。

设计		工程名称	**1号办公楼**	日期	2024.8
审核		图名	**三层给排水平面图**	图号	水施-05

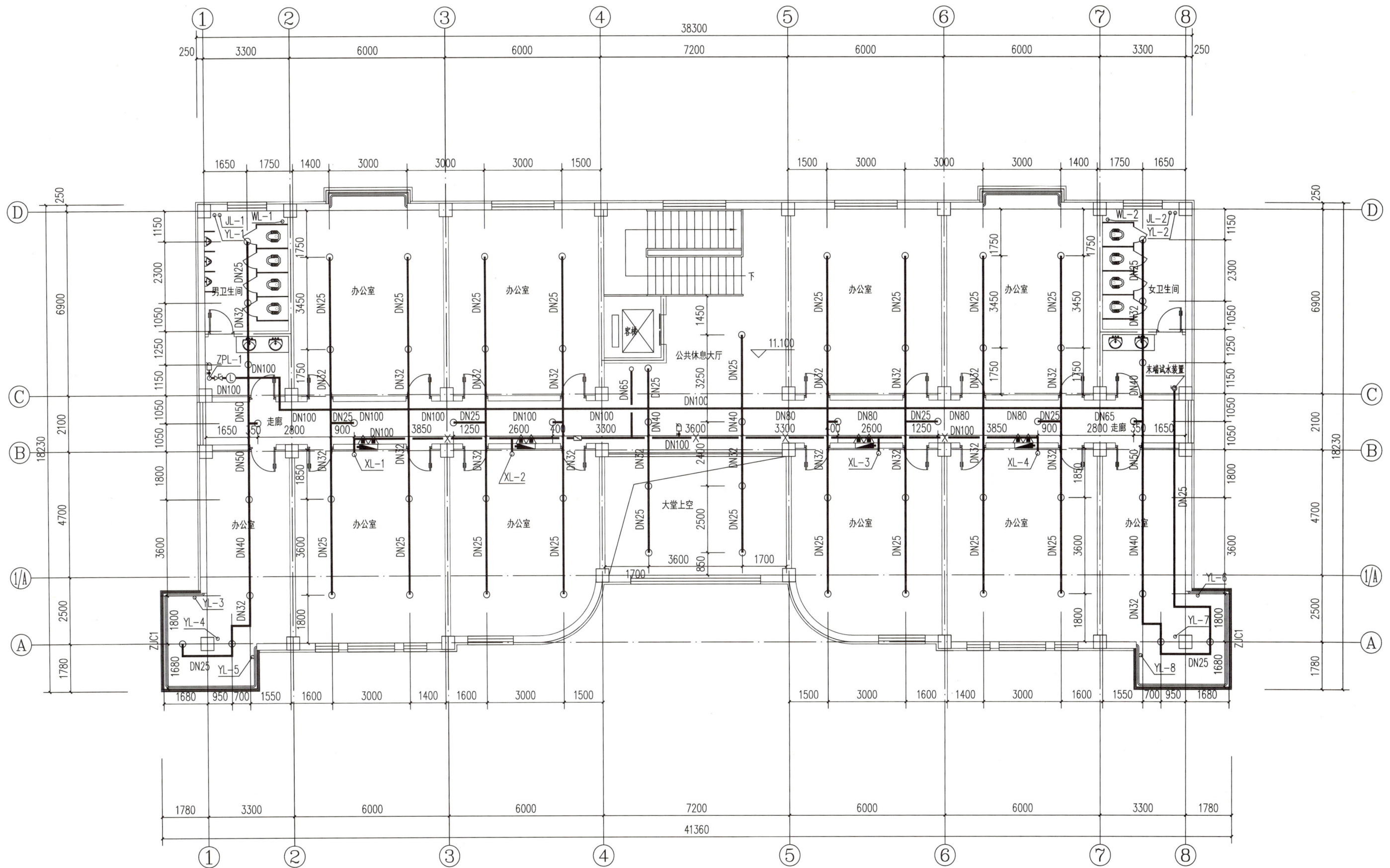

四层给排水平面图 1:100

喷淋管道控制最大喷头数	
公称管径(mm)	控制的标准喷头数(只)
25	1
32	2
40	3
50	7
65	11
80	30
100	60
150	>60

【识图指导】
1.各系统中管道的走向、管径大小、施工高度、立管和设备所在的位置、卫生器具的类型和位置排布。
2.消防系统:首先需要观察消火栓系统立管XL的数量(本项目共计4根)和其具体位置;其次需要确认消火栓箱的安装方式(本项目为嵌入式)和类型(本项目为单出口消火栓);同时,注意观察灭火器的数量和位置(本项目为手提式灭火器,每个消火栓箱下放置2具)。

设计		工程名称	**1号办公楼**	日期	2024.8
审核		图名	四层给排水平面图	图号	水施-06

37

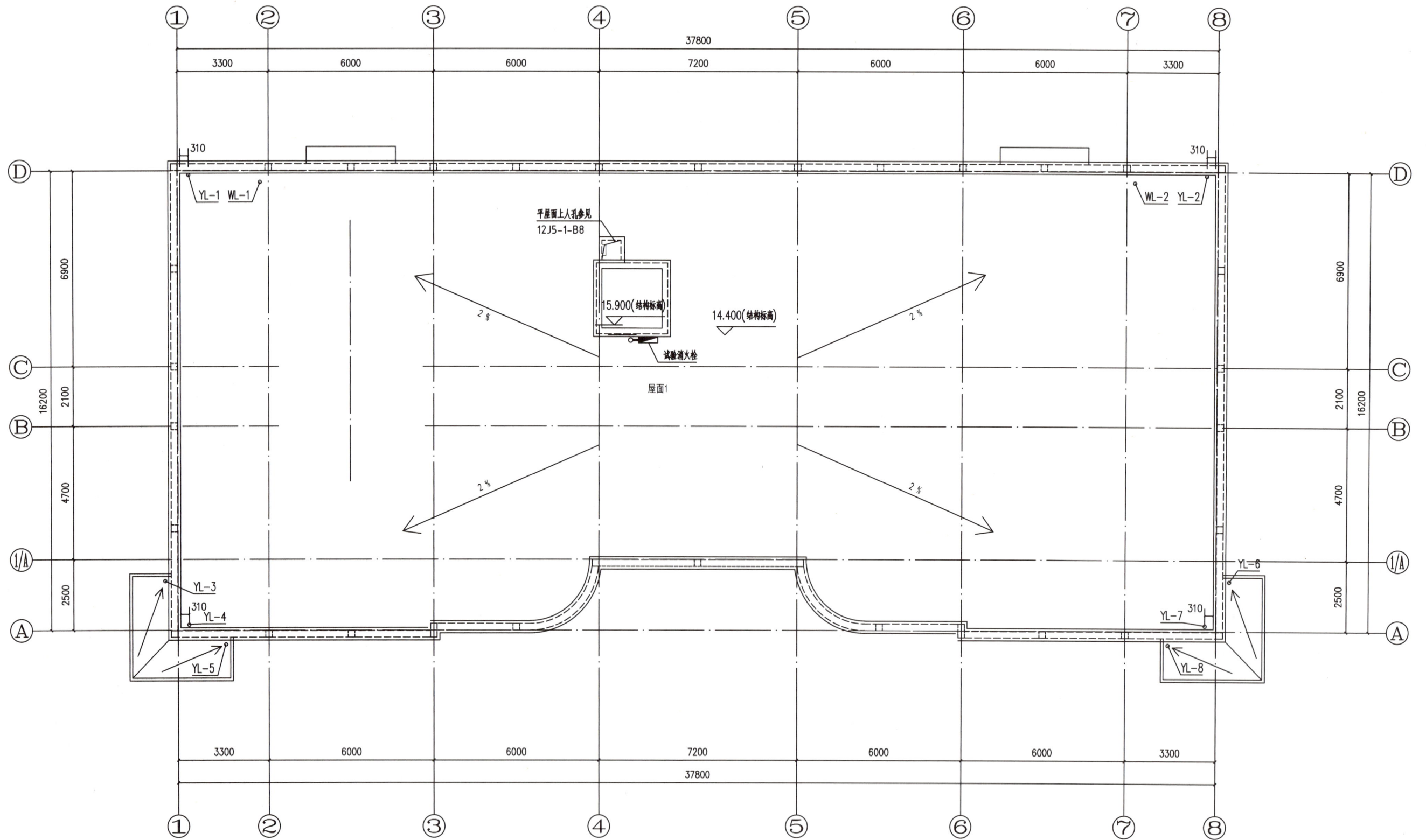

屋面排水平面图 1:100

【识图指导】
1.各系统中管道的走向、管径大小、施工高度、立管和设备所在的位置、卫生器具的类型和位置排布。
2.给排水系统：本项目采用"下行上给"方式供水，屋面没有用水器具，给水立管无需伸出屋面板；排水立管需要与大气连通，一般要伸出屋面，并配有通气帽。故屋面图纸给排水识读时，需确定排水立管位置（本项目屋面共计两处排水立管WL-1和WL-2），并结合设计说明和系统图确认通气帽设置情况。
3.雨水系统：雨水立管上部为雨水斗，屋面图纸通常会显示雨水立管位置。识读时一方面需逐一确认位置（本项目设有YL-1~YL-8共计8根雨水立管），另一方面需确认雨水斗所在位置的标高，以便算量时确定管顶标高。

| 设计 | | 工程名称 | 1号办公楼 | 日 期 | 2024.8 |
| 审核 | | 图 名 | 屋面排水平面图 | 图 号 | 水施-07 |

38

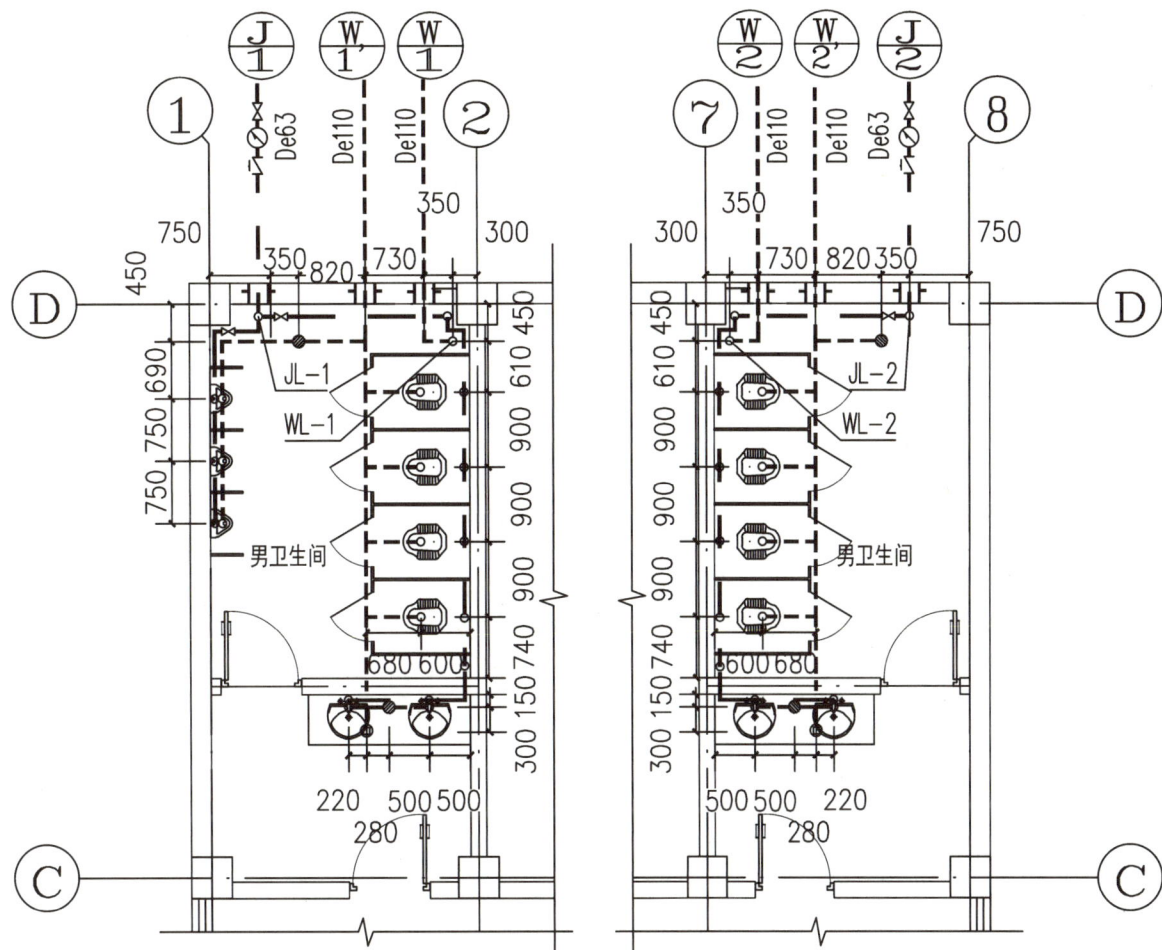

地下一层卫生间给排水平面图 1:50

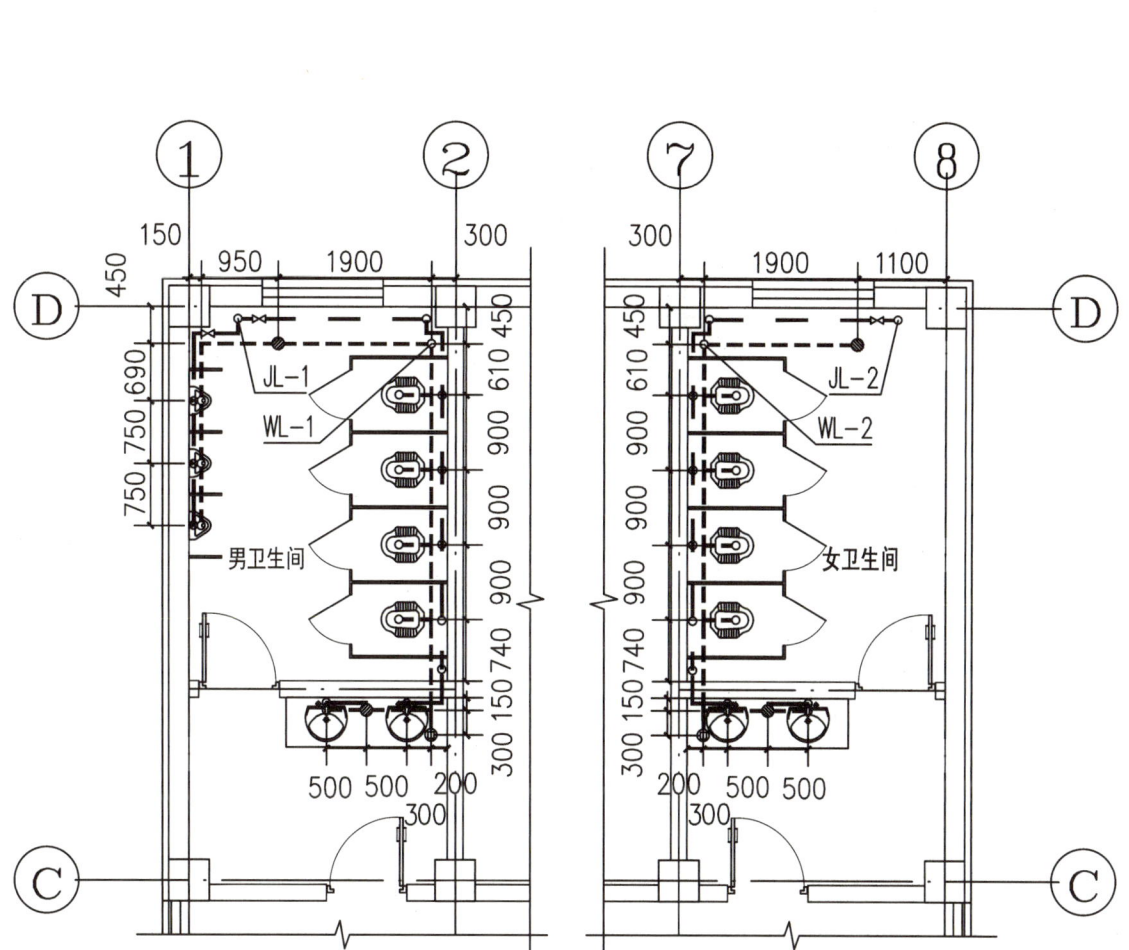

一至四层卫生间给排水平面图 1:50

男卫生间　女卫生间

JL-1　JL-2　WL-1　WL-2

De63　De110

【识图指导】

1. 比例尺大小、卫生器具的类型和位置、给排水管道的走向布置、管径变化和高度变化。
2. 注意区别地下一层卫生间和1~4层卫生间给排水管道布置的不同。
3. 卫生间识读，需要平面图（详图或大样图）结合系统图。以地下一层1~2轴间男卫生间给水系统为例：地下一层卫生间平面图（水施-08）结合给水系统图（水施-09）可知，JL-1负责1~2轴间男卫生间卫生器具供水，分两路支管。西侧支管分支高度为（F+1）m，负责3个立式小便斗，管径从De32变径到De25；东侧支管分支高度（F+0.25）m，负责4个蹲式大便器和2个洗脸盆，管径从De40变径到De32，再从De32变径到De25。这里需要特别注意变径的具体位置，这是进行管道工程量准确计算的关键。同时，这里还需要注意东侧支管高度是有变化的，需要结合系统图准确识别每一段管道的高度值，这也是正确计算支管长度的前提。
4. 卫生间排水系统：顺水流方向识读，坡向立管。这里需要注意除卫生器具外，卫生间内还有地漏和地面扫出口需要注意所在位置，算量时不要遗漏。

设计		工程名称	**1号办公楼**	日 期	2024.8
审核		图 名	卫生间给排水平面图	图 号	水施-08

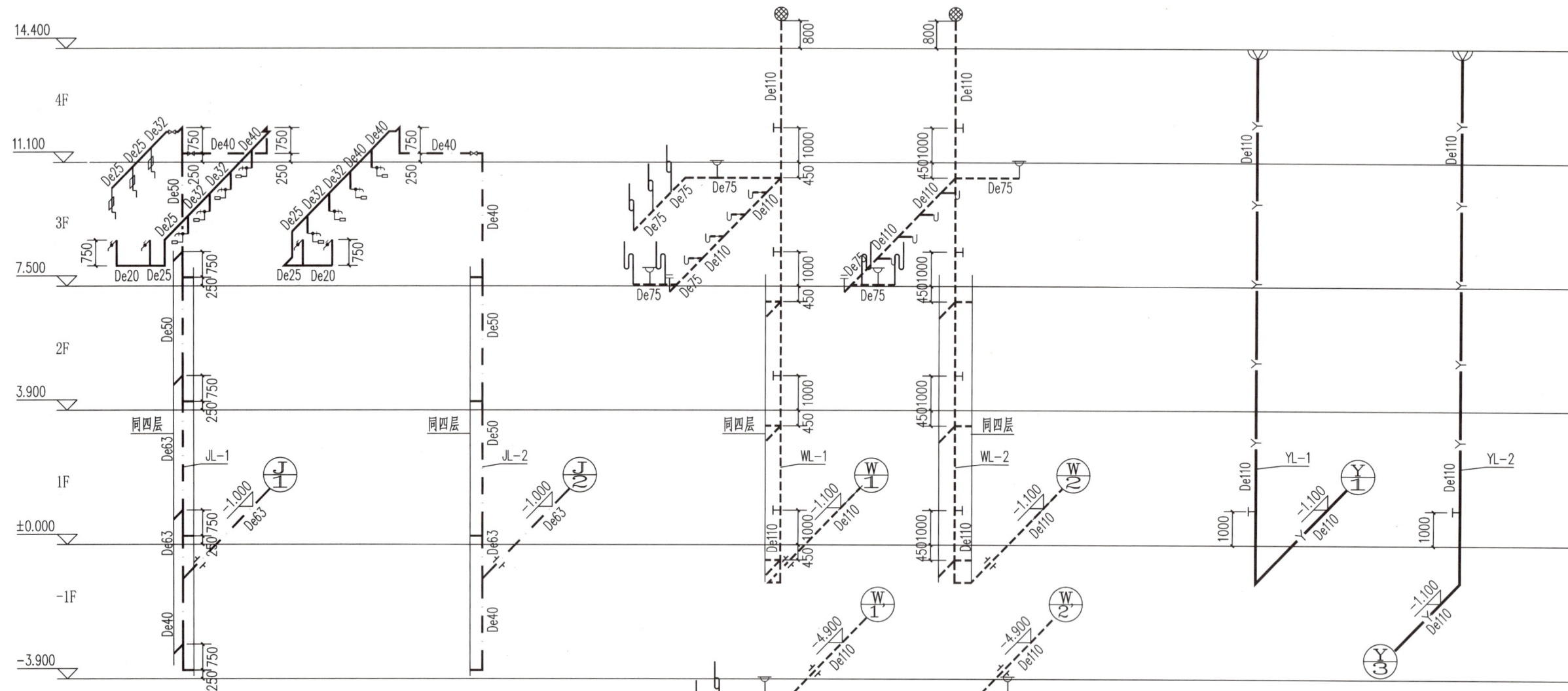

给水系统图 1:100

污水系统图 1:100

雨水系统图 1:100

注:
(Y/2) 同 (Y/1)
(Y/4) (Y/5) (Y/6) (Y/7) (Y/8) 同 (Y/3)

【识图指导】
1.本项目给水系统立管不伸出屋面,污水系统立管伸出屋面。
2.本项目给水系统图绘制有引入管2根,识读时需注意引入管管径和埋深。
3.本项目污水系统设置有排出管2根,识图时也需注意排出管管径和埋深。

设计		工程名称	**1号办公楼**	日 期	2024.8
审核		图 名	给排水系统图	图 号	水施-09

40

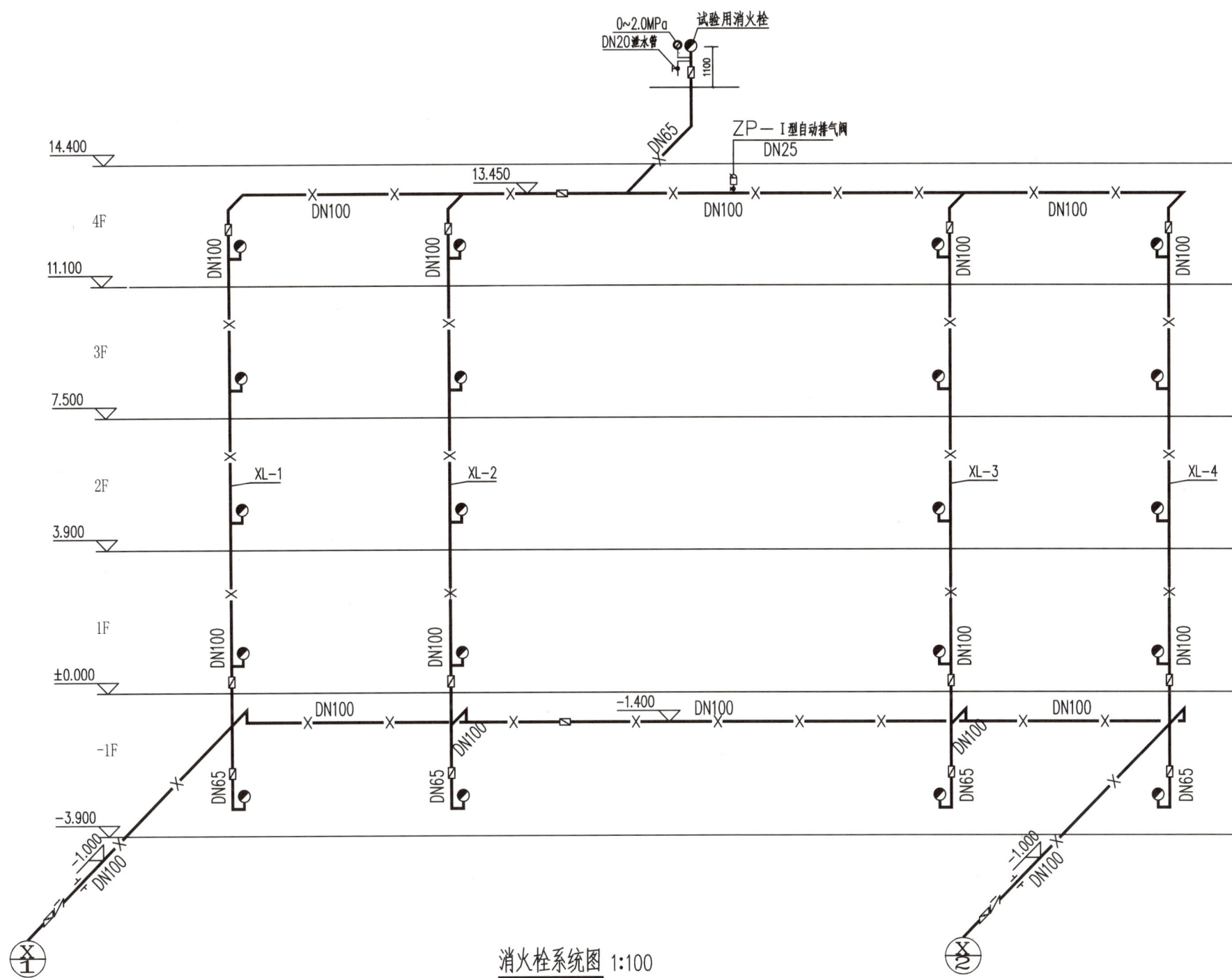

消火栓系统图 1:100

试验用消火栓
0~2.0MPa
DN20泄水管
ZP-I型自动排气阀
DN25
DN65
14.400
4F
13.450
DN100
11.100
3F
7.500
XL-1   XL-2   XL-3   XL-4
2F
3.900
1F
±0.000
DN100
-1F
-1.400   DN100
-3.900
DN65
X/1   X/2
-1.000
DN100

注：消火栓连接支管均为DN65
消火栓距地高度1.1m

喷淋系统图 1:100

14.400
4F
13.450   末端试水阀
DN100   排至卫生间地漏
11.100
3F
10.050   试水阀（余同）
DN100   排至卫生间地漏
7.500   DN150
2F
6.450   试水接头（余同）
DN100   排至卫生间地漏
3.900   DN150
1F
2.550
DN100   排至卫生间地漏
±0.000   DN150
ZP/1   -1.000
DN150   -1.400
DN100   排至卫生间地漏
-1F
-3.900

注：试水阀距离地面高度1.5m

【识图指导】
1.消火栓系统通常用X、XH或XF表示，本项目用X表示。
2.消火栓系统图读读，需要注意"引入管从建筑物哪侧进入、管道材质、管径和埋深、引入管上布置有什么管道附件"等事项。
3.从本项目消火栓系统图可知，消火栓引入管X/1和X/2都是自建筑物南侧进入，管道为热浸镀锌钢管（给排水设计说明），管径DN100，埋深为-1m，引入管室外部分设置有蝶阀和止回阀。
4.需注意，消火栓系统上下干管连通成环，上行干管处设置有ZP-1型自动排气阀。
5.消火栓管网上行干管伸出屋面，管径DN65，在屋面末端距地1.1m处设置有试验消火栓，用于检测管网压力，该处同步配有蝶阀、压力表和泄水管。
6.识读时还需要注意细节，如消火栓距地高度、蝶阀的个数和位置、下行干管至负一层消火栓处的立管管径为DN65（上部立管均为DN100）等。

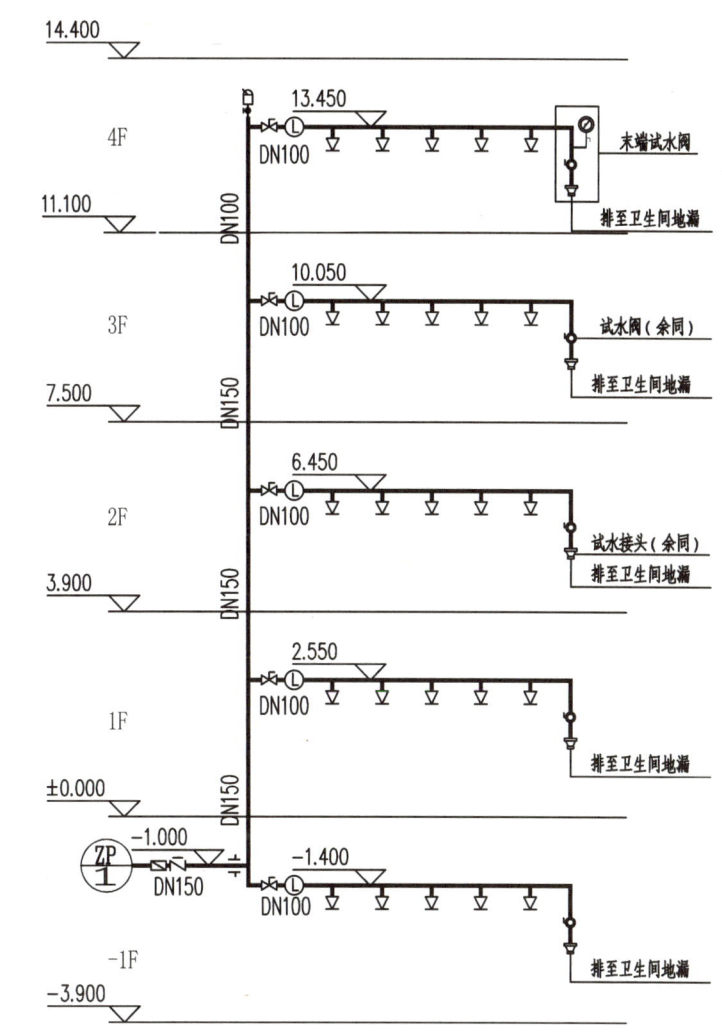

【识图指导】
1.自动喷淋系统通常用ZP或P表示，本项目用ZP表示。
2.在识读自动喷淋图纸时，需要注意确明该项目系统类型，是有压系统还是无压系统，是湿式系统还是干式系统。
3.自动喷淋系统识读时，需要注意管道附件的类型和位置，如蝶阀、止回阀、信号阀、水流指示器、自动排气阀和末端试水阀等（这里需要结合设计说明中的"图例表"进行识读）。
4.计算自动喷淋系统的喷头数量时，首先需要区分项目喷头类型，属于上喷头还是下喷头，属于闭式喷头还是开式喷头。

| 设计 | | 工程名称 | **1号办公楼** | 日 期 | 2024.8 |
| 审核 | | 图 名 | 消火栓系统图、喷淋系统图 | 图 号 | 水施-10 |

暖通设计与施工说明

一、设计依据

1. 《民用建筑供暖通风与空气调节设计规范》 GB 50736—2012
2. 《暖通空调制图标准》 GB/T 50114—2010
3. 《民用建筑热工设计规范》 GB 50176—2016
4. 《建筑设计防火规范》 GB 50016—2014
5. 《建筑给水排水及采暖工程质量验收规范》 GB 50242—2002
6. 《公共建筑节能设计标准》 GB 50189—2015
7. 《通风与空调工程施工质量验收规范》 GB 50243—2016
8. 《建筑机电工程抗震设计规范》 GB 50981—2014

二、工程概况

1. 本工程非实际工程，勿按图施工。
2. 本工程为二类多层办公建筑，地上4层，地下1层，总建筑面积3155m²，室内外高差为0.45m，建筑总高度为14.4m。
3. 本工程为框架结构。

三、设计内容

本设计包括室内空调系统、通风系统、排烟系统。

四、室内外设计计算参数（北京市）

1.室外计算参数

冬季		夏季	
室外采暖计算温度	−7.6℃	空调室外计算干球温度	33.5℃
室外空调计算温度	−9.9℃	空调室外计算湿球温度	26.4℃
室外通风计算温度	−3.6℃	空调日平均温度	29.6℃
室外空调计算相对湿度	44%	室外通风计算温度	29.7℃
平均风速	2.6m/s	风速	2.1m/s
大气压力	102170Pa	大气压力	100020Pa

2.室内设计参数

温度(℃)		相对湿度(%)		新风量[m³/(p·h)]
冬季	夏季	冬季	夏季	
20	26	—	60	30

五、空调通风系统

（1）本工程采用地源热泵机组，夏季制冷，冬季制热。制冷供回水温度为7/12℃，制热供回水温度为45/40℃。

（2）空调总冷负荷384kW，冷指标120W/m²；总热负荷176kW，冷指标55W/m²。

（3）本工程空调系统为风机盘管加新风系统。

（4）空调水采用异程式两管制系统。系统工作压力为0.60MPa。

六、排烟系统

（1）地下一层采用机械排烟，自然补风。

（2）地上各层房间均通过可开启外窗自然通风、排烟，外窗可开启面积＞房间面积的5%。

七、施工说明

1.水系统管材及管道安装

（1）空调冷、热水管道DN＜50时采用热镀锌钢管，丝扣连接，套丝破坏的镀锌层及外露螺纹需防腐处理；DN≥50时采用无缝钢管，除与设备连接处为法兰连接，其余均为焊接。空调冷凝水管采用PVC管，粘接连接。

（2）每层支路上设动态平衡阀，当其他支路流量变化时，本支路流量不受影响。每层最高点和立管顶部设自动排气阀。

（3）管道坡度：冷冻水管道i=0.3%，冷凝水盘泄水支管i=1%，冷凝水干管i=0.3%。

（4）水系统阀门的选用：空调供回水系统管道上的阀门，管径DN≥50，采用钢制蝶阀；管径DN≤40，采用铜制截止阀。所有水路设备和附件的工作压力应不小于1.0MPa。

（5）钢管管道支吊架的形式，根据现场情况制作安装。冷、热水管道穿过防火墙处，应设置固定支架。冷、热水管道的支、吊、托架必须置于保温层的外部，在穿过支、吊、托架处应镶以垫木。

（6）水管道穿过墙壁或楼板处应设置钢制套管；安装在楼板内的套管其顶部应高出地面50mm，底部与楼板底面相平，安装墙壁内的套管，其两端应与饰面相平。

（7）管道弯管：管径DN＜32时采用R=1.5D机制弯头，其余尽量采用煨弯，弯曲半径R=4D。凡作为热补偿用的弯头都应用热煨弯头。

2.空调风管道系统管材及安装

（1）风管采用镀锌钢板加工制作，钢板厚度按《通风与空调工程施工质量验收规范》（GB 50243—2016）中相关规定选用。风管与空调机组进出口相接处，设置L=200mm软连接。

（2）风管的密封：法兰之间采用软质阻燃型密封垫密封；法兰连接后用无机玻璃钢进行封口。管道与墙体间隙采用石棉麻绳或其他不燃柔性材料严密填塞、充实，水泥砂浆抹平。

（3）风管支、吊、托架间距应符合下列规定：
①水平安装：风管直径或大边长小于400mm者，间距不超过1.2m；大于或等于400mm者，间距不超过2m。
②垂直安装：风管间距不大于4m，每根立管的固定件不应少于2个。
③支、吊、托架不得设置在风口、测量孔、阀门检视门等处，吊架不得直接吊在法兰上。

3.保温及防结露

（1）敷设于非采暖空调房间内的管道均进行保温，敷设于吊顶内的管道均进行防结露保温：
①保温均采用橡塑复合隔热保温材料（导热系数为0.034W/（m·℃），燃烧等级为难燃为B1级，烟气毒性为准安全二级）。
②非采暖空调房间内管道保温材料厚度：DN15~DN40的为30mm；DN50~DN125的为35mm。

（2）引入管埋地管道采用40mm厚硬质聚氨酯保温（硬质聚氨酯保温材料导热系数为0.029W/m·℃，密度不得小于50kg/m³），玻璃钢保护层。

（3）空调风管道采用20mm厚橡塑保温（导热系数为0.034W/（m·℃），燃烧等级为难燃B1级，烟气毒性为准安全二级）。

4.排烟系统管材及安装

（1）风管采用镀锌钢板加工制作，钢板厚度及法兰规格根据施工验收规范制作，软管采用防火伸缩软管，应保证在280℃时能连续工作30min。

（2）排烟风机采用高温消防排烟风机，应保证在280℃时能连续工作30min。

5.设备安装及消声隔振

（1）设备安装应严格按制造厂供的使用说明书进行，同时还应遵守《通风与空调工程施工质量验收规范》（GB 50243—2016）中的各项规定。

（2）空调机组由厂家配套减振器或减振垫；吊装的风机盘管及新风机采用减振吊杆。

6.除锈、防腐

（1）焊接钢管与无缝钢管均应除锈和刷防锈漆。管道管件及支架等刷底漆前，先清除表面的灰尘、污垢、锈斑及焊渣等物。保温管道刷两道除锈底漆后再做保温层。空调冷水供、回水管与其支、吊架之间应采用与保温层厚度相同的经过防腐处理的木垫块，安装完成后，支、吊架应做保温喷漆。

（2）埋地管道做加强防腐（加强防腐：管道先刷冷底子油一道，再做三油四布），防腐层厚度为6mm，做法按照《建筑给水排水及采暖工程施工质量验收规范》（GB 50242—2002）第 9.2.6条进行。

（3）风管、部件和设备的支、吊、托架构件外表面均需除锈，涂防锈底漆两道，裸露部分再涂面漆两道。埋设的构件除锈后可以直埋在混凝土内。

7.调试与验收

（1）系统调试前，应进行各设备单机运行，合格后进行综合调试，让系统连续运行24h以上，并对系统进行全面检查调整，考核各项指标，作书面记录。

（2）其他各项施工调试与验收均应严格遵守《通风与空调工程施工质量验收规范》（GB 50243—2016）的规定。

8.试压

（1）空调冷、热水管道安装完毕后，应进行水压试验，系统试验压力为0.9MPa，10min内压力降不大于0.02MPa为合格。试压完毕后，必须对管道进行冲洗，直至流出的水清净无污物为止。

（2）空调通风管道安装完毕后，应进行气密性试验，按低压系统试验。

9. 根据规范GB 50981—2014第5.1.4条规定，抗震设防烈度为6度及以上地区的建筑机电工程必须进行抗震设计。防排烟风道、事故通风风道及相关设备应采用抗震支、吊架。具体由专业厂家进行二次深化设计。

10. 防烟、排烟、供暖、通风和空气调节系统中的管道及建筑内的其他管道，在穿越防火隔墙、楼板和防火墙处的孔隙应采用防火材料封堵。风管穿越防火隔墙、楼板和防火墙时，穿越处风管上的防火阀、排烟防火阀两侧各2.0m范围内，风管应采用耐火风管或风管外壁应采取防火保护措施，且耐火极限不应低于该防火分隔体的耐火极限。

11. 其他未尽事宜见《通风与空调工程施工质量验收规范》（GB 50243—2016）。

八、图纸标注说明

（1）图中所标尺寸：除标高以m计，其余均为mm。标高以首层地面标高为0.000计。

（2）管道所标管道高程：水管以中心计，风管以管顶计，风管安装管顶接。

（3）水管管径为公称直径，风管平面图为宽×高。

九、其他说明

（1）图中风口材质除装修要求外，本工程所有风口均采用铝合金风口。

（2）本设计按装修吊顶为可拆卸的活吊顶考虑。

（3）管道安装过程中与其他管及梁柱相碰作适当调整，原则上有压让无压，小管让大管，给水管让采暖管及空调管；空调冷冻水与风管相碰，则冷冻水管向上返绕过风管，上返做放气阀，最低点做泄水阀。

（4）以上未说明之处，均应按照国家标准《通风与空调工程施工质量验收规范》（GB 50243—2016）、《建筑给水排水及采暖工程施工质量验收规范》（GB 50242—2002）进行施工。

做法或安装采用标准图集表

做法或安装名称	图集号	做法或安装名称	图集号
风机盘管安装	12N4-66.67	管道穿过楼板	12N1-240
管道与设备绝热	12N9	风管墙体要求	12N5-2-39
管道安装支架及吊架	12S10	单、双层百叶风口安装	12N5-2-104
自动排气阀选型、安装	12N1-220.221	风管支吊架	12N5-2-150~165
空调入口计量装置	12N1-13		

图 例

图例	名称	图例	名称
	空调供水管		风管
	空调回水管		手动对开多叶调节阀
	空调冷凝水管		防火软连接
	蝶阀		单层百叶风口
	电动两通阀		散流器
	平衡阀		风机盘管
	球阀		自动排气阀
	固定支架		

设计		工程名称	**1号办公楼**	日期	2024.8
审核		图名	**暖通设计与施工说明**	图号	暖施-01

地下一层排烟平面图 1:100

注：地下一层为一个防火分区。

管上皮标高-1.200

排烟机房

男卫生间　女卫生间

餐厅

客梯

FMZ1121

-3.900

280℃

800X400

走廊

挡烟垂壁
做法参见12J7-3-82-3

办公室　办公室　办公室　公共休息大厅　办公室　办公室　办公室

38300

3300　6000　6000　7200　6000　6000　3300

250　6900　250　2100　1600　250　4700　2500　250

1000X500　2020　870 500 850 700 860 700　D900　156

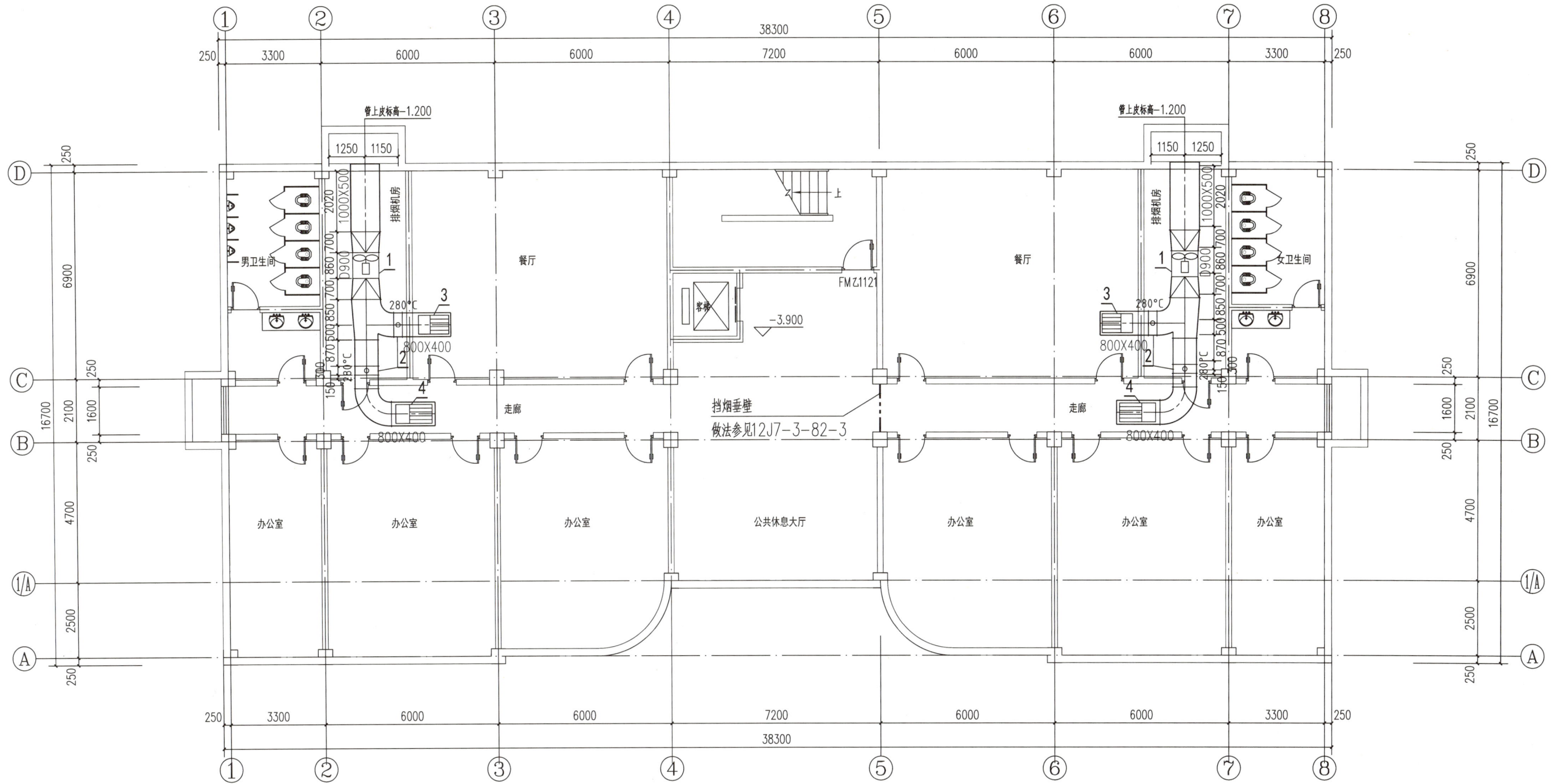

主要设备材料表

序号	名　称	规　格	单位	数量	备　注
1	高温消防排烟风机	HTF-I-9，风量33510m³/h，全压562Pa，功率11kW	台	2	火灾时联动开启
2	280℃排烟防火阀	800X400	个	4	平时常开，280℃自动关闭
3	多叶排烟口	630X(800+250)	个	2	平时常闭，火灾时联动开启
4	多叶排烟口	630X(1000+250)	个	2	平时常闭，火灾时联动开启

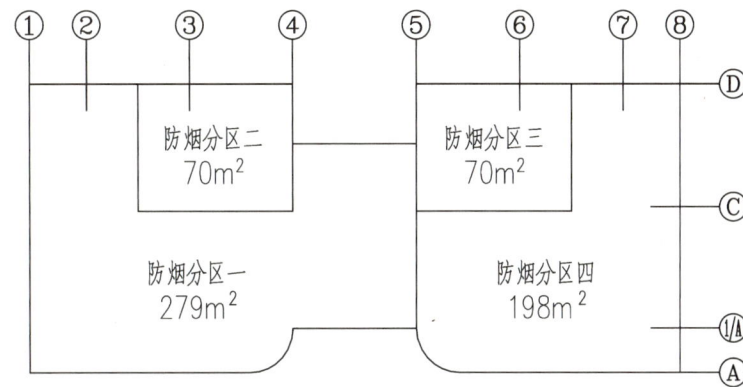

防烟分区二 70m²
防烟分区三 70m²
防烟分区一 279m²
防烟分区四 198m²

设计		工程名称	**1号办公楼**	日期	2024.8
审核		图名	地下一层排烟平面图	图号	暖施-02

43

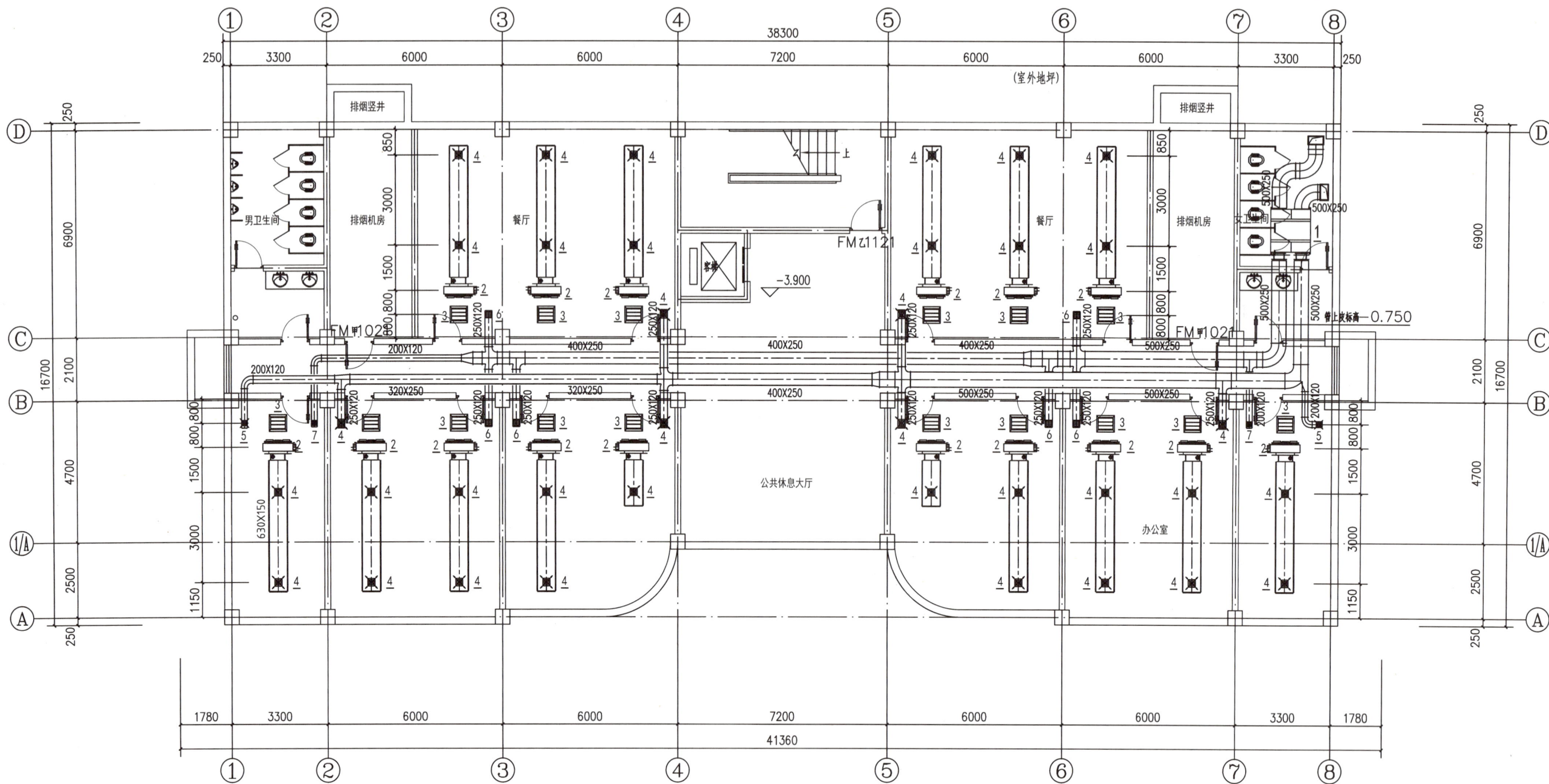

地下一层空调风平面图 1:100

序号	名　称	规　格	单位	数量	备　注
		主要设备材料表			
1	新风换气机	DXF3500PQ，风量3000m³/h，压力179Pa，功率2×550W	台	1	
2	风机盘管	42CT003，供冷量2950W，风量510m³/h，静压30Pa，功率55W	台	16	不带回风箱2排管接管尺寸500×150
3	单层百叶回风口	500X500	个	16	铝合金材质带过滤网，兼作检修口
4	散流器	240X240	个	36	铝合金材质，带风量调节阀
5	散流器	180X180	个	2	铝合金材质，带风量调节阀
6	单层百叶回风口	250X250	个	6	铝合金材质，带过滤网
7	单层百叶回风口	200X200	个	2	铝合金材质，带过滤网

【识图指导】
1.空调新风系统识读，建议按照新风流向看图，即按照"新风入口、新风换气机、新风干管、新风支管、散流器（4.5）"的顺序识读。
2.空调回风系统识读，建议按照回风流向看图，即按照"回风口（6.7）、回风支管、回风干管、新风换气机"的顺序识读。
3.房间空调系统识读，建议按照"回风口（3）、风机盘管、风管、散流器（4）"的顺序识读。
4.矩形风管一般用断面尺寸即"宽×高"表示，如300×150；圆形风管一般用φ表示，如φ120。由图可知，本项目新风管和回风管均为矩形风管。
5.识读时，还应注意风管高度标注是风管底标高，还是风管上皮标高。

设计		工程名称	**1号办公楼**	日期	2024.8
审核		图名	**地下一层空调风平面图**	图号	暖施-03

44

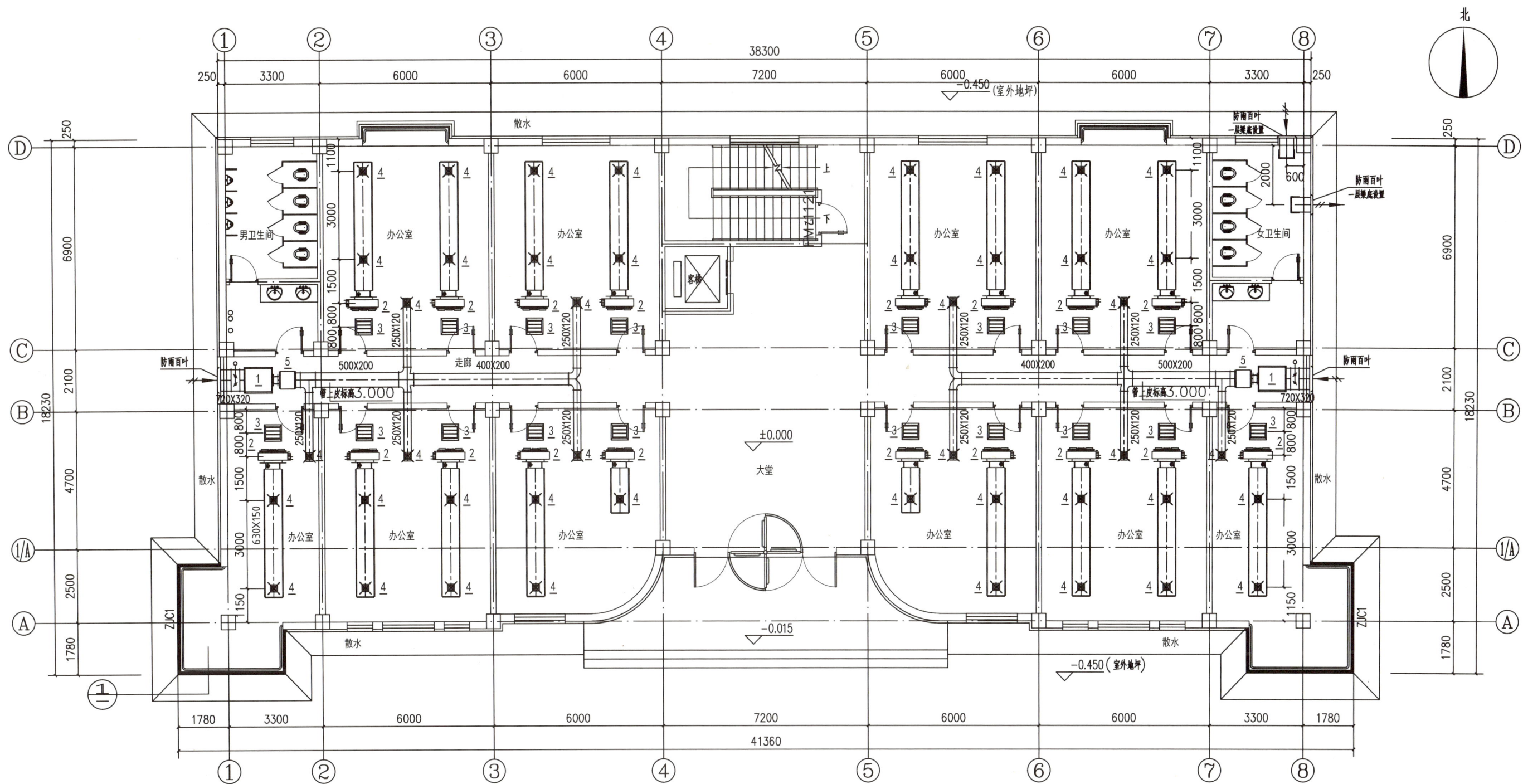

北

38300
250 3300 6000 6000 7200 6000 6000 3300 250
−0.450(室外地坪)

散水
男卫生间 办公室 办公室 办公室 办公室 办公室 女卫生间
上
下
防雨百叶
一层楼底设置
2000
600
防雨百叶
一层楼底设置
客梯
大堂
±0.000
−0.015
−0.450(室外地坪)
散水
防雨百叶 管上皮标高3.000 走廊 400X200 500X200 管上皮标高3.000 防雨百叶
500X200 400X200
250X120 250X120 250X120 250X120
800X800 720X320 720X320 800X800
630X150

ZJC1 散水 散水 ZJC1

1780 3300 6000 6000 7200 6000 6000 3300 1780
41360

一层空调风平面图 1:100

【识图指导】
1.本层空调新风系统识读，建议按照新风流向看图，即按照"新风入口、吊顶式机组、静压箱、新风干管、新风支管、散流器（4）"的顺序识读。
2.识读时需要注意新风风管管径的变化，新风风管从新风入口的720×320，到500×200，到400×200，再到支管250×120，不断变化。
3.房间空调系统识读，建议按照"回风口（3）、风机盘管、风管、散流器（4）"的顺序识读。
4.矩形风管一般用断面尺寸即"宽×高"表示，如300×150；圆形风管一般用φ表示，如φ120。由图可知，本项目新风风管均为矩形风管。
5.由图可知，本层空调风系统基本呈左右对称布置。

序号	名　称	规　格	单位	数量	备　注
		主要设备材料表			
1	吊顶式机组	DBFP020，供冷量25.3kW，风量2000m³/h，余压180Pa，功率530W	台	2	
2	风机盘管	42CT003，供冷量2950W，风量510m³/h，静压30Pa，功率55W	台	18	不带回风箱2排管 接管尺寸500×150
3	单层百叶回风口	500X500	个	18	铝合金材质 带过滤网，兼作检修口
4	散流器	240X240	个	44	铝合金材质，带风量调节阀
5	静压箱	600X500X500	个	2	带风量调节阀

设计		工程名称	**1号办公楼**	日期	2024.8
审核		图名	一层空调风平面图	图号	暖施-04

45

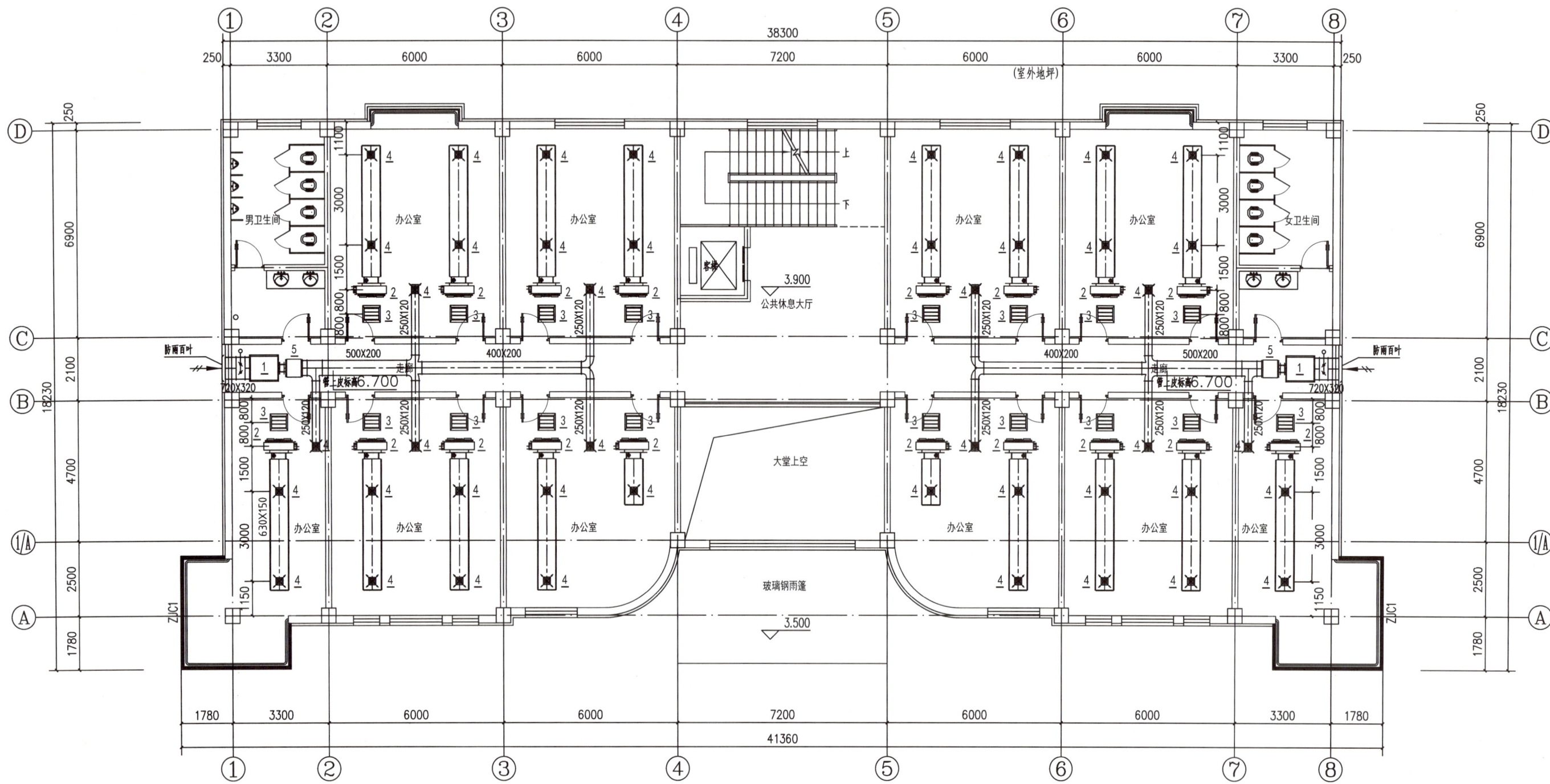

二层空调风平面图 1:100

【识图指导】
1.本层空调新风系统识读，建议按照新风流向看图，即按照"新风入口、吊顶式机组、静压箱、新风干管、新风支管、散流器（4）"的顺序识读。
2.识读时需要注意新风风管管径的变化，新风管从新风入口的720×320，到500×200，到400×200，再到支管250×120，不断变化。
3.房间空调系统识读，建议按照"回风口（3）、风机盘管、风管、散流器（4）"的顺序识读。
4.矩形风管一般用断面尺寸即"宽×高"表示，如300×150；圆形风管一般用φ表示，如φ120。由图可知，本项目新风风管均为矩形风管。
5.由图可知，本层空调风系统基本呈左右对称布置。

主要设备材料表

序号	名　称	规　　格	单位	数量	备　注
1	吊顶式机组	DBFP020，供冷量25.3kW，风量2000m³/h，余压180Pa，功率530W	台	2	
2	风机盘管	42CT003，供冷量2950W，风量510m³/h，静压30Pa，功率55W	台	18	不带回风箱2排管 接管尺寸500×150
3	单层百叶回风口	500×500	个	18	铝合金材质 带过滤网，兼作检修口
4	散流器	240×240	个	44	铝合金材质，带风量调节阀
5	静压箱	600×500×500	个	2	带风量调节阀

设计		工程名称	1号办公楼	日期	2024.8
审核		图名	二层空调风平面图	图号	暖施-05

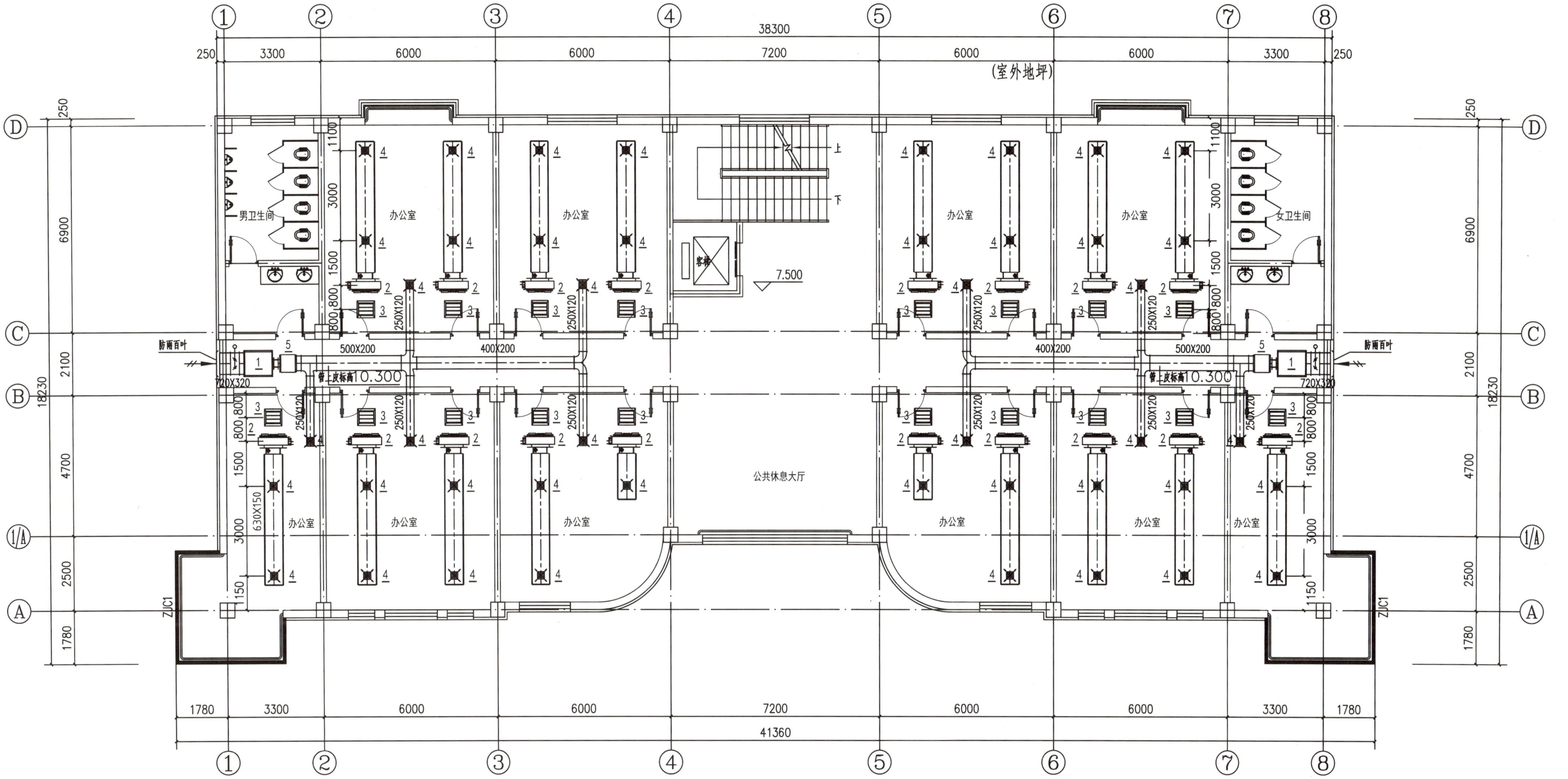
38300
250
3300
6000
6000
7200
6000
6000
3300
250
(室外地坪)
男卫生间
女卫生间
办公室
公共休息大厅
客梯
上
下
7.500
防雨百叶
720X320
500X200
400X200
250X120
630X150
管上皮标高10.300
ZJC1
6900
2100
4700
2500
1780
18230
1100
3000
1500
800
150
1780
3300
6000
6000
7200
6000
6000
3300
1780
41360

三层空调风平面图 1:100

主要设备材料表					
序号	名 称	规 格	单位	数量	备注
1	吊顶式机组	DBFP020，供冷量25.3kW，风量2000m³/h，余压180Pa，功率530W	台	2	
2	风机盘管	42CT003，供冷量2950W，风量510m³/h，静压30Pa，功率55W	台	18	不带回风箱2排管 接管尺寸500×150
3	单层百叶回风口	500X500	个	18	铝合金材质 带过滤网，兼作检修口
4	散流器	240X240	个	44	铝合金材质，带风量调节阀
5	静压箱	600X500X500	个	2	带风量调节阀

【识图指导】

1.本层空调新风系统识读，建议按照新风流向看图，即按照“新风入口、吊顶式机组、静压箱、新风干管、新风支管、散流器（4）”的顺序识读。

2.识读时需要注意新风风管管径的变化，新风管从新风入口的720×320，到500×200，到400×200，再到支管250×120，不断变化。

3.房间空调系统识读，建议按照“回风口（3）、风机盘管、风管、散流器（4）”的顺序识读。

4.矩形风管一般用断面尺寸即“宽×高”表示，如300×150；圆形风管一般用ϕ表示，如ϕ120。由图可知，本项目新风管均为矩形风管。

5.由图可知，本层空调风系统基本呈左右对称布置。

设计		工程名称	1号办公楼	日 期	2024.8
审核		图 名	三层空调风平面图	图 号	暖施-06

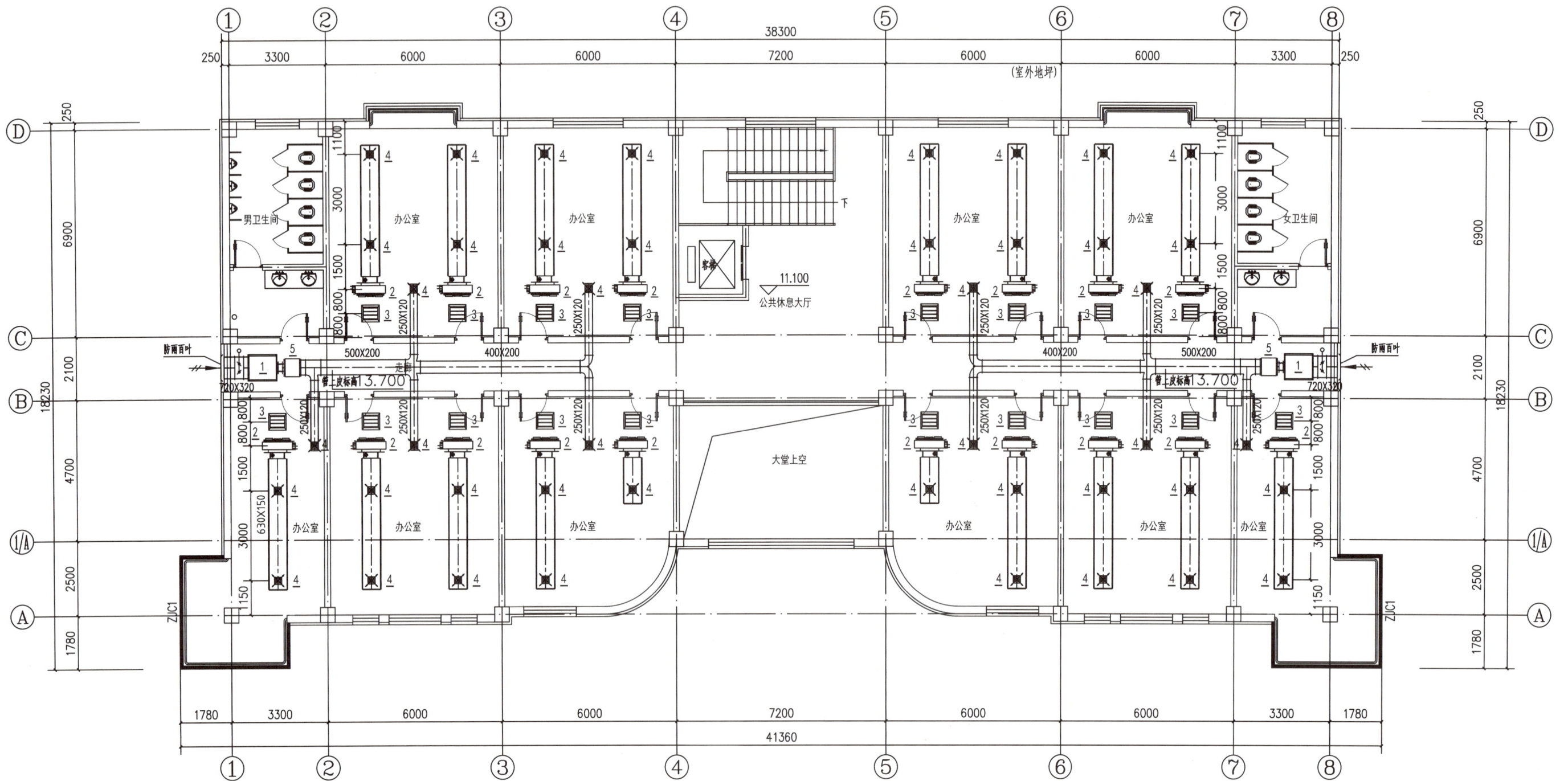

四层空调风平面图 1:100

主要设备材料表

序号	名 称	规 格	单位	数量	备 注
1	吊顶式机组	DBFP020，供冷量25.3kW，风量2000m³/h，余压180Pa，功率530W	台	2	
2	风机盘管	42CT003，供冷量2950W，风量510m³/h，静压30Pa，功率55W	台	18	不带回风箱2排管 接管尺寸500×150
3	单层百叶回风口	500X500	个	18	铝合金材质 带过滤网，兼作检修口
4	散流器	240X240	个	44	铝合金材质，带风量调节阀
5	静压箱	600X500X500	个	2	带风量调节阀

【识图指导】
1.本层空调新风系统识读，建议按照新风流向看图，即按照"新风入口、吊顶式机组、静压箱、新风干管、新风支管、散流器（4）"的顺序识读。
2.识读时需要注意新风风管管径的变化，新风风管从新风入口的720×320，到500×200，到400×200，再到支管250×120，不断变化。
3.房间空调系统识读，建议按照"回风口（3）、风机盘管、风管、散流器（4）"的顺序识读。
4.矩形风管一般用断面尺寸即"宽×高"表示，如300×150；圆形风管一般用φ表示，如φ120。由图可知，本项目新风管均为矩形风管。
5.由图可知，本层空调风系统基本呈左右对称布置。

设计		工程名称	1号办公楼	日期	2024.8
审核		图名	四层空调风平面图	图号	暖施-07

48

地下一层空调水平面图、空调水系统图

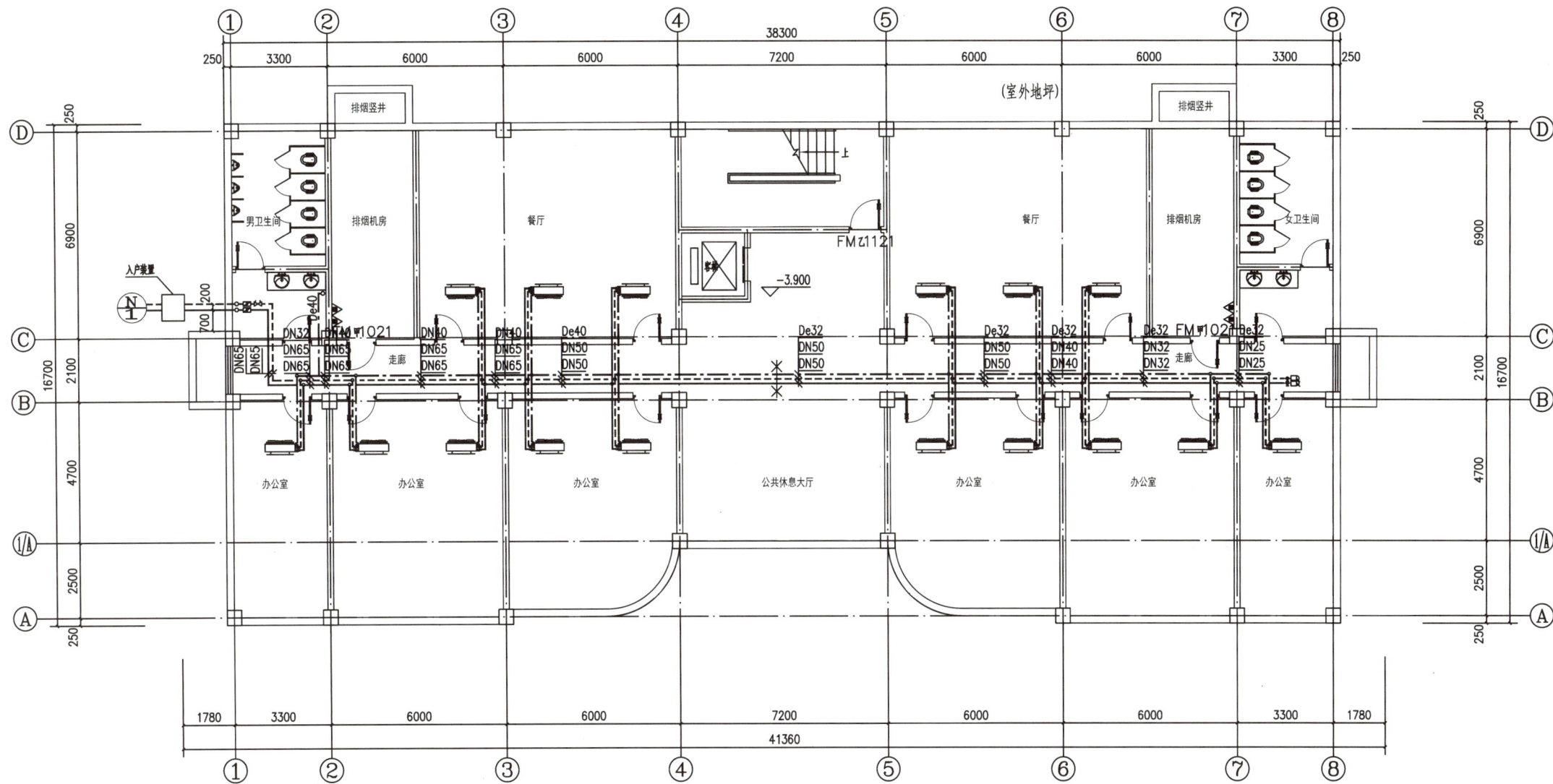

地下一层空调水平面图 1:100

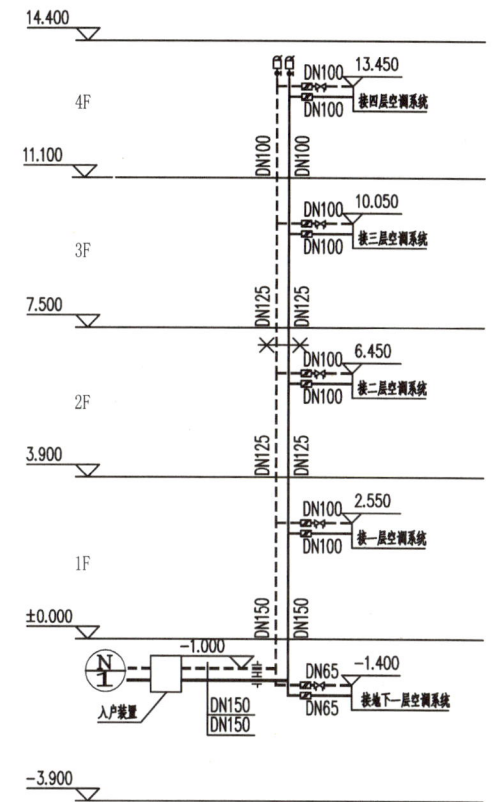

空调水系统图 1:100

系统图标高： 14.400、13.450、11.100、10.050、7.500、6.450、3.900、2.550、±0.000、-1.000、-1.400、-3.900

4F / 3F / 2F / 1F

DN100、DN125、DN150、DN65

接四层空调系统、接三层空调系统、接二层空调系统、接一层空调系统、接地下一层空调系统

入户装置

平面图标注： (室外地坪) 排烟竖井 排烟机房 男卫生间 女卫生间 餐厅 走廊 办公室 公共休息大厅 入户装置 FM乙1121 FM乙1021 -3.900

DN32、DN40、DN50、DN65、DN25、De40、De32

轴线尺寸：250 3300 6000 6000 7200 6000 6000 3300 250（38300）

1780 3300 6000 6000 7200 6000 6000 3300 1780（41360）

250 6900 2100 4700 2500 250（16700）

【识图指导】

1.空调水图纸识读，建议顺着水流方向，分系统（供水、回水、冷凝水）、分层识读（从下到上）。

2.空调供水系统识读时，先看空调水系统图，对水系统整体构成做到心中有数。由图可知，供水管的入户管位于负一层，埋地敷设，埋深-1m，管径DN150，材质为无缝钢管（见设计说明，DN≥50）。

3.识读"地下一层空调水平面图"可知，供水管的入户管位于建筑物西侧，B-C轴之间，经过入户装置，埋地进入建筑物。

4.识读空调水图纸时，需要注意区别阀门类型（蝶阀、平衡阀、球阀、自动排气阀等）。

5.在进行管道识读时，需要明确管道材质、规格、连接方式和安装高度等信息。

6.以空调供水立管为例，管径从DN150，变径到DN125（变径处位于1F分出支管的三通处），再变径到DN100（变径处位于3F分出支管的三通处）。

设计	工程名称	**1号办公楼**	日期	2024.8
审核	图名	地下一层空调水平面图、空调水系统图	图号	暖施-08

49

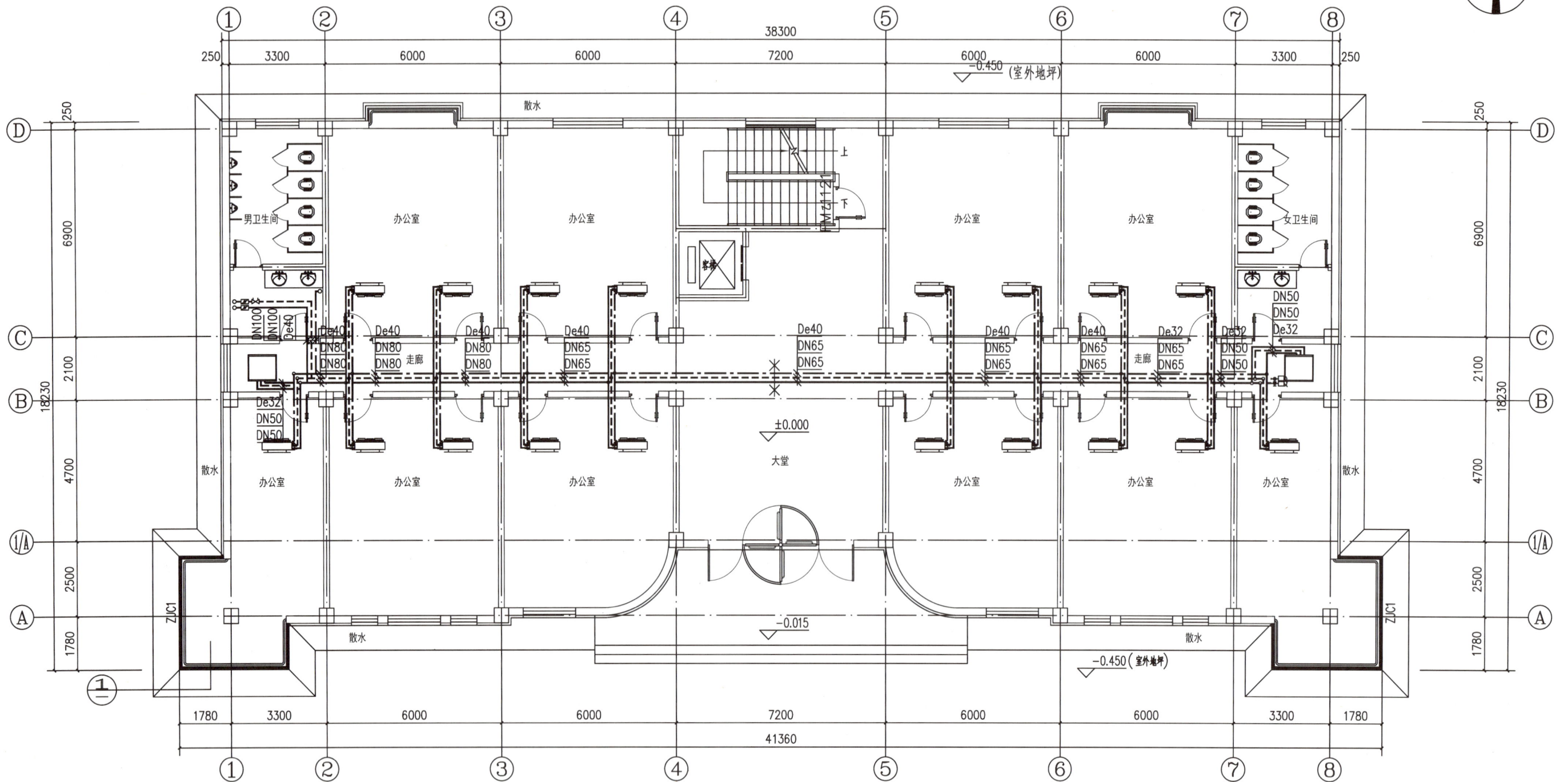

一层空调水平面图 1:100

【识图指导】
1.空调水图纸识读时，需要注意供水管、回水管和冷凝水管的立管所在位置（1~2轴与C轴交汇，男卫生间内靠墙处）。
2.空调供水系统中，各层支管分出后，分别连入吊顶式机组和风机盘管内，需要注意管径变化，从DN100，到DN80，到DN65，到DN50，顺水流方向，越向管网末端，管径越小。
3.空调回水管自风机盘管和吊顶式机组连回立管处，管径顺水流方向逐渐增大，从DN50，到DN65，到DN80，到DN100。
4.空调冷凝水管采用PVC管，用外径De表示，从风机盘管和吊顶式机组连回冷凝水立管，管径顺水流由De32变径至De40。
5.识读空调水平面图时，还需要注意细节，如每层供水管和回水管管网末端均设置有自动排气阀。

设 计		工程名称	1号办公楼		日 期	2024.8
审 核		图 名	一层空调水平面图		图 号	暖施-09

50

二层空调水平面图 1:100

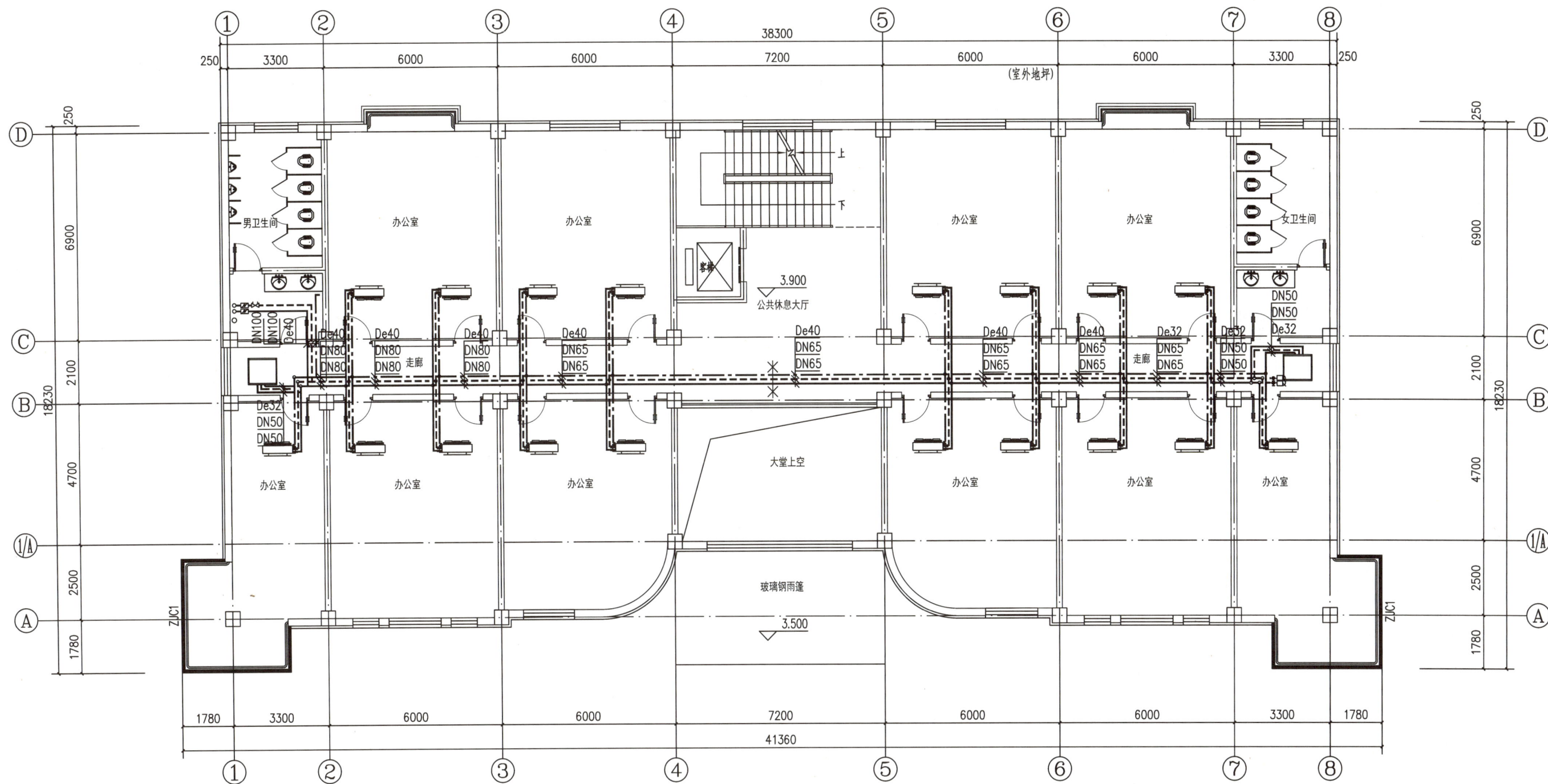

轴号（上）: ① ② ③ ④ ⑤ ⑥ ⑦ ⑧

尺寸（上）: 250 3300 6000 6000 7200 6000 6000 3300 250 / 38300 (室外地坪)

轴号（右）: D C B 1/A A

尺寸（右）: 250 6900 2100 4700 2500 1780 / 18230

房间标注:
- 男卫生间
- 女卫生间
- 办公室
- 公共休息大厅 ▽ 3.900
- 客梯 / 上 下
- 大堂上空
- 玻璃钢雨篷 ▽ 3.500
- 走廊
- ZJC1

管径标注:
- DN100 DN100 De40
- De40 DN80 / De40 DN80 DN80 走廊 / De40 DN80 / De40 DN65
- De65 DN65 / De65 DN65
- De40 DN65 / De40 DN65 / De32 DN65 走廊 / De32 DN65 / De32 DN50 / De32 DN50
- De32 DN50 DN50
- DN50 DN50 DN50

尺寸（下）: 1780 3300 6000 6000 7200 6000 6000 3300 1780 / 41360

轴号（下）: ① ② ③ ④ ⑤ ⑥ ⑦ ⑧

【识图指导】
1. 空调水图纸识读时，需要注意供水管、回水管和冷凝水管的立管所在位置（1-2轴与C轴交汇，男卫生间内靠墙处）。
2. 空调供水系统中，各层支管分出后，分别连入吊顶式机组和风盘机管内，需要注意管径变化，从DN100，到DN80，到DN65，到DN50，顺水流方向，越向管网末端，管径越小。
3. 空调回水管自风盘机管和吊顶式机组连回立管处，管径顺水流方向逐渐增大，从DN50，到DN65,到DN80，到DN100。
4. 空调冷凝水管采用PVC管，用外径De表示，从风盘机管和吊顶式机组连冷凝水立管，管径顺水流由De32变径至De40。
5. 识读该空调平面图时，还需要注意细节，如每层供水管和回水管管网末端均设置有自动排气阀。

设计		工程名称	**1号办公楼**	日期	2024.8
审核		图名	**二层空调水平面图**	图号	暖施-10

51

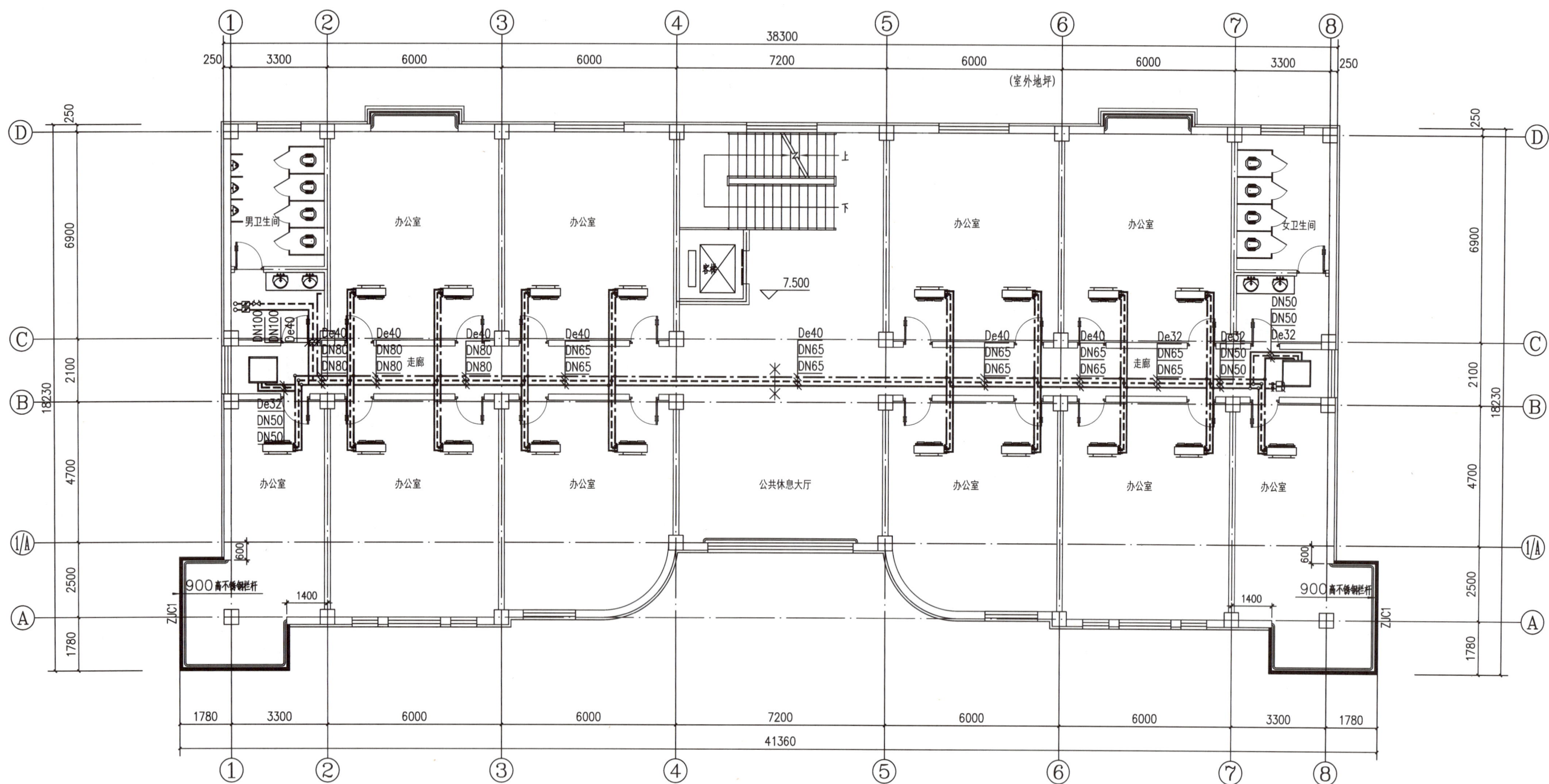

三层空调水平面图 1:100

【识图指导】
1.空调水图纸识读时，需要注意供水管、回水管和冷凝水管的立管所在位置（1-2轴与C轴交汇，男卫生间内靠墙处）。
2.空调供水系统中，各层支管分出后，分别连入吊顶式机组和风机盘管内，需要注意管径变化，从DN100，到DN80，到DN65，到DN50，顺水流方向，越向管网末端，管径越小。
3.空调回水管自风机盘管和吊顶式机组连回立管处，管径顺水流方向逐渐增大，从DN50，到DN65，到DN80，到DN100。
4.空调冷凝水管采用PVC管，用外径De表示，从风机盘管和吊顶式机组连出冷凝水立管，管径顺水流由De32变径至De40。
5.识读空调水平面图时，还需要注意细节，如每层供水管和回水管管网末端均设置有自动排气阀。

设计		工程名称	**1号办公楼**	日期	2024.8
审核		图名	三层空调水平面图	图号	暖施-11

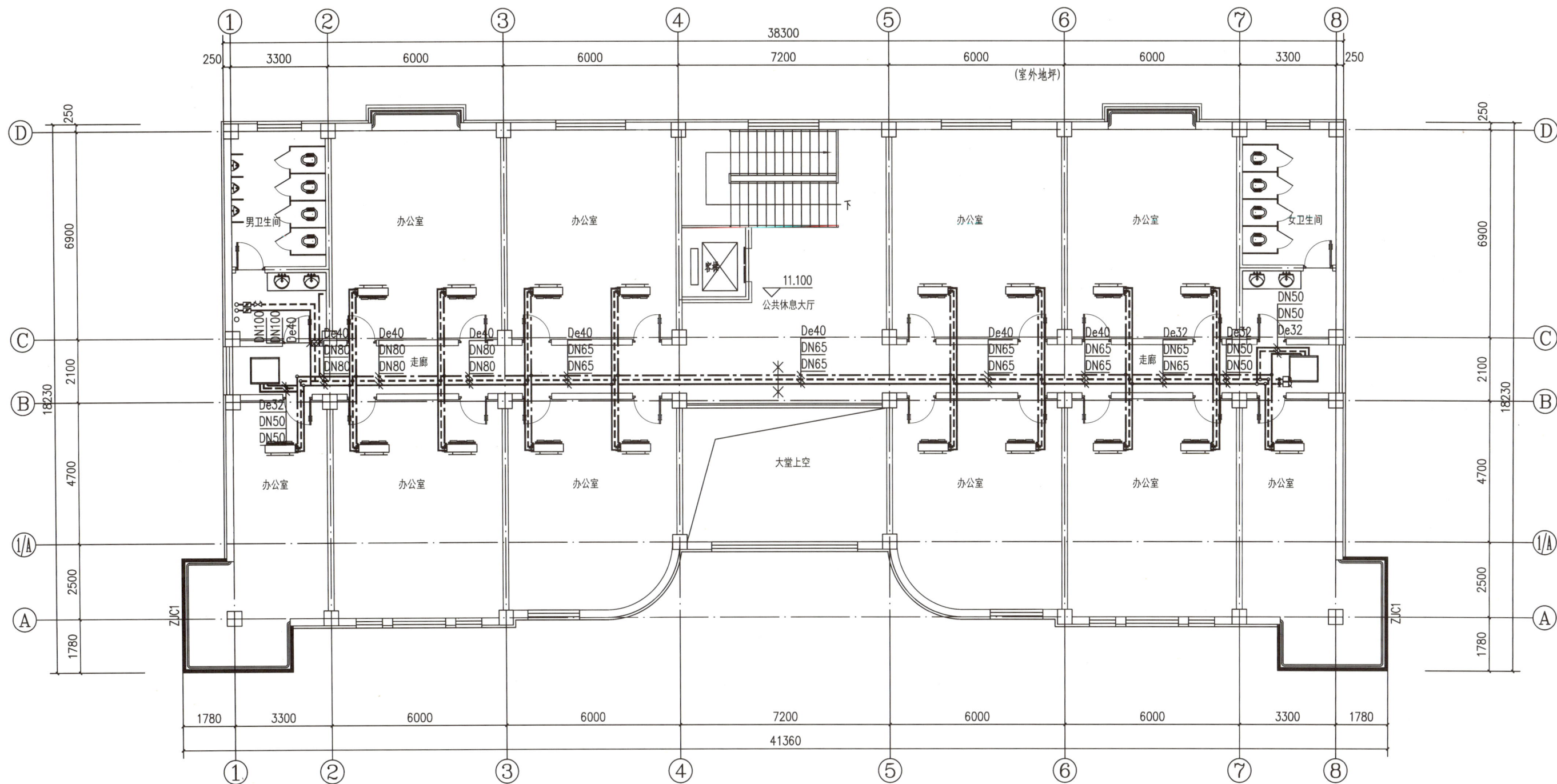

四层空调水平面图 1:100

男卫生间　办公室　办公室　公共休息大厅　办公室　办公室　女卫生间

办公室　办公室　办公室　大堂上空　办公室　办公室　办公室

走廊　走廊

(室外地坪)

11.100

DN100　De40　De40　De40　De40　De40　De40　De32　De32　De32
DN100　DN80　DN80　DN65　DN65　DN65　DN65　DN50　DN50
DN80　DN80　DN80　DN65　DN65　DN65　DN65　DN50

De32　DN50
DN50

DN50
DN50
DN50

ZJC1　ZJC1

38300
250　3300　6000　6000　7200　6000　6000　3300　250

41360
1780　3300　6000　6000　7200　6000　6000　3300　1780

250　6900　2100　4700　2500　1780　250

①②③④⑤⑥⑦⑧

Ⓓ Ⓒ Ⓑ 1/Ⓐ Ⓐ

【识图指导】
1.空调水图纸识读时，需要注意供水管、回水管和冷凝水管的立管所在位置（1~2轴与C轴交汇，男卫生间内靠墙处）。
2.空调供水系统中，各层支管分出后，分别连入吊顶式机组和风机盘管内，需要注意管径变化，从DN100，到DN80，到DN65，到DN50，顺水流方向，越向管网末端，管径越小。
3.空调回水管自风机盘管和吊顶式机组连回立管处，管径顺水流方向逐渐增大，从DN50，到DN65,到DN80，到DN100。
4.空调冷凝水管采用PVC管，用外径De表示，从风机盘管和吊顶式机组连出冷凝水立管，管径顺水流出De32变径至De40。
5.识读空调水平面图时，还需要注意细节，如每层供水管和回水管管网末端均设置有自动排气阀。

| 设计 | | 工程名称 | **1号办公楼** | 日 期 | 2024.8 |
| 审核 | | 图 名 | **四层空调水平面图** | 图 号 | 暖施-12 |

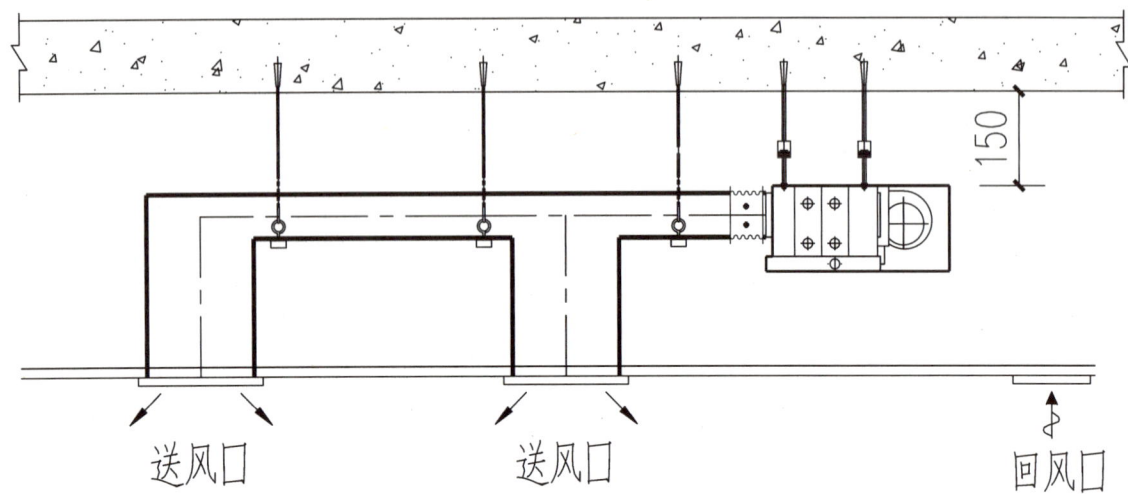

风机盘管吊装大样图（一）

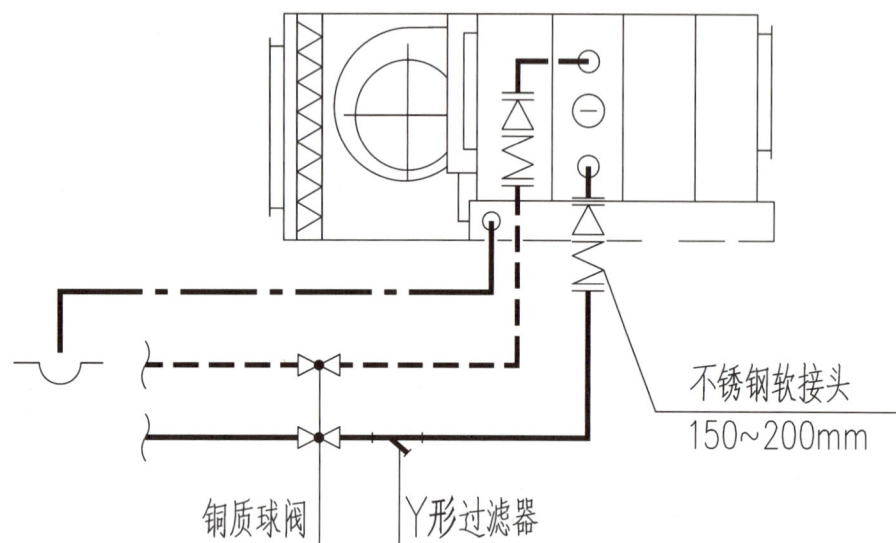

两管制风机盘管水管接法示意图

不锈钢软接头
150~200mm

送风口　　送风口　　回风口

铜质球阀　　Y形过滤器

【识图指导】
1.根据"风机盘管吊装大样图"，结合设计说明中图例表，可知不锈钢风管与风机盘管相连接处，采用防火软连接，长度为200mm。
2.根据"排烟风机吊装大样图"，可知顺烟排出方向，不锈钢矩形风管尺寸从800×400，经排烟风机后，管径变大为1000×500，最后接入排烟竖井内。

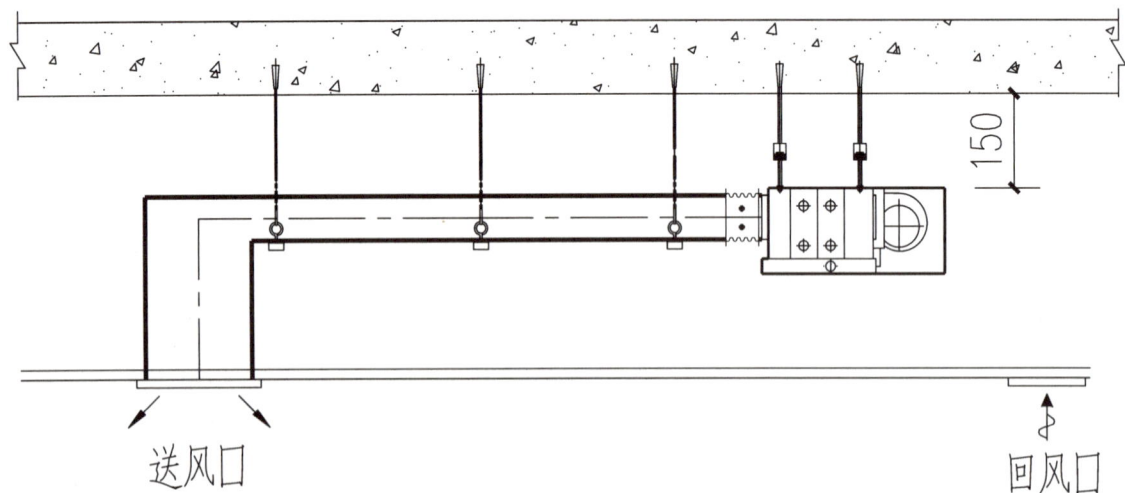

风机盘管吊装大样图（二）

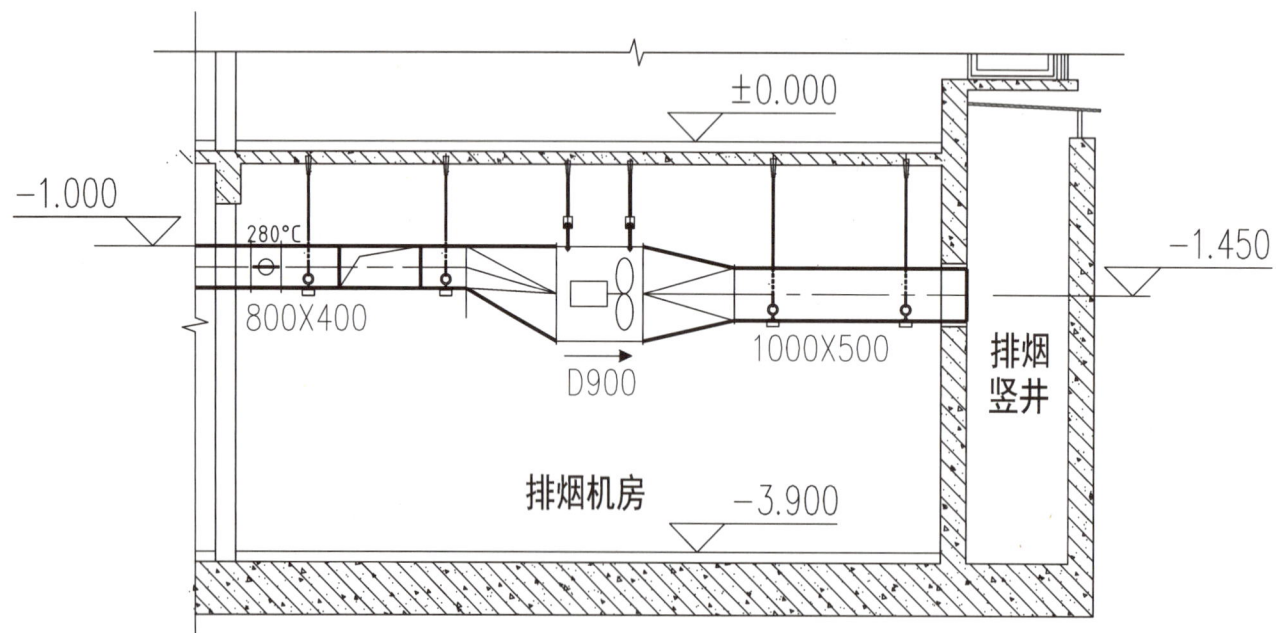

送风口　　回风口

±0.000
−1.000
280℃
800X400
D900
1000X500
排烟竖井
−1.450
排烟机房　−3.900

排烟风机吊装大样图

设计		工程名称	**1号办公楼**	日 期	2024.8
审核		图 名	**风机盘管安装大样图**	图 号	暖施-13

电气设计说明

一、土建概述
本建筑物为二类多层办公建筑，结构类型为框架结构体系，总建筑面积为3155m²，建筑层数为地上4层，地下1层。建筑高度为14.400m。合理使用年限为50年，室外消防用水量为25L/s。

二、设计依据
1.国家有关的设计规范、标准：
《民用建筑电气设计标准》GB 51348—2019　　　　《建筑设计防火规范》GB 50016—2014
《住宅建筑规范》GB 50368—2005　　　　　　　　《低压配电设计规范》GB 50054—2011
《建筑设计防雷规范》GB 50057—2010　　　　　　《建筑机电工程抗震设计规范》GB 50981—2014
《住宅设计规范》GB 50096—2011　　　　　　　　《建筑物电子信息系统防雷技术规范》GB 50343—2012
《民用建筑绿色设计规范》JGJ/T 229—2010　　　　《绿色建筑评价标准》GB/T 50378—2019
《住宅区和住宅建筑内光纤到户通信设施工程设计规范》GB 50846—2012
2.甲方提供的有关设计要求。
3.相关专业提供的图纸及资料。

三、设计范围
本工程设计包括380/220V配电系统，建筑物防雷、接地系统及安全措施，电话系统，网络布线系统，火灾自动报警系统。

四、配电系统
1.本工程从小区的总变配电室引入电源，供给本楼内的照明负荷及动力负荷用电。引入线做法参见《建筑电气通用图集》12D8第114页。
2.本工程供电等级为：消防用电设备、应急及疏散指示照明、楼梯间与主要通道照明、普通用电均为三级负荷，消防配电设备应有明显的标志。重要负荷采用两路电源供电，应急电源与正常电源间应采取必上并列运行的措施。
3.本工程采用放射式与树干式相结合的供电方式：动力负荷采用放射式供电，住宅用电采用放射式与树干式相结合方式供电。
4.配电间内配电柜落地安装于10号槽钢上，要求配电柜制作时采用上出线方式。室内暗敷配电箱距地1.8m。配电箱的构造考虑防止意外触及措施，均加门上锁，并有专人管理，户内安于外墙上的配电箱均采用保温措施。

五、照明设计
1.本工程灯具选型由甲方自定，图中型号仅供参考，灯具位置根据具体情况可适当调整。
2.荧光灯均配用节能镇流器和节能型灯管，以使cosφ>0.9，其他灯具均配用光源。镇流器应采用符合国家能效标准的节能型镇流器。
3.本工程功率密度值达到现行国家标准《建筑照明设计标准》(GB 50034—2013)中目标值的规定。
4.电度表照明处，室内暗敷配电箱距地1.8m。配电箱的构造考虑防止意外触及措施，均加门上锁，并有专人管理，户内安于外墙上的配电箱均采用保温措施。电箱门和出线电箱均采用防止水入的措施。
5.走廊、楼梯间、门厅、大堂、大空间场所的照明采用分区、定时、感应等节能控制措施。
6.指示灯、标志灯应优先选用场效发光板及发光二极管。
7.开关、插座和照明灯具靠近可燃物时，应采用隔热、散热等防火保护措施。
8.电梯井道内的照明光源应加防护罩。电梯采取变频调速拖动方式，或选取新无人自动关灯技术。

六、管线敷设
1.低压线路：非消防干线采用铜芯交联聚乙烯绝缘聚氯乙烯护套电缆线(YJY)；消防线路选用无卤低烟阻火电缆(WDZN-YJY、WDZN-BYJ)。竖向的消防干线和非消防线路均分桥架敷设。其中有线均采用SC钢管埋地暗敷、沿墙暗敷及竖井内明敷。
2.消防用电设备的配电线路当明敷时(包括敷设在吊顶内)，应采用金属导管或采用封闭式金属槽盒保护，并应采取防火保护措施；当采用阻燃或耐火电缆并敷设在电缆井、沟内时，可不穿金属导管或采用封闭式金属槽盒保护；当采用矿物绝缘类不燃性电缆时可直接明敷。暗敷时，应采用金属管、可挠(金属)电气导管或B1级以上的刚性塑料管保护，并应敷设在不燃体的结构层内，且保护层厚度不应小于30mm。
3.建筑套内配线穿线布线时可采用金属导管或塑料导管。暗敷的塑料导管管壁厚度不应小于1.5mm，暗敷的刚性塑料导管壁厚度不应小于2.0mm。
4.照明支线宜采用BV-2.5mm²聚乙烯绝缘铜芯导线穿硬质塑料管暗敷，2根穿φ16管，3—4根穿φ20管，空调插座外的插座回路主线为BV3×4PC25，引至单个插座的线路为BV3×4PC25，导线分支、拐弯时应加接线盒。
5.导线穿越楼板伸缩缝时应采取补偿措施，具体施工做法参见《建筑电气通用图集》12D8第229页。
6.电线、导线沿墙或梁布敷设时，应躺避敷设；主备电源之间应采取防止并列运行措施。
7.应急电源与正常电源之间必须采取防止并列运行的措施。
8.用电设备的电缆干线当线路长大于30m时应不少于2处与保护导体可靠连接；全长大于30m时，每隔20—30m应增加一个连接点。起始端和终末端应可靠连接。电气管线穿越楼板和墙体时应提前预留孔洞，孔洞周边应采取防火封闭隔声措施(防火做法见12D8第133、134页)。垂直供电干线每隔两个楼层设导线拉紧装置，避免因导线自重造成损坏，电缆桥架上应涂防火涂料保护。
9.电线电缆当穿建筑物变形缝处时应设置应金属管、金属套管；穿越建筑物墙体套管；应采用不燃烧材料将套管空隙填塞密实。
10.布线用塑料导管及配件应采取非火焰蔓延类制品。布线用刚性塑料管暗敷设于墙体、楼板内时，应采用中型以上产品。

七、设备安装
1.照明、插座均由不同的支路供电；除配电室空调插座外，所有插座回路均应设漏电断路器保护。
2.除注明外，开关、插座安装距地1.4m、0.3m暗装。卫生间开关、插座选用防潮、防溅型面板；有淋浴、浴缸的卫生间内开关、插座必须安在2区以外。
3.安装在1.8m及以下的插座均采用安全型插座。

八、建筑物防雷
1.本建筑物防雷等级为三类，建筑物的防雷装置应满足防直击雷、防雷电感应及雷电波的侵入，并应防雷等电位联结。
2.在建筑物的地下室或地面层处，下列物体应与防雷装置做防雷等电位联结：a.建筑物金属体；b.金属装置；c.建筑物内系统；d.进出建筑物的金属管线。
外部防雷装置与建筑物金属体、金属装置、建筑物内系统之间，尚应满足间隔距离的要求。

【识图指导】
"电气设计说明"识读，首先要明确设计范围，知道本项目电气图纸包含哪些系统；其次，需要明确电力来源，即电缆引向何处；最后还需要明确配电方式，是树干式、放射式还是混合式。另外，对于项目的电力负荷等级、防雷等级、电力设备的基本要求等，也需要在阅读设计说明时一并明确。

三、接闪器
3.接闪器：在建筑物屋顶沿女儿墙四周及电梯机房顶部采用φ10镀锌圆钢接闪带敷数，在整个屋面上形成不大于20m×20m或24m×16m的均压网格。
4.引下线：利用建筑物钢筋混凝土柱内的4根主筋作为引下线，间距不大于25m，引下线上端与接闪带焊接，下端与建筑物基础底梁及基础底板钢筋线的上下两层钢筋的两根主筋焊接。所有外墙引下线在室外地面下1m处引出一根φ12镀锌圆钢与室外接地极焊接。
5.防雷电波侵入：将进出建筑物的所有金属管道均与接地装置可靠相连。在各类电、弱电线路引入处均设过电压保护器。
6.建筑物进线总配电箱设置I级实验型电涌保护器(连接部件导体为WDN-BYJ线，其截面为10mm²)，无线路引出置II实验型电涌保护器(连接部件导体为WDN-BYJ线，其截面为4mm²)。本工程建筑物电子信息系统雷电防护等级为D级。有线电视系统引入端、电话引入端、消防进线等处设置D I级实验型电涌保护器(连接部件导体为WDN-BYJ线，其截面为1.5mm²)。
保护导体最小截面积的规定见表1：

表1

相线的截面积S (mm²)	相线保护导体的最小截面积 Smin (mm²)	相线的截面积S (mm²)	相线保护导体的最小截面积 Smin (mm²)
S<16	S	400<S<800	200
16<S<35	16	S>800	S/4
35<S<400	S/2		

7.防雷接地工程做法参见12D10的有关页面。
8.凡突出屋面的所有金属构件(架)均应与接闪带可靠焊接。室外接地凡焊接处均应刷沥青防腐。
9.屋顶采用φ10热镀锌圆钢作接闪网，所有高出屋面的金属构件(架)以及通风口、人孔上的金属构件(架)均与接闪带可靠连接。不同高度的接闪带应互相连接，其接闪带引下线应采用防腐措施。
10.防雷引下线利用四根≥φ10且<φ16的柱内主筋，上部与接闪带焊接，下部与基础钢筋焊接，在室外地坪上0.5m处做测试点，引下线电阻测试点做法参见12D10第74、75页。在室外地坪下0.8m处甩出1.0m长的φ12镀锌圆钢，备做人工接地极。
11.接闪带应沿易受雷击的部位敷数(见附图)。女儿墙、屋角、屋脊、屋檐和屋檐边应敷在外墙外表面或屋檐边直线处及其外。
12.利用建筑物钢筋作为防雷装置，构件间的箍筋与钢筋、钢筋与钢筋之间必须连接成电气通道。

九、接地及安全措施
1.本工程防雷接地，电气设备的保护接地，电梯机房等的接地共用接地板，要求接地电阻不大于1Ω，经实测不满足要求时，须增加人工接地极。
2.低压配电系统接地型式为TN-C-S系统，电源在进户处做重复接地，并与防雷接地共用接地板。
3.凡正常不带电，而当电气绝缘损坏而有可能显现电压的一切电气设备金属外壳均与保护地线相接。电气竖井内垂直敷数两条，水平敷设一圈用40mm×4mm热镀锌扁钢，并与垂直接地扁钢之间可靠焊接。水平敷数的电缆桥架内敷设一根25mm×4mm镀锌扁钢作为专用接地线，并与桥架两端可靠连接。水平、垂直敷数的电缆桥架及其支架全长采用40mm×4mm热镀锌扁钢不少于两处与建筑物接地干线连接。
4.本工程采用总等电位联结，将建筑物内保护干线、设备进线总管、建筑物金属构件等作为联结，卫生间采用局部等电位联结，将卫生间所有金属管道、金属构件与LEB箱相连。具体施工做法参见《等电位联结安装》15D502中的有关内容。
5.对于相导体和地标称电压为220V的TN系统配电线路的接地故障保护，其切断故障回路时间应符合下列规定：①对于配电线路或仅给固定式电气设备用电设备的末端线路，不大于5s；②对于供电给手持式电气设备和移动式电气设备末端线路或插座回路，不大于0.4s。
6.应对金属加强丝和金属管护层应可靠接地。

十、电话及网络布线系统
通信设施工程采用光纤到用户单元的方式建设：光纤到用户单元通信设施必须满足多家电信业务经营者平等接入、用户单元内的通信设施自由选择电信业务经营者的要求。新建光纤到用户单元通信设施的地下通信管道、配线管网、电信间、设备间等通信设施必须与建筑工程同步建设。
1.本工程通信设施采用光纤到户方式。光纤经建筑物外手孔引入至光配线设备，再由光配线设备沿金属线槽明敷引至配线(分纤)箱分线，再引至各户内家居配线箱。
2.由配线箱至各层面、网络终端插座的线路采用暗敷。
3.用户接入点至楼层配线箱的用户光缆采用G.652B光纤。
4.室内配线选用超五类2对双绞线，办公室设电话插座及计算机插座。

十一、其他
采用分层计量的计量方式。
1.本工程照明设计按《建筑照明设计标准》(GB 50034—2013)设计。在满足眩光限制和配光要求的条件下，应选用效率高的灯具，灯具效率不应低于表3。
2.荧光灯采用电子镇流器，补偿后单灯功率因数不低于0.9，采用的镇流器应符合国家能效标准的规定。
3.使用的经常运行的动力设备应采用高效产品，经技术经济比较合理时宜采用节电措施。
4.楼梯间、电梯前室、公共走道等区域选用声光控节能自熄开关。
5.配电系统应考虑三相平衡，设备自带控制(柜)。
6.工程中所有用电器产品均优先选用节能产品。

表2

灯具形式	开敞式	保护罩(玻璃或塑料)		格栅
		透明	磨砂、棱镜	
灯具效率(%)	75	70	55	65
紧凑型荧光灯灯具效率				
灯具形式	开敞式	保护罩		格栅
灯具效率(%)	55	50		45

7.对疏散指示灯、出口标志灯及夜间照明灯的光源应选用LED(发光二极管)。
8.电梯、水泵、风机等用电设备应采用具有节能措施及节能控制方式的产品。
9.合理选择配电线路的导线截面，负荷重点应避免迂回，并应尽量短，以降低线路损耗。
10.统一眩光值、一般显色指数应满足《建筑照明设计标准》(GB 50034—2013)的现行值要求，见表3。对照明系统说明采用节能控制措施，声光控及时控制措施。

十五、其他
1.电话、电视、对讲设备箱内应设过电压保护器，具体施工做法由弱电承包方解决。
2.凡与电气有关未说明之处，参见国家或12D系列图集集成，或与设计院协商解决。

表3 照明计算表

序号	房间名称	要求照度值(lx)	计算照度值(lx)	功率密度规范值	功率密度计算值
1	办公室	300	307.76	9.00	7.97
2	餐厅	150	140.09	9.00	3.63
3	走廊	50	49.60	2.50	1.82
4	公共休息大厅	150	162.50	11.00	4.21
5	排烟机房	100	107.30	4.00	3.08

3.本工程所选设备、材料，必须具有国家级检测中心的检测合格证书(3C认证)；必须满足与产品相关的国家标准；供应产品、消防产品应具有入网许可证。
4.本图所注的器体尺寸仅供参考，施工时以生产厂家提供的尺寸为准。
5.施工时各专业之间应互相配合，如有问题应及时处理。
6.消防用电设备在总进线处设计量表，具体施工做法由承包方解决。

抗震设计专篇
一、一般规定
1.抗震设防烈度为6度及6度以上地区的建筑机电工程必须进行抗震设计。
2.内径不小于60mm的电气配管与重力不小于150N/m的电缆桥架、电缆槽盒、母线均应进行抗震设计。
二、系统和装置的设置
1.地震时应保证正常人流疏散所需的应急照明及相关设备的供电。
2.地震时应保持工作场所的照明应该设应急备用装置。
3.地震时应保证火灾自动报警系统及联动控制系统正常工作。
4.应急广播系统宜预留地震广播模式。
5.地震时应保证通信设备电源的供给，通信设备正常工作。
6.电梯的设计应符合下列规定：
①电梯和有关机械、控制器的连接、支承应满足水平地震作用及地震相对位移的要求；
②垂直电梯应具有地震探测功能，地震时电梯能够快速自动就近平层并停运。
三、设备安装
1.蓄电池、电力电容器的安装设计应符合下列规定：a.蓄电池应安装在抗震架上；b.蓄电池与导线的连接应采用柔性导体连接，端排电池宜采用电缆作为引出线；c.蓄电池安装重心应较高时，应采取防倾倒措施；d.电力电容器固定在支架上，其引线宜采用软导体，当采用硬母线连接时，应装设伸缩装置。
2.配电箱(柜)、通信设备的安装设计应符合下列规定：
①配电箱(柜)、通信设备的安装螺栓或焊接强度应满足抗震要求；
②靠墙安装的配电柜、通信设备机柜底部安装应牢固，当底部安装螺栓或焊接强度不够时，应将顶部与墙壁进行连接；
③当配电柜、通信设备柜非靠墙安装时，根部应采用金属膨胀螺栓或焊接的固定方式；
④壁式安装的配电箱与墙体之间应采用金属膨胀螺栓连接；
⑤配电箱、通信设备机柜内的元器件应考虑与支承结构间的相互作用，元器件之间采用软连接，接线处应防震处理；
⑥配电箱(柜)面上的仪表应与柜体组装牢固。
3.设在水平操作面上的消防、安装设备应采取防止滑动措施。
4.设在建筑物顶上的共用天线应采取防止因地震导致设备或部件损坏后坠落伤人的安全防护措施。
5.安装在吊顶上的灯具，应考虑地震时吊顶与楼板的相对位移。
四、导体选择与线路敷设
1.配电导体应符合下列规定：a.宜采用电缆或电线；b.当采用硬母线敷设引直线长度大于80m时，应每50m设置伸缩节；c.在电缆桥架、电缆槽盒内敷设的缆线在引进、引出和转弯处，应在长度上留有余量；d.接地线应可靠并宜有适当裕量。
2.缆线穿管敷设时宜采用弹性和延性较好的管材。
3.引入建筑物的电气管路敷设时应符合下列规定：a.在进口处应采用挠性线管或采用其它抗震措施；b.当户外埋地敷设的线管引入建筑物时，缆线应在进口处预留有余量；c.进户套管与引入管之间的间隙应采用柔性防腐、防水材料密封。
4.电气管路不宜穿越抗震缝，当必须穿越时应符合下列规定：a.采用金属导管、刚性塑料管敷设时宜靠近建筑物下部穿越，且在抗震缝两侧应各设置一个柔性管接头；b.电缆桥架、电缆槽盒在抗震缝两侧应设置伸缩节；c.抗震缝的两端应设置抗震支撑节点并与结构可靠连接。
5.电气管路敷设时应符合下列规定
①当采用刚性金属导管、刚性塑料导管、电缆梯架或电缆槽盒敷设时，应采用刚性托架或支架固定，不宜使用吊架。当必须使用吊架时，应安装横向防晃吊架；
②金属导管、刚性塑料导管、电缆梯架或电缆槽盒穿越防火分区时，其缝隙应采用柔性防火封堵材料封堵，并应在贯穿部位附近设置抗震支撑；
③金属导管、刚性塑料导管的直线段每隔30m处设置伸缩节。
6.配电装置至用电设备间应符合下列规定：a.宜采用软导体；b.当采用穿金属导管、刚性塑料导管敷设时，进口处应转为挠性线管过渡；c.当采用电缆梯架或电缆槽盒敷设时，进口处应转为挠性线管过渡。

电气专业绿色专篇
1.本工程绿色建筑等级目标为二星级。
2.本项目未采用电直接加热设备作为供暖热源。
3.本项目未采用电直接加热设备作为空气加湿热源。
4.本项目冷热源、输配系统和照明等各部分能耗通过分别设置计量表进行独立分项计量，参见配电系统图。
5.各房间及场所的照明功率密度值低于现行国家标准《建筑照明设计标准》(GB 50034—2013)中规定的现行值，参见本层照明平面图及各房间功率密度计算表。
6.本项目走廊、楼梯间、门厅、大堂、大空间场所的照明系统采取分区、定时、感应灯智能控制措施，本项目得5分。
7.照明功率密度值达到现行国家标准《建筑照明设计标准》(GB 50034—2013)中规定的目标值，本项目得8分。

设计		工程名称	**1号办公楼**	日期	2024.8
审核		图名	电气设计说明	图号	电施-01

火灾自动报警及消防联动控制系统说明

本建筑物为二类多层办公建筑，结构类型为框架结构体系，总建筑面积为3155m²，建筑层数为地上4层，地下1层。建筑高度为14.400m。合理使用年限为50年，室外消防用水量为25L/s。

一、设计依据
1. 消防部门对初步设计的审批意见。
2. 建设单位提供的设计任务书及设计要求。
3. 相关专业提供给本专业的工程设计资料。
4. 国家现行的主要规范、规程及相关行业标准：
《供配电系统设计规范》GB 50052—2009　《低压配电设计规范》　GB 50054—2011
《民用建筑电气设计标准》GB 51348—2019　《火灾自动报警系统设计规范》GB 50116—2013
《建筑设计防火规范》GB 50016—2014

二、设计范围
火灾自动报警及消防联动系统；火灾警报及应急广播系统；消防电话系统。

三、消防联动控制
1. 一般规定
(1) 消防联动控制器应能按设定的控制逻辑向各相关的受控设备发出联动控制信号，并接受相关设备的联动反馈信号。控制逻辑应符合规范的有关规定。
(2) 消防联动控制器的电压控制输出应采用直流24V，其电源容量应满足受控消防设备同时启动且维持工作的控制容量要求。
(3) 各受控设备接口的特性参数应与消防联动控制器发出的联动控制信号相匹配。
(4) 消防水泵、防烟和排烟风机的控制设备除采用联动控制方式外，还应在消防控制室设置手动直接控制装置。
(5) 启动电流较大的消防设备宜分时启动。
(6) 需要火灾自动报警系统联动控制的消防设备，其联动触发信号应采用两个独立的报警触发装置报警信号的"与"逻辑组合。
2. 消火栓系统的控制
(1) 联动控制方式：应由消火栓系统出水干管上设置的低压压力开关、高位消防水箱出水管上设置的流量开关或报警阀压力开关等信号作为触发信号，直接控制启动消火栓，联动控制不应受消防联动控制器处于自动或手动状态影响。当设置消火栓按钮时，消火栓按钮的动作信号应作为报警信号及启动消火栓泵的联动触发信号，由消防联动控制器联动控制消火栓的启动。
(2) 手动控制方式：应将消火栓泵控制箱(柜)的启动、停止按钮用专用线路直接连接至设置在消防控制室内的消防联动控制器的手动控制盘，并应直接手动控制消火栓泵的启动、停止。
(3) 消火栓泵的动作信号应反馈至消防联动控制器。
(4) 消防泵房可手动启动消火栓泵。
3. 防排烟系统的控制
(1) 由同一防烟分区内的两只独立的火灾探测器的报警信号，作为排烟口开启的联动触发信号，并应由消防联动控制器联动控制排烟口的开启，同时停止该防烟分区的空气调节系统。
(2) 由排烟口开启的动作信号，作为排烟风机启动的联动触发信号，并应由消防联动控制器联动控制排烟风机的启动。
(3) 消防控制室内的消防联动控制器上手动控制排烟口的开启或关闭及排烟风机等设备的启动或停止，排烟风机的启动、停止按钮应采用专用线路直接连接至设置在消防控制室内的消防联动控制器的手动盘，并应直接手动控制排烟风机的启动、停止。
(4) 排烟口、排烟风机启动和停止及电动防火阀关闭的动作信号，反馈至消防联动控制器。
(5) 排烟风机入口处的总管上设置的280℃排烟防火阀在关闭后直接联动控制风机停止，防火阀及风机动作信号能反馈至消防联动控制器。
(6) 应由加压送风口所在防火分区内的两只独立的火灾探测器或一只手动火灾报警按钮的报警信号，作为送风口开启和加压送风口启动的联动触发信号，并应由消防联动控制器联动控制相关层前室等需要加压送风场所的加压送风口开启和加压送风机启动。
4. 防火门的控制
(1) 当常开防火门所在防火分区内的两只独立的火灾探测器或一只火灾探测器与一只手动火灾报警按钮的报警信号，作为常开防火门关闭的联动触发信号，联动触发信号由火灾报警控制器或消防联动控制器发出，并应由消防联动控制器或防火门监控器联动控制防火门关闭。
(2) 疏散通道上的各防火门的开启、关闭及故障状态信号应反馈至防火门监控器。
5. 其他控制
(1) 消防联动控制器应切断火灾区域及相关区域的非消防电源，当需要切断正常照明时，宜在自动喷淋系统、消火栓系统动作前切断。
(2) 消防联动控制器应自动打开涉及疏散的电动栅杆等，宜开启相关区域安全技术防范系统的摄像机监视火灾现场。
(3) 消防联动控制器应打开疏散通道上由门禁系统控制的门和电动大门。
6. 消防专用电话系统
在消防控制室内设置消防专用直通对讲电话总机；除在手动报警按钮上设置消防专用电话塞孔外，在消防水泵房、变配电室、防排烟风机房、电梯机房等场所还设有消防专用电话分机；消防控制室设置可直接报警的外线电话。消防专用电话网络为独立的消防通信系统。消防电话应有区别于普通电话的标识。

7. 火灾警报和消防应急广播系统
(1) 火灾自动报警系统应设置火灾声光警报器，并在确认火灾后启动建筑内的所有火灾声光警报器。
(2) 火灾声警报器设置带有语音提示功能时，应同时设置语音同步器。
(3) 同一建筑内设置多个火灾声警报器时，火灾自动报警系统应能同时启动和停止所有火灾声警报器工作。
(4) 火灾声警报器单次发出火灾警报时间宜在8~12s，同时设有消防应急广播时，火灾声警报应与消防应急广播交替循环播放。
(5) 火灾光警报器的设置：
①应设置在每个楼层的楼梯口、消防电梯前室、建筑内部拐角等处的明显部位，且不宜与安全出口指示标志灯具设置在同一面墙上。
②每个报警区域内应均匀设置火灾声警报器，其声压级不应小于60dB；在环境噪声大于60dB的场所，在其播放范围内最远点播放声压级应高于背景噪声15dB。
(6) 消防应急广播系统的联动控制信号应由消防联动控制器发出。当确认火灾后，同时向全楼进行广播。
(7) 消防应急广播的单次语音播放时间宜在10~30s，与火灾声警报器分时交替工作，采用1次声警报器播放，2次消防应急广播播放的交替工作方式循环播放。
(8) 在消防控制室应能手动或按照预设控制逻辑联动控制选择广播分区、启动或停止应急广播系统，并能监听消防应急广播。在通过传声器进行应急广播时，自动对广播内容进行录音。
(9) 消防控制室内应能显示消防应急广播的广播分区的工作状态。
(10) 消防应急广播与普通广播或背景音乐广播合用时，应具有强制切入消防应急广播的功能。
(11) 消防应急广播的设置：消防应急广播扬声器应设置在走道和大厅等公共场所；每个扬声器的额定功率不应小于3W，其数量应能保证从一个防火分区内的任一部位到最近一个扬声器的直线距离不大于25m，走道末端最近的扬声器距离不应大于12.5m。
(12) 火灾应急广播需单独穿金属管敷设，不得与其他线路共管或共线槽敷设。若共线槽时与其他线路加防火隔板隔开。
(13) 广播功率放大器应具有消防电话插孔，消防电话插入后应能直接讲话。
(14) 广播功率放大器应配有备用电池，电池持续工作不能达到1h时，应能向消防控制室或物业值班室发送报警信息。
(15) 箱体面板上应有防止非专业人员打开的措施。

四、消防应急照明系统
公共走廊、楼梯间、前室、电箱间、电梯机房、排烟机房等场所均设置应急灯（带蓄电池，兼平时使用），电箱间、机房等处应急连续供电时间不小于180min；走廊、楼梯间等处应急灯具和疏散灯具应急连续供电时间不小于30min。所有应急灯和疏散指示标志灯，应设玻璃或其他不燃烧材料制作的保护罩。火灾确认后由消防控制室联动控制相关区域应急灯的点亮。

五、设备安装
(1) 每只总线短路隔离器保护的火灾探测器、手动火灾报警按钮和模块等消防设备的总数不应超过32点。
(2) 模块严禁设置在配电(控制)柜(箱)内。
(3) 探测器与灯具的水平净距应大于0.2m，与送风口边的水平净距大于1.5m，与扬声器的净距大于0.1m，与自动喷口的净距大于0.3m，与墙或其他遮挡物的距离大于0.5m。
(4) 开关、插座和照明灯具靠近可燃物时，采取隔热、散热等防火保护措施。
(5) 消防配电设备应设置明显标志。
(6) 系统中每一总线回路连接火灾探测器等设备的总数不宜超过200个点。
(7) 未集中设置的模块附近应有尺寸不小于100mm×100mm明显的标识。
(8) 本报警区域内的模块不应控制其他报警区域的设备。

六、管线敷设
(1) 平面图中所有火灾自动报警线路及50V以下的供电线路、控制线路采用铜芯绝缘导线穿金属钢管暗敷在楼板或墙内，且保护层厚度不小于30mm。由楼板接线盒至消防设备一段线路穿金属耐火波纹管。
(2) 本系统所用线槽均为防火线槽，耐火极限不低于1h，金属线槽及引入或引出的金属管应可靠接地。消防线路在电缆桥架内敷设应有防火保护，消防线路和非消防线路共架敷设时应加隔板隔开；不同电压等级的电缆同一线槽时，线槽内应有隔板分隔。
(3) 导线穿越伸缩缝沉降缝时应采取补偿措施，具体施工做法参见《建筑电气通用图集》12D8第229页。
(4) 所有明敷管线在穿越防火分区时应预埋套管，并在设备安装完毕后用专用的防火堵料将套管中的缝隙填实。在管井中管线预留孔处，在管线敷设完毕后作同样处理，严禁用水泥砂浆封堵。各类电气管线穿越分隔墙、防火分区、楼板时的孔洞周边的空隙应采用不燃烧的防火封堵材料填塞密实封堵。电气竖井每层楼板处，用相当于楼板耐火极限的不燃烧体作防火分隔。

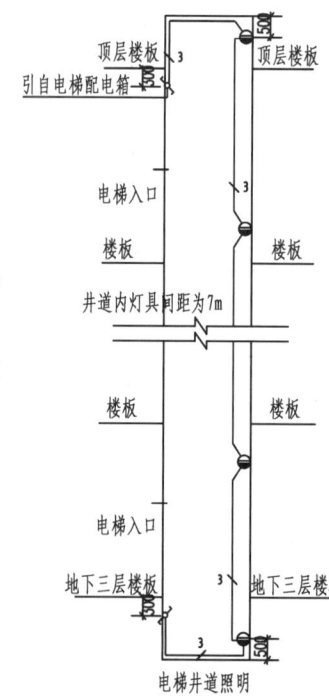

| 设计 | | 工程名称 | **1号办公楼** | 日期 | 2024.8 |
| 审核 | | 图名 | 火灾自动报警及消防联动控制系统说明 | 图号 | 电施-02 |

（5）火灾报警总线穿越防火分区时，应在穿越处设置总线短路隔离器。

（6）消防配电线路与非消防配电线路敷设在同一电气竖井时，应分别布置在电井两侧且消防配电线路选用矿物绝缘类不燃性电缆。

（7）当桥架穿越防火分区时，除预留孔洞采用防火包封堵外，桥架内应用防火隔板分隔。

（8）防火材料耐火极限应不低于3h。

（9）从接线盒、线槽等处引到探测器底座盒、控制设备盒、扬声器箱等的明敷线路要求穿防火可挠金属保护。

（10）火灾自动报警系统的供电线路、消防联动控制线路应采用耐火铜芯电线电缆，报警总线、消防应急广播和消防专用电话等传输线路应采用阻燃或阻燃耐火电线电缆。

七、消防电源配电及接地

（1）本工程的消防控制室、防排烟设施、火灾自动报警、应急照明、消防电梯、疏散指示标志及电动防火门、阀门等所均为二级负荷，采用双电源供电并在末端自动切换且能在30s内供电。消防控制室设备设置蓄电池作为备用电源，CRT显示器、消防通讯设备等的电源宜由UPS装置供电，此电源设备应由设备承包商提供。

（2）备用电源与常用电源引自不同的变压系统，且与常用电源不应有同时损坏的可能。如不满足要求时，应自备柴油发电机组。

（3）消防用电设备均采用专用的供电回路，其配电设备应设置明显标志。

（4）消防配电系统的配电和控制回路的过负载保护作用于信号而不作用于切断电路。

（5）火灾自动报警系统应设交流电源和蓄电池备用电源。

（6）系统接地：消防中心的消防系统接地利用主楼综合接地装置作为其接地极，设独立引下线，引下线采用WDZ-BYJ-1x25-PC32。要求其综合接地电阻小于1Ω。消防控制室设置专用接地板。自接地板引至各消防电子设备的专用接地线选用铜芯绝缘导线，线芯截面为4mm²。

八、其他

（1）凡与施工有关而又未说明之处，参见国家或12D标准图集施工，或与设计院协商解决。

（2）本工程所选设备、材料，必须具有国家消防检测中心的监测合格证书；必须满足与产品相关的国家标准；并且应具有当地消防主管部门的入网许可证。

（3）箱体尺寸施工时以生产厂家提供的尺寸为准。

（4）本工程住宅户内使用可燃气体场所须设置可燃气体报警系统（依据当地相关规定由燃气公司负责）。

（5）施工时各专业之间应密切配合，避免返工。

（6）本工程设计图纸经消防主管部门审查通过后方可施工。

（7）本说明与所有图纸等同有效，施工单位及各类设备生产厂家均应严格按照本说明的相关要求实施。

图例表

序号	图例	名称	型号及规格	备注
1		配电柜	见供电系统图	
2		电梯等设备控制柜	见供电系统图	
3		照明配电箱	见供电系统图	
4		电表源箱	见供电系统图	
5		双电源自动切换箱	见供电系统图	
6		应急照明配电箱	见供电系统图	
7		天棚灯座	1×22W	
8		防水防尘灯	1×22W	吸顶安装
9		声光控制灯	甲方自选	吸顶安装
10		单控单控荧光灯	1×36W	吊管安装
11		双管单控荧光灯	2×32W	吊管安装
12		格栅灯	1×32W	吸顶安装
13	EX	自带蓄电池应急灯	1×30W	自带蓄电池，应急时间不少于180min
14		疏散指示标志灯，自带蓄电池	LED 1×3W	壁上暗装距地0.5m，应急时间不少于30min
15		安全出口标志灯，自带蓄电池	LED 1×3W	门楣上方0.2m，应急时间不少于30min
16		单控单（双、三）板跷板式开关		暗装，下皮距地1.4m，电井开关带
17		单相二、三极组合安全型插座	10A	暗装，下皮距地0.3m（或见图中标注高度）
18		单相二、三极组合安全型防水插座	10A	暗装，下皮距地1.3m，IP54型（或见图中标注高度）
19		单相三极安全型空调插座	壁挂10A(柜式16A)	距地1.8m（客厅内距地1.8m和0.3m各一个），带开关
20				
21				
22		信息接线箱	由安装单位定	明装，下皮距地0.3m
23		电话插座	甲方自定	暗装，下皮距地0.3m
24		宽带网插座、宽带电话或信息插座	甲方自定	暗装，下皮距地0.3m
25	LEB	局部等电位联结端子箱	200×150×120	暗装，距地0.5m
26	MEB	总等电位联结端子箱	500×250×120	暗装，距地0.5m

电气装置器件选YH86-K80系列，应急照明回路中的延时开关应具有消防强起功能。

卫生间局部等电位联结详图

注：
1. 地面钢筋网应与等电位联结线连通，当地面为混凝土地面时，墙内钢筋网宜与等电位线连通。
2. 等电位联结线与浴盆、金属地漏、下水管等卫生设备的连接见等电位联结安装图集。
3. 图中LEB线均采用BVR-1×4mm²铜线在地面内或墙内穿塑料管暗敷。
4. 或地面顶楼板见《等电位联结安装》15D502。
5. 卫生间等电位端子板的设置位置应方便检测，其具体做法见等电位联结安装图集。

等电位联结系统示意图

注：敷设在吊顶内的配电线路均穿金属管保护（顶板内暗敷的塑料管出顶板位于吊顶内的部分穿金属管保护）。

系统图

【识图指导】
识读配电系统图时，需注意虚线框代表配电箱（柜），左侧一般为电流进入方向，右侧一般为电流流出方向。虚线框内，需要注意配电箱名称、规格、安装方式及高度。
以ALZ箱为例：
1. ALZ为总照明配电箱，宽600mm，高2200mm，厚500mm，落地式安装，基础高出地面0.2m。
2. 虚线框左侧为进线电缆，由"YJV22-4×95 RC100 FC-0.8m"可知电缆为交联聚乙烯绝缘聚氯乙烯护套钢带铠装电力电缆，4芯电缆，单根芯截面积为95mm²，电缆穿直径100mm镀锌钢管，埋地敷设，深度-0.8m。
3. 虚线框右侧共出线6根电缆，分别为AL-1~AL4照明配电箱和电梯配电箱供电。

设计		工程名称	**1号办公楼**	日 期	2024.8
审核		图 名	系统图(一)	图 号	电施-03

非消防用电系统图

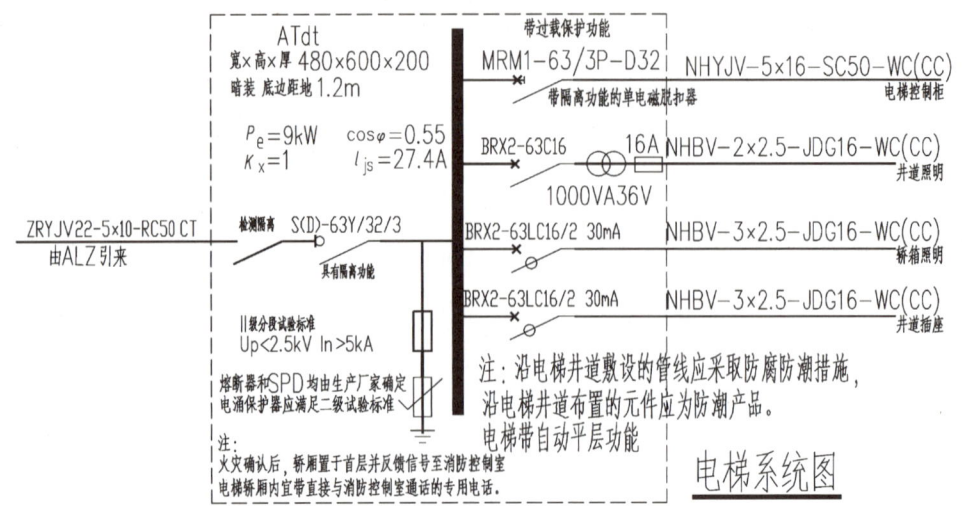

- L1 MRB65-63/1P-16 wle-WDZA-BYJ-3×2.5 PC20 WC(CC) 应急照明
- L2 MRB65-63/1P-16 wl1-BV-3×2.5 PC20 WC(CC) 普通照明
- L3 MRB65-63/1P-16 wl2-BV-3×2.5 PC20 WC(CC) 普通照明
- L1 MRB65-63/1P-16 wl3-BV-3×2.5 PC20 WC(CC) 普通照明
- L2 MRB65-63/1P-16 wl4-BV-3×2.5 PC20 WC(CC) 普通照明
- L3 MRB65-63/1P-16 wl5-BV-3×2.5 PC20 WC(CC) 普通照明
- L2 MRB65-63/1P-16 备用
- L1 MRB65L-63/2P-20 ,30mA WP1-BV-3×4 PC25 WC(FC) 插座
- L2 MRB65L-63/2P-20 ,30mA WP2-BV-3×4 PC25 WC(FC) 插座
- L3 MRB65L-63/2P-20 ,30mA WP3-BV-3×4 PC25 WC(FC) 插座
- L1 MRB65L-63/2P-20 ,30mA WP4-BV-3×4 PC25 WC(FC) 插座
- L2 MRB65-63/1P-20 WP5-BV-3×4 PC25 WC(FC) 风机盘管
- L3 MRB65-63/1P-20 WP6-BV-3×4 PC25 WC(FC) 风机盘管
- L1 MRB65-63/1P-20 WP7-BV-3×4 PC25 WC(FC) 风机盘管
- L2 MRB65L-63/2P-20 ,30mA WP8-BV-3×4 PC25 WC(FC) 卫生间插座
- L3 MRB65-63/1P-20 WP9-BV-3×4 PC25 WC(FC) 空调机组
- L1 MRB65-63/1P-20 WP10-BV-3×4 PC25 WC(FC) 空调机组
- L2 MRB65L-63/2P-20 ,30mA 备用
- L3 MRB65L-63/2P-20 ,30mA 备用

AL1-AL4
600×800×140
暗装，距地1.2m

由ALZ引来 YJY-4×16 RC40 WC
10(40)A
MRM1-100/3P 50A Wh

P_e = 26 kW
k_d = 0.90
$cos\varphi$ = 0.85
P_{js} = 23.4 kW
I_{js} = 41.8 A

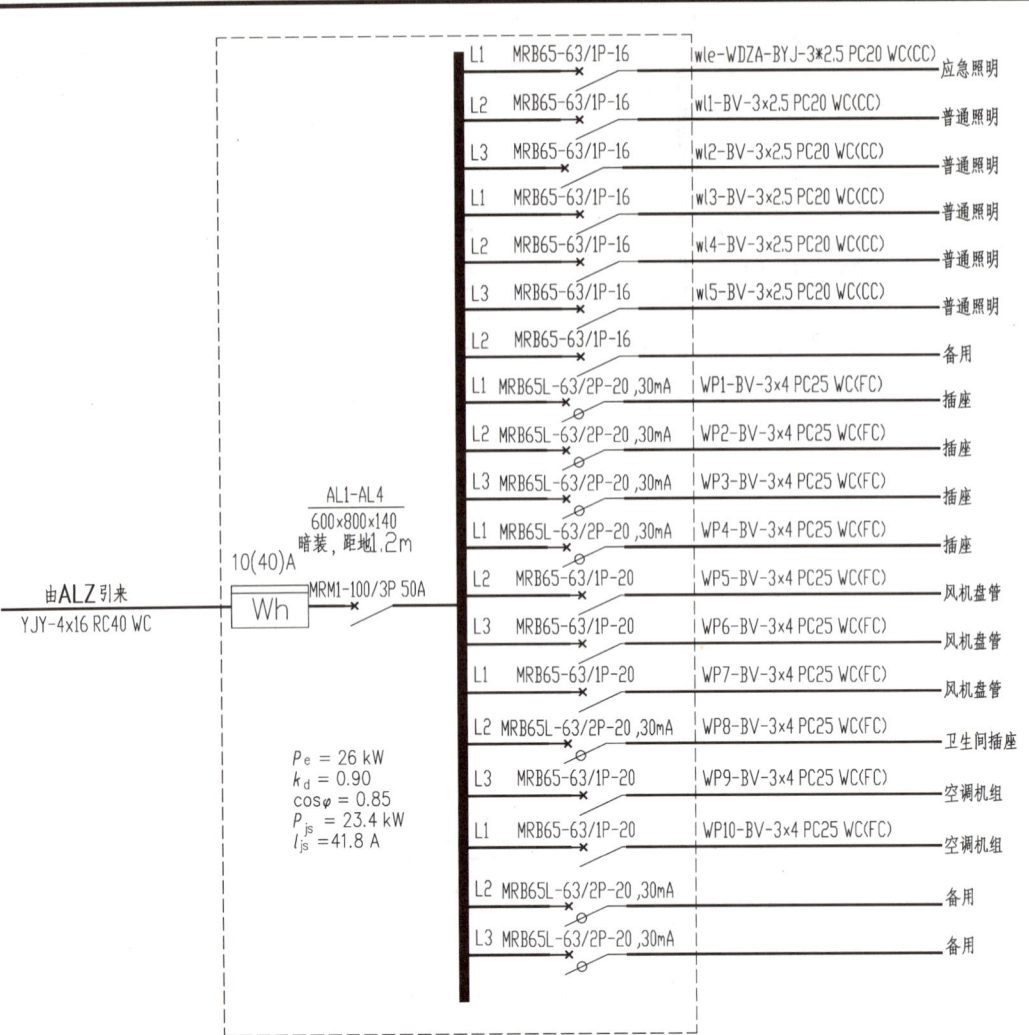

注：敷设在吊顶内的配电线路均穿金属管保护（顶板内暗敷的塑料管出顶板位于吊顶内的部分穿金属管保护）。

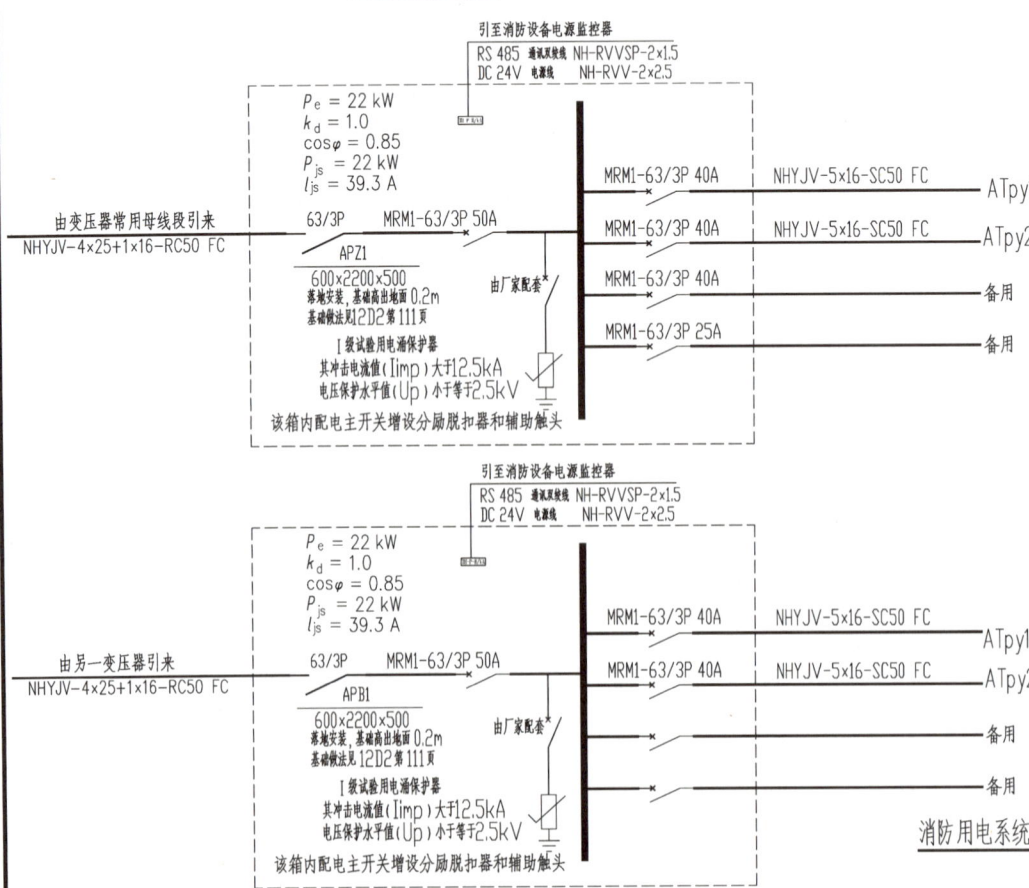

电梯系统图

ATdt
宽×高×厚 480×600×200
暗装 底边距地1.2m
P_e = 9kW $cos\varphi$ = 0.55
K_x = 1 I_{js} = 27.4A

带过载保护功能
- MRM1-63/3P-D32 零隔离功能的单电磁脱扣器 NHYJV-5×16-SC50-WC(CC) 电梯控制柜
- BRX2-63C16 16A 1000VA36V NHBV-2×2.5-JDG16-WC(CC) 并道照明
- BRX2-63LC16/2 30mA NHBV-3×2.5-JDG16-WC(CC) 照明插座
- BRX2-63LC16/2 30mA NHBV-3×2.5-JDG16-WC(CC) 并道插座

由ALZ引来 ZRYJV22-5×10-RC50 CT
S(D)-63Y/32/3
II级分类试验标准
Up<2.5kV In>5kA

注：沿电梯井道敷设的管线应采取防腐防潮措施，沿电梯井道布置的元件应为防潮产品。
电梯带自动平层功能

注：
火灾确认后，轿厢置于首层并反馈信号至消防控制室。
电梯轿厢内宜带直接与消防控制室通话的专用电话。

消防用电系统图

引至消防设备电源监控器
RS 485 通讯双绞线 NH-RVVSP-2×1.5
DC 24V 电源线 NH-RVV-2×2.5

P_e = 22 kW
k_d = 1.0
$cos\varphi$ = 0.85
P_{js} = 22 kW
I_{js} = 39.3 A

由变压器常用母线段引来 NHYJV-4×25+1×16-RC50 FC
63/3P MRM1-63/3P 50A
APZ1
600×2200×500
落地安装，基础高出地面0.2m
基础做法见12D2第111页

- MRM1-63/3P 40A NHYJV-5×16-SC50 FC ATpy1（主）
- MRM1-63/3P 40A NHYJV-5×16-SC50 FC ATpy2（主）
- MRM1-63/3P 40A 由厂配来 备用
- MRM1-63/3P 25A 备用

I级试验用电涌保护器
其冲击电流值(Iimp)大于12.5kA
电压保护水平值(Up)小于等于2.5kV
该箱内配电主开关增设分励脱扣器和辅助触点

P_e = 22 kW
k_d = 1.0
$cos\varphi$ = 0.85
P_{js} = 22 kW
I_{js} = 39.3 A

由另一变压器引来 NHYJV-4×25+1×16-RC50 FC
63/3P MRM1-63/3P 50A
APB1
600×2200×500
落地安装，基础高出地面0.2m
基础做法见12D2第111页

- MRM1-63/3P 40A NHYJV-5×16-SC50 FC ATpy1（备）
- MRM1-63/3P 40A NHYJV-5×16-SC50 FC ATpy2（备）
- 备用
- 备用

I级试验用电涌保护器
其冲击电流值(Iimp)大于12.5kA
电压保护水平值(Up)小于等于2.5kV
该箱内配电主开关增设分励脱扣器和辅助触点

引至消防设备电源监控器
RS 485 通讯双绞线 NH-RVVSP-2×1.5
DC 24V 电源线 NH-RVV-2×2.5
PE

NHYJV-5×16-RC50 FC
40A/3P
由配电室APZ柜引入
S(D)-63Y/32/3
A30-30-10 42DU25 WDZN-BYJ-3×10-SC32 11kW

动力设备保护用断路器均选用电动机型
设备过负荷时只动作一信号不应动作于跳闸
N

NHkVV-5×1.5 SC20
NHKVV-4×2.5,SC25,CC

消防联动信号线
消防联动电源线
模块箱内

280℃
直启控制线

II级分类试验标准
Up<2.5kV In>5KA
KBT-BD60

消防联动信号来自模块无源节点动作于启动风机

带明显消防标志
ATpy1-ATpy2
双电源自动切换箱
外形尺寸（W×H×D）:500×730×200
挂墙明装，底边距地1.4m （共2台）

风机与消防系统联动，其控制图参见国家标准图16D303-2
风机回路热继电器动作信号仅用作报警用。

新风机控制箱

由AL-1引来 BKM3-125/3P C10A NC7-09 NR2-11.5 WDZA-YJJ-5×2.5 SC25 WC(CC) 至新风折
ACxf
300×400×120
暗装，距地1.5m
控制箱由厂家提供控制方案
KVV-3×2.5 SC25 WC(CC) 控制线

通信系统图

层数	综合布线系统图
四层	SC40 FC WS / 综合配线箱 4VF / 20 TO TP / 20
三层	综合配线箱 3VF / 20 TO TP / 20
二层	综合配线箱 2VF / 20 TO TP / 20
一层	综合配线箱 1VF / 20 TO TP / 20
一1层	综合配线箱 -1VF / 12 TO TP / 12

光纤配线箱 配线架

2芯单模光纤进线管RC50
语音电缆进线管RC50
室外地坪0.8m

内置浪涌保护器的参数为：
TEL02/1A(I_n=10kA, U_n=48~75V)

综合布线系统说明：
1. 1VF箱体参考尺寸600×800×140，下皮距地0.3m明装。
2. 2-4VF箱体参考尺寸300×250×120，下皮距地0.3m明装。
3. 竖直方向干线管路敷设方式为：2SC40 WS。未注明的末端出线穿PC20管。
4. 电话系统采用TEL02/1A，标称放电电流10kA，电压保护水平300V。
5. 网络系统采用NET12/1A，标称放电电流10kA，电压保护水平100V。

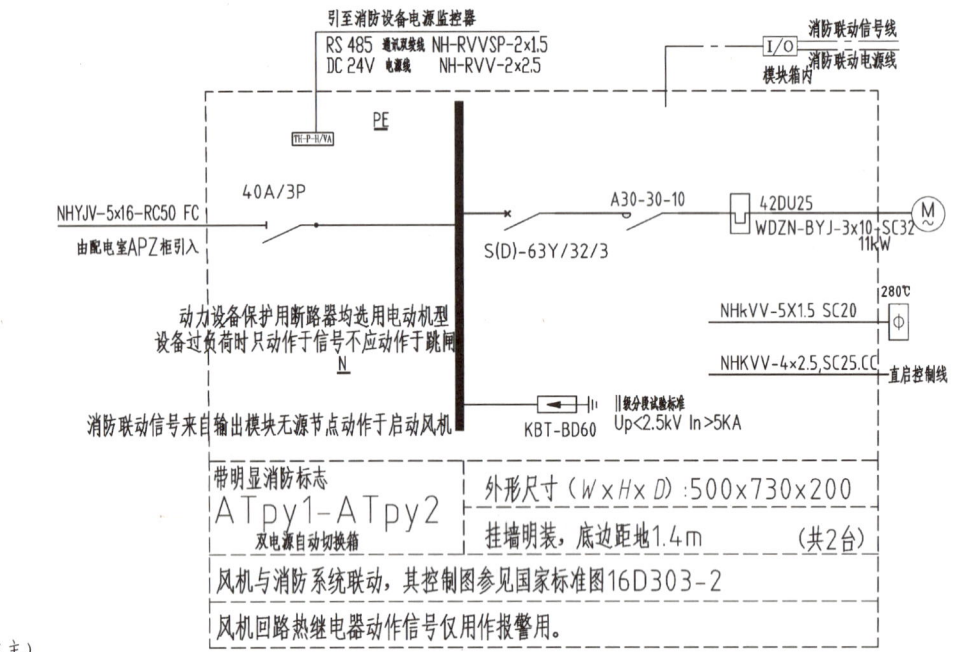

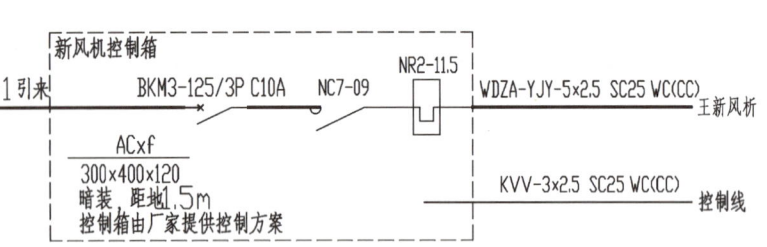

【识图指导】
识图电气图纸时，首先需要清楚电气系统的逻辑关系：
1.由变压器常用母线段引来YJV22-4×95 RC100到ALZ照明总配电箱；再由ALZ引出6条电缆，分别至AL-1、AL1、AL2、AL3、AL4和电梯箱。
2.由变压器常用母线段引来NHYJV-4×25+1×16 RC50到APZ1箱；再由APZ1箱为ATpy1和ATpy2两个排烟风机双电源箱进行主要供电。
3.由另一变压器引来NHYJV-4×25+1×16 RC50到APB1箱；再由APB1箱为ATpy1和ATpy2两个排烟风机双电源箱进行备用供电。
4.AL-1箱最后一条电缆WDZA为ATxf新风机控制箱供电。

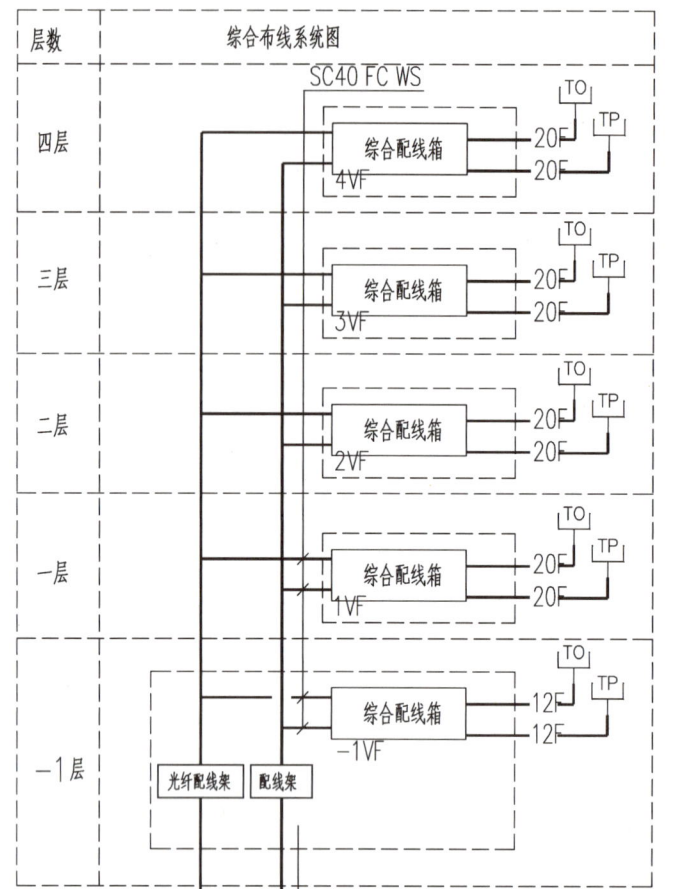

| 设计 | 工程名称 | **1号办公楼** | 日 期 | 2024.8 |
| 审核 | 图 名 | 系统图（二） | 图 号 | 电施-04 |

消防电源监控及电气火灾监控系统图

设计说明：（上部右侧）
1.电气火灾监控系统总线采用NH-RVS 2x1.5mm² 双绞线并联连接，通信距离不大于2000m。
2.监控设备具有远端试验各个监控点的功能；能够对位于监控系统内的监控回路进行远程切断控制。
3.探测器自身具有总线隔离功能，自身故障不影响整个系统的正常运行。
4.探测器既可与监控设备相连构成监控系统，又可在现场独立使用发出声光报警，支持在线升级。
5.探测器安装在配电箱面板上为嵌入式仪表结构，所有观察操作均在箱面板上进行。
6.楼层每个监控点旁均设有一台电气火灾监控探测器，以保证迅速到达报警信息并及时对报警信号进行处理。
7.变电所部分的探测器可监控不少于8个的供电回路，通过液晶屏数字显示每个回路的工作状态及实时剩余电流值。
8.为了保证供电的连续性，本次设计只报警，不切断保护对象的供电电源。
9.本系统为消防专项产品，心须通过国家级消防产品质量监督检测中心检验合格并通过国家级电控配电设备质量监督检验中心检验合格。

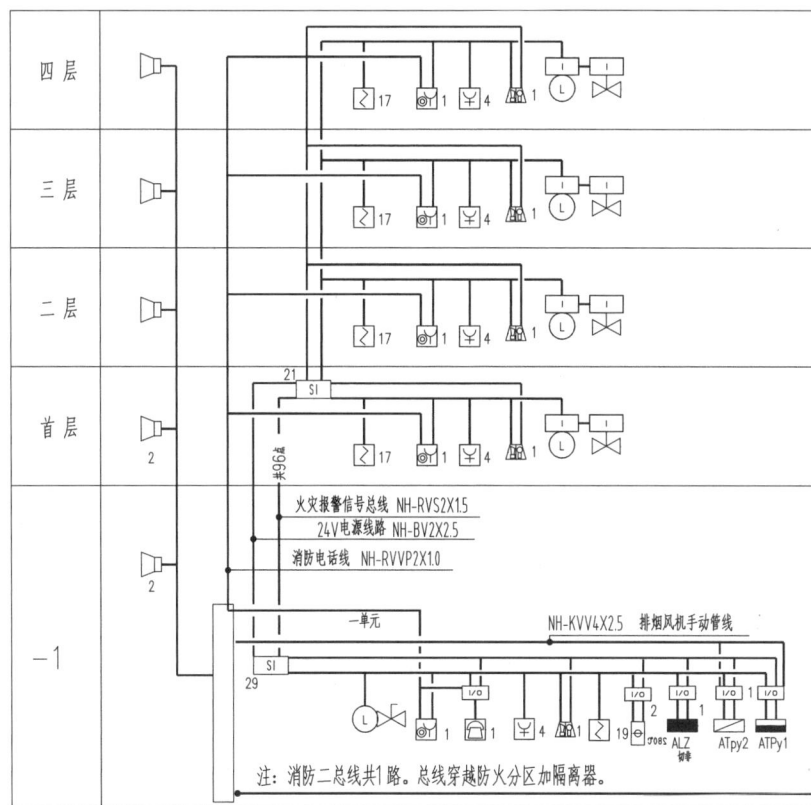

图例表（右上）

图例	名称	厂家负责
	电梯控制线（置于首层）	厂家负责
——○——	应急广播	NHRVVP-2X1.5 SC15
	风机直启线	NHKVV-6x1.5SC25
——DC——	DC24V电源线	NHBV-2X2.5SC20
	消防电话线	NHRVVP-2x1.0-SC15
	漏电火灾报警线	NHRVS4x1.5SC20
——F——	消防联动信号线	NHRVS-2x1.5-SC15
	液位显示信号线	NHKVVP-6x1.5SC25

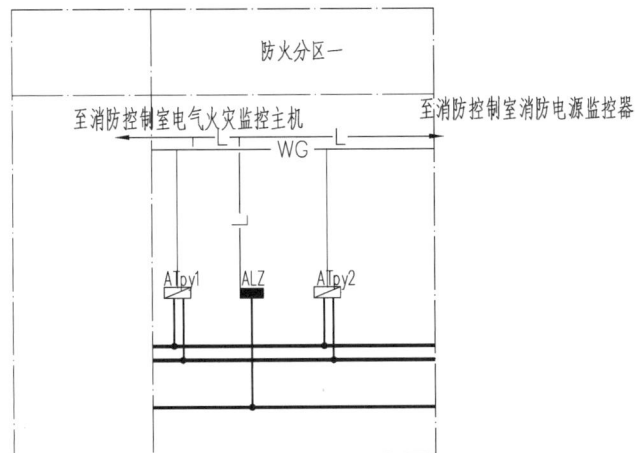

电气火灾监控线	—L—————L—	线型由设备厂家配套 ZCN SC15- CC WC
消防电源监控线	———WG———	平面采用 NH-RVVSP-2x1.5+NH-RVV-2x2.5 SC20- CC WC

由消防控制室引入本建筑的线缆：
- 火灾报警信号总线 （NH-RVS2X1.5)MR
- 消防电话线 （NH-RVVP2X1.0) MR
- 24V 电源线路 （NH-BV2X2.5) MR
- 消防广播线 （NH-RV2X1.5) MR
- 应急照明报警信号总线 （NH-RVS2X1.5)MR
- 排烟风机手动管线 （NH-KVV4X2.5) MR

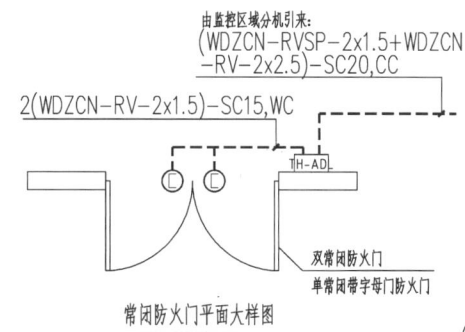

注：消防二总线共1路。总线穿越防火分区加隔离器。

设计说明：（左下）
1.电气火灾监控系统总线采用NH-RVS 2x1.5mm² 双绞线并联连接，通信距离不大于2000m。
2.监控设备具有远端试验各个监控点的功能；能够对位于监控系统内的监控回路进行远程切断控制。
3.探测器自身具有总线隔离功能，自身故障不影响整个系统的正常运行。
4.探测器既可与监控设备相连构成监控系统，又可在现场独立使用发出声光报警，支持在线升级。
5.探测器安装在配电箱面板上为嵌入式仪表结构，所有观察操作均在箱面板上进行。
6.楼层每个监控点旁均设有一台电气火灾监控探测器，以保证迅速到达报警信息并及时对报警信号进行处理。
7.变电所部分的探测器可监控不少于8个的供电回路，通过液晶屏数字显示每个回路的工作状态及实时剩余电流值。
8.为了保证供电的连续性，本次设计只报警，不切断保护对象的供电电源。
9.本系统为消防专项产品，心须通过国家级消防产品质量监督检测中心检验。
合格并通过国家级电控配电设备质量监督检验中心检验合格。

防火门监控系统图

通信总线：WDZN-RYJS-2x1.5-SC15-CC/WC
AC220V电源：WDZN-BYJ-2x2.5-SC25

与火报主机（联动型）联网

HSAD FM1 防火门监控器主机

AC220V：WDZN-BYJ-3x2.5
消防电源供电
消防控制室

常闭防火门平面大样图
双常闭防火门
单常闭带字等门防火门

消防电源箱
AC220V —— 防火门监控器 —— TH-ADL ×1

2(WDZCN-RV-2x1.5)-SC15,WC
(WDZCN-RVSP-2x1.5+WDZCN-RV-2x2.5)-SC20,CC

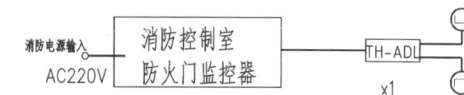

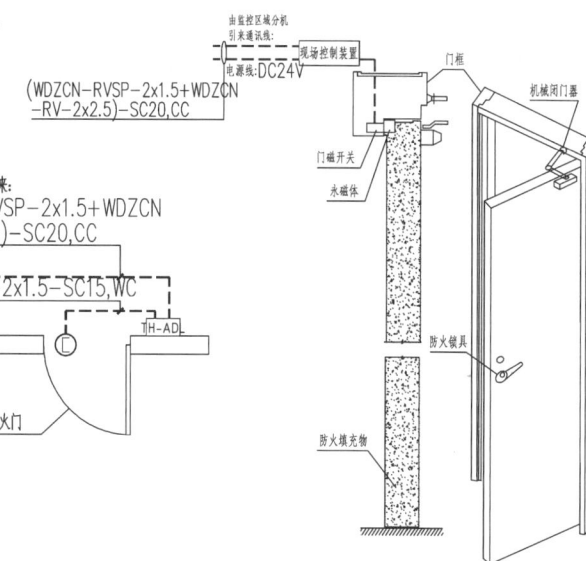

常闭防火门安装示意图

(WDZCN-RVSP-2x1.5+WDZCN-RV-2x2.5)-SC20,CC
WDZCN-RV-2xT.5-SC15,WC
单常闭防火门

防火监控系统设计说明：
1.设计依据：《建筑设计防火规范》GB 50016—2014，《火灾自动报警系统设计规范》GB 50116—2013，《消防控制室通用技术要求》GB 25506—2010，《防火门监控器》GB 29364—2012。
2.防火门监控系统对防火门的开启、关闭及故障状态等动态信息进行监控，对防火门处于非正常打开的状态或非正常关闭的状态给出报警提示，使其恢复到正常工作状态，确保各种防火门状态正常；能保持防火门常开，也可现场手动推动防火门，实现手动关闭和复位防火门，当火灾发生时接收火灾报警信号，自动控制顺序关闭常开防火门。
3.防火门监控器应通过GB29364—2012的检测，必须具有国家消防电子产品质量监督检验中心出具的型式检验报告。
4.TH-FH2004防火门监控器独立安装在消防控制室，用于接收各种防火门探测器或控制器反馈回的开启、关闭及故障状态信号，显示并控制防火门打开、关闭状态；
TH-FH2004监控器专用于防火门监控系统并独立安装，不能兼用其他功能的消防系统，不与其他消防共用设备。
5.TH-FH2004监控器应能记录与其连接的防火门状态信息（包括防火门地址、开、闭和故障状态及相应的时间等），记录容量不应少于100000条，并具有将上述信息上传的功能；
6.TH-FH2004监控器通信采用CAN总线，可靠通信距离1200m。TH-FH2004监控器（TH-RE中继器），采用NH-RVSP2x1.5mm²（通信+电源）并联连接能管理128台TH-ADL现场控制装置，可靠通信距离1000m；采用NH-RVSP2X1.5mm²（通信）+ NH-BV2x2.5mm²（电源）SC20同管敷设，可靠供电距离200m。
7.TH-RE中继器安装于竖井内，TH-ADL现场控制装置采用直流24V供电，由TH-FH2004 监控器（TH-RE中继器）集中供给。
8.防火门监控系统的施工，按照批准的工程设计文件和施工技术方案进行，不得随意改变；确需变更设计时，应由设计单位负责更改并经图审机构审核。

设备表（左下）

序号	图例	设备名称	型号规格	底边距地高度(m)	备注
1	EC	电动闭门器	HSAD-FDC	上门框安装	用于将处于打开状态的防火门关闭
2	RD	双扇常开防火门现场控制器	HSAD-FMS	门框上方0.1m	用于双扇常开防火门的监视及控制关闭
3	HSAD FM1	防火门监控器主机	HSAD-FM1	见消防控制室平面图	接收各种防火门现场控制器反馈回的开启、关闭及故障状态信号，显示并控制防火门打开、关闭状态。
4		通信总线+DC24V电源线	通信总线+DC24V电源线：NH-RYJS-2x1.5+NH-BYJ-2x2.5-SC25共管敷设		

图例表（右下）

图例	设备名称
TH-ADL	常闭防火门监控模块
○	门磁开关

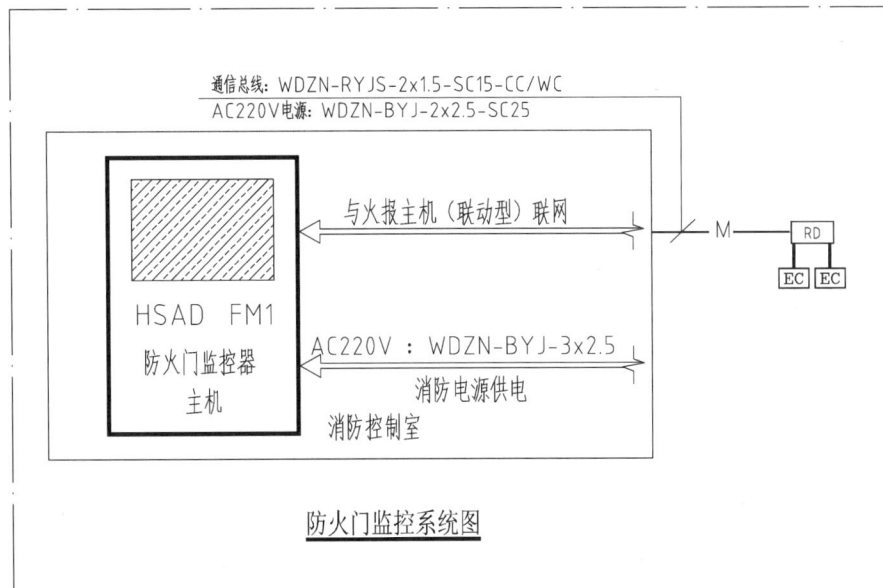

火灾报警信号总线 NH-RVS2X15
24V电源线路 NH-BV2X2.5
消防电话线 NH-RVVP2X1.0

标题栏

设计	工程名称	**1号办公楼**	日期	2024.8
审核	图名	系统图（三）	图号	电施-05

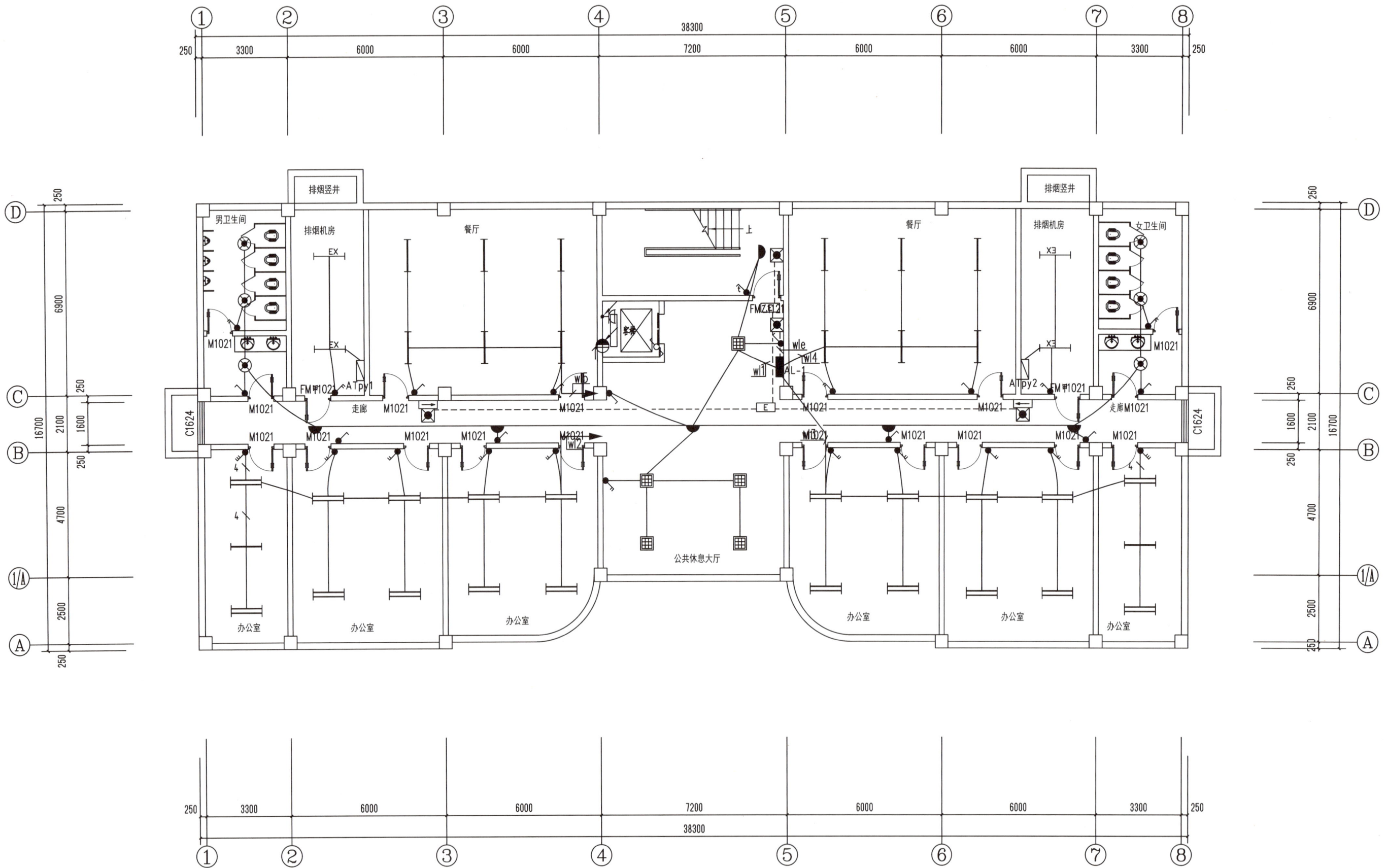

地下一层照明平面图 1:100

设计	工程名称	**1号办公楼**	日 期	2024.8
审核	图 名	地下一层照明平面图	图 号	电施-06

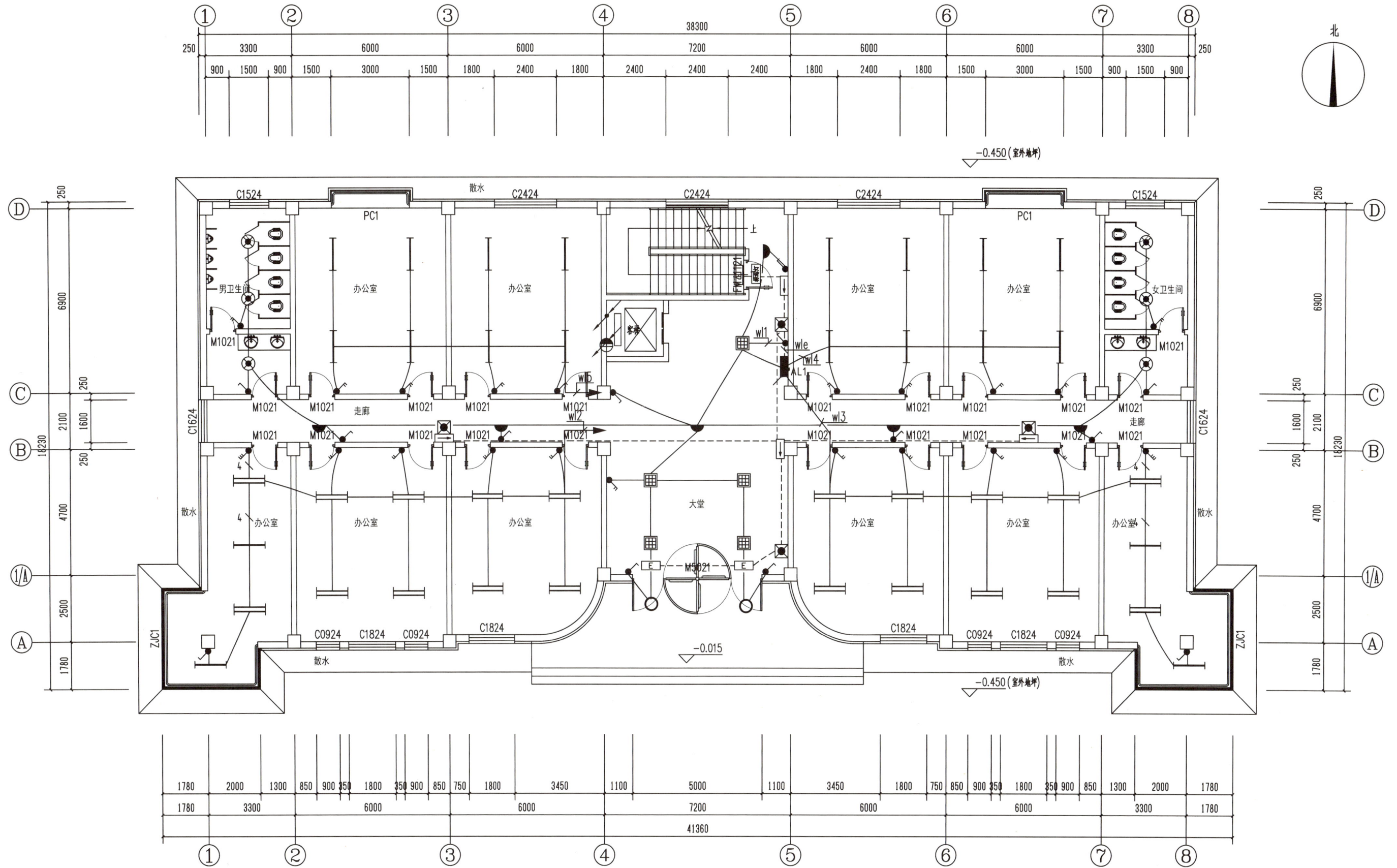

一层照明平面图 1:100

| 设计 | 工程名称 | **1号办公楼** | 日 期 | 2024.8 |
| 审核 | 图 名 | **首层照明平面图** | 图 号 | 电施-07 |

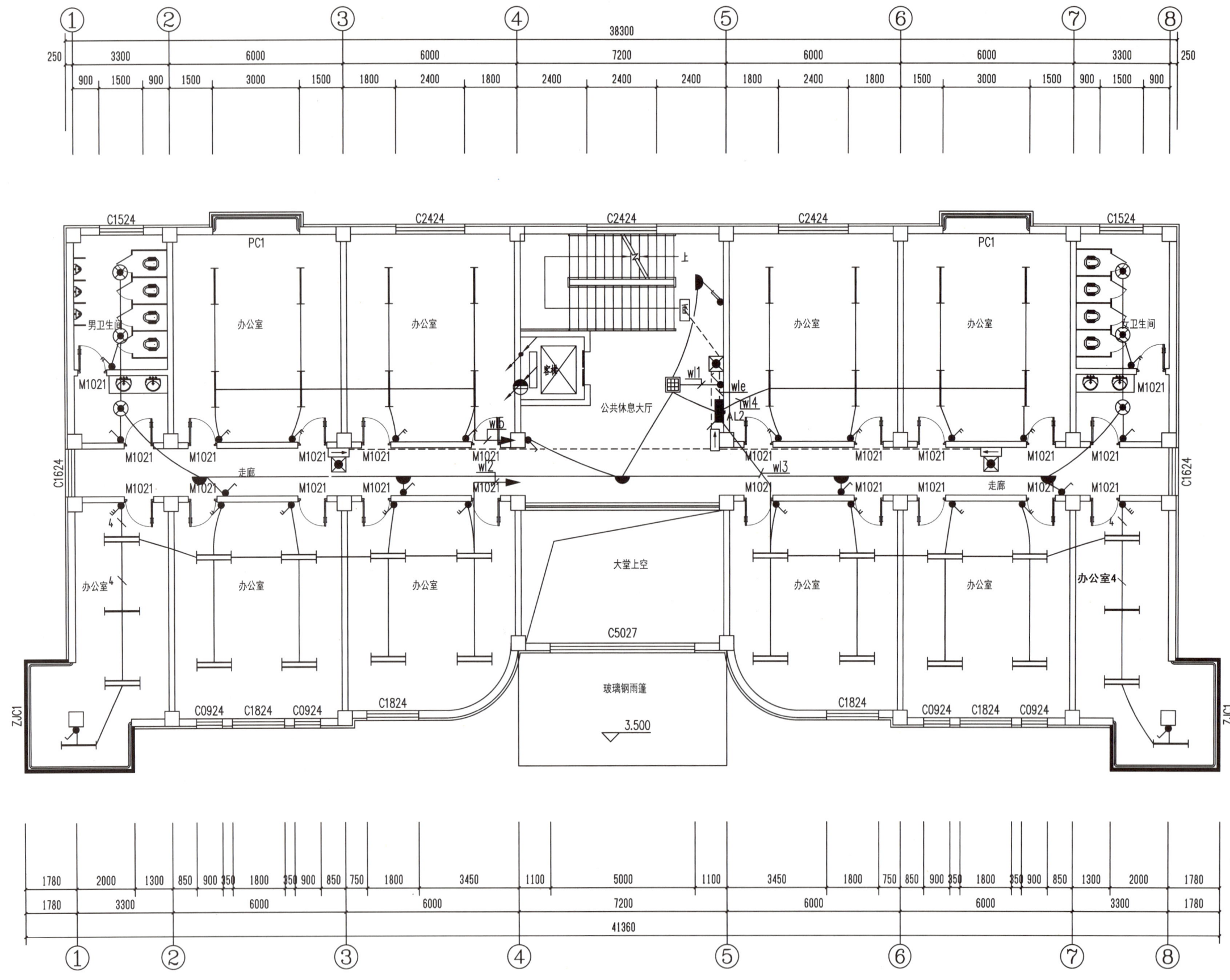

二层照明平面图 1:100

【识图指导】
照明平面图识读，需要结合配电箱系统图，明确该层照明配电箱的具体位置、安装方式、出线回路数及每条回路的代号和功能。
1.由"AL2配电箱系统图"可知，AL2照明配电箱负责二层照明供电，箱体宽800mm，高600mm，厚140mm，嵌入式安装，底边距地1.2m，共引出16条回路。
2.由"AL2配电箱系统图"可知，回路WL2为第2条普通照明回路，塑料铜芯线，3根，单根截面2.5mm²，穿直径为20mm的PC管，墙内/天花板内暗敷设。由"二层照明平面图"可知，回路WL2主要为西南区域3间办公室内的单管/双管荧光灯供电。

设计	工程名称	1 号办公楼	日 期	2024.8
审核	图 名	二层照明平面图	图 号	电施-08

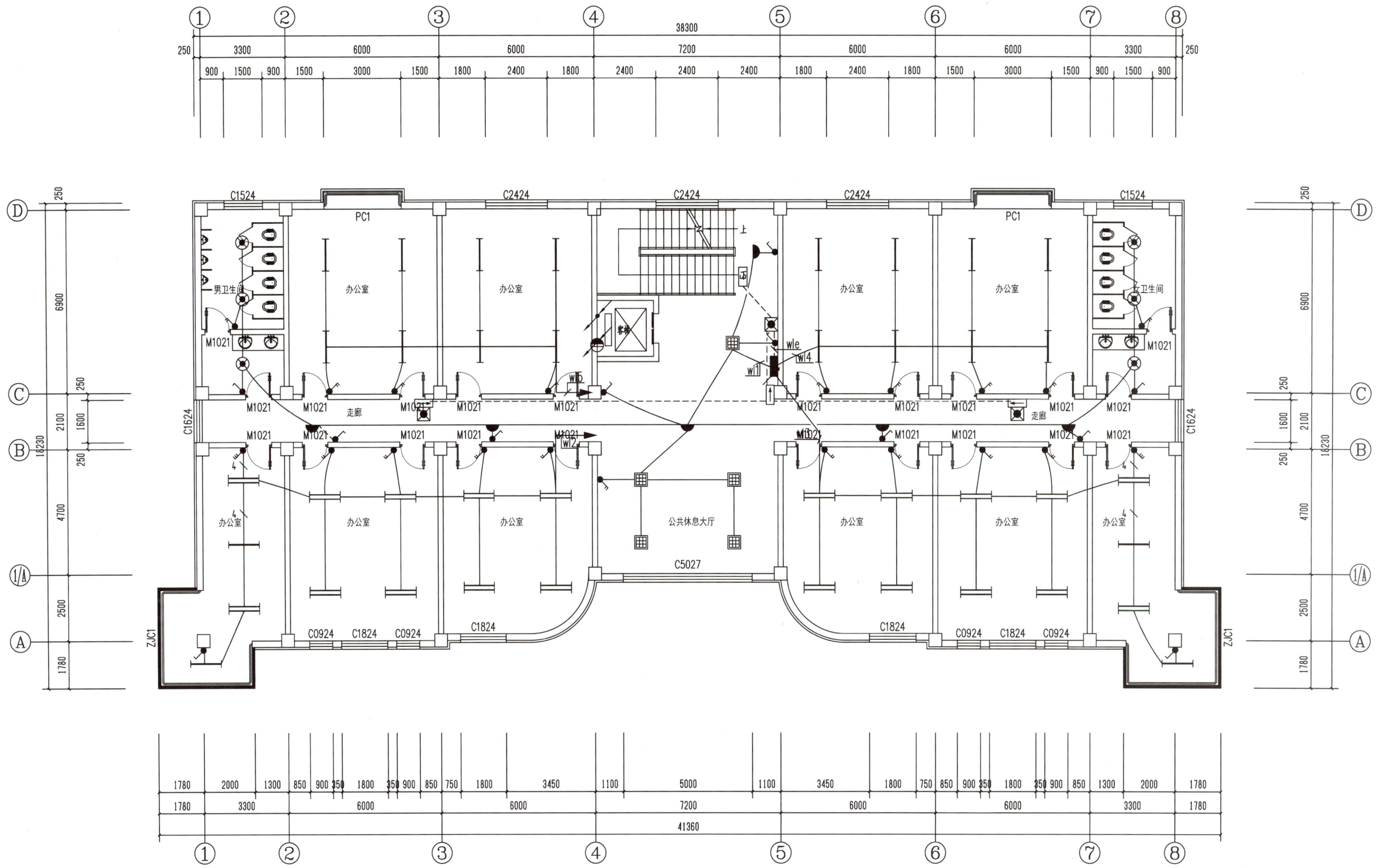

三层照明平面图 1:100

【识图指导】
照明平面图识读，需要结合配电箱系统图，明确该层照明配电箱的具体位置、安装方式、出线回路数及每条回路的代号和功能。
1.由"AL3配电箱系统图"可知，AL3照明配电箱负责负三层照明供电，箱体宽800mm，高600mm，厚140mm，嵌入式安装，底边距地1.2m，共引出16条回路。
2.由"AL3配电箱系统图"可知，回路WL3为第3条普通照明回路，塑料铜芯线，3根，单根截面2.5mm²，穿直径为20mm的PC管，墙内/天花板内暗敷设。由"三层照明平面图"可知，回路WL3主要为东南区域3间办公室内的单管/双管荧光灯供电。

设计		工程名称	**1号办公室**	日 期	2024.8
审核		图 名	**三层照明平面图**	图 号	电施-09

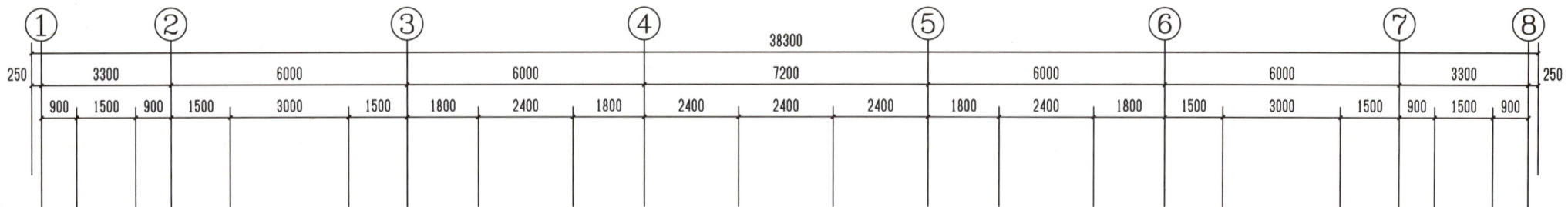

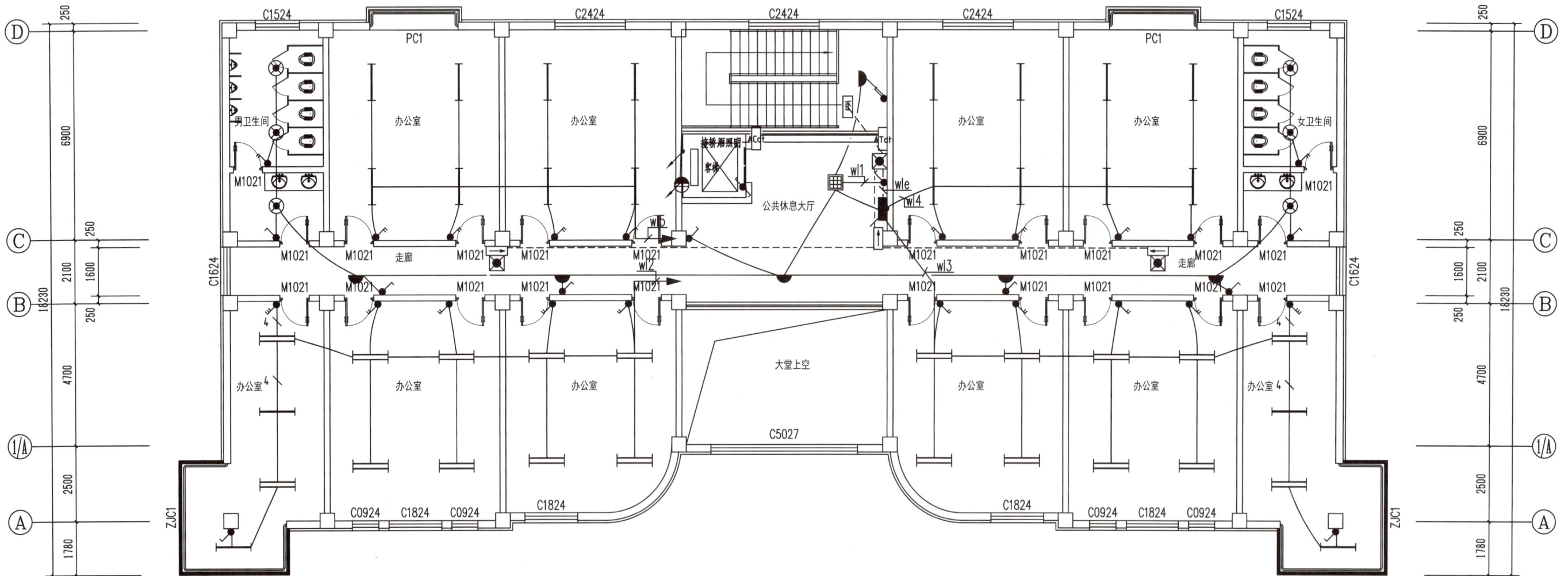

四层照明平面图 1:100

【识图指导】
照明平面图识读，需要结合配电箱系统图，明确该层照明配电箱的具体位置、安装方式、出线回路数及每条回路的代号和功能。
1.由"AL4配电箱系统图"可知，AL4照明配电箱负责负4层照明供电，箱体宽800mm，高600mm，厚140mm，嵌入式安装，底边距地1.2m，共引出16条回路。
2.由"AL4配电箱系统图"可知，回路WL4为第4条普通照明回路，塑料铜芯线，3根，单根截面2.5mm²，穿直径为20mm的PC管，墙内/天花板内暗敷设。由"四层照明平面图"可知，回路WL4主要为东北区域2间办公室内的单管荧光灯供电，且开关均为双联单控开关。

设计		工程名称	**1号办公楼**	日 期	2024.8
审核		图 名	**四层照明平面图**	图 号	电施-10

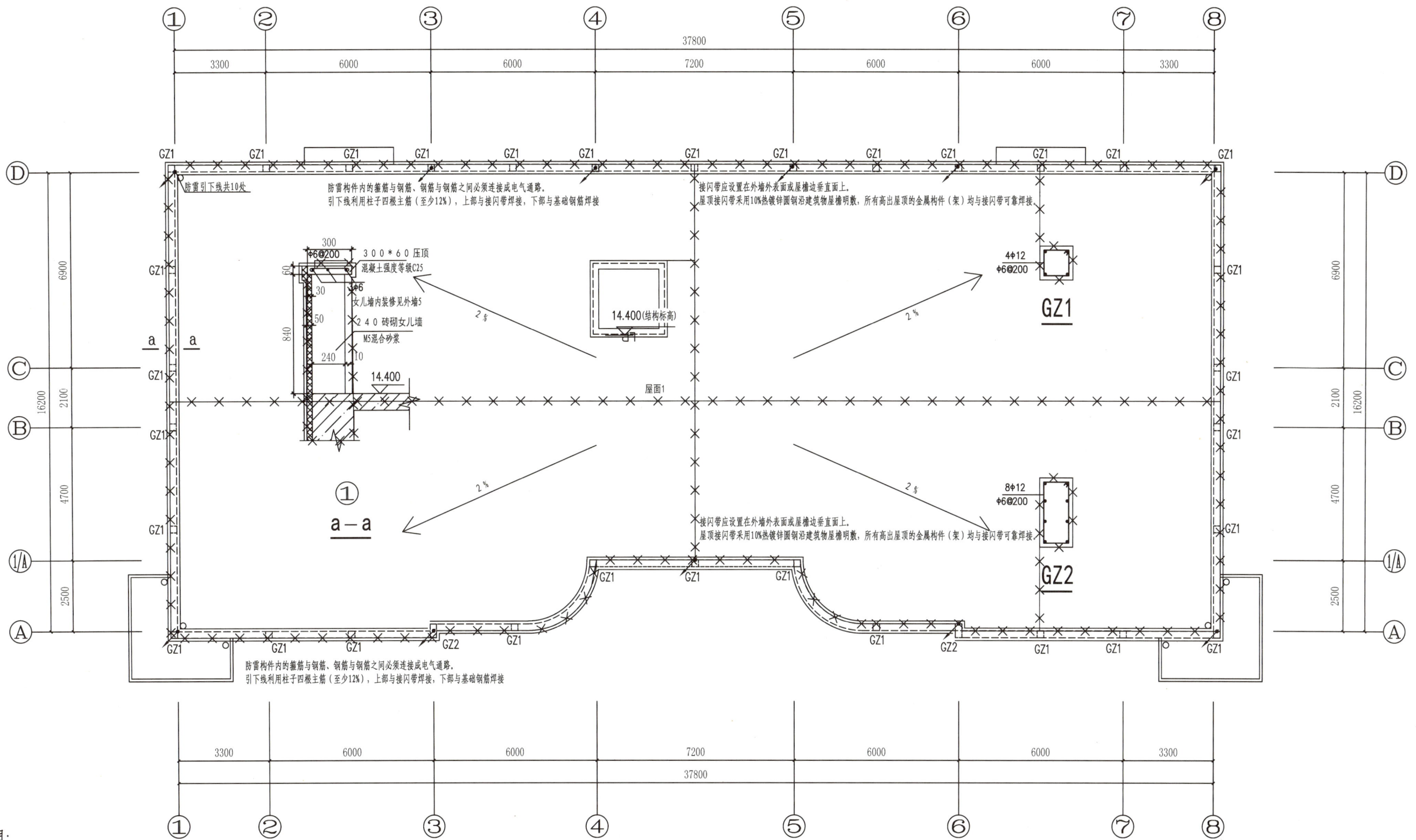

屋顶防雷平面图 1:100

GZ1
4φ12
φ6@200

GZ2
8φ12
φ6@200

300*60 压顶
混凝土强度等级C25
φ6@200
φ6
女儿墙内装修见外墙5
240 砖砌女儿墙
M5混合砂浆

14.400

14.400(结构标高)

屋面1

防雷引下线共10处

防雷构件内的箍筋与钢筋、钢筋与钢筋之间必须连接成电气通路。
引下线利用柱子四根主筋(至少1φ12),上部与接闪带焊接,下部与基础钢筋焊接

接闪带应设置在外墙外表面或屋檐边垂直面上。
屋顶接闪带采用10%热镀锌圆钢沿建筑物屋檐明敷,所有高出屋顶的金属构件(架)均与接闪带可靠焊接。

接闪带应设置在外墙外表面或屋檐边垂直面上。
屋顶接闪带采用10%热镀锌圆钢沿建筑物屋檐明敷,所有高出屋顶的金属构件(架)均与接闪带可靠焊接。

防雷构件内的箍筋与钢筋、钢筋与钢筋之间必须连接成电气通路。
引下线利用柱子四根主筋(至少1φ12),上部与接闪带焊接,下部与基础钢筋焊接

a—a

① a—a

2‰

37800
3300 6000 6000 7200 6000 6000 3300

16200
6900 2100 4700 2500

说明:
1. 经计算该建筑物防雷分类属于三类,建筑物雷电防护等级为D级。
2. 屋顶采用φ10热镀锌圆钢作接闪带,所有高出屋面的金属构件(架)以及通风孔,上人孔上的金属构件均与接闪带可靠焊接。不同高度的接闪带之间应相互焊接,接闪带穿越伸缩缝时应采取补偿措施。
3. 防雷引下线利用四根柱内主筋,上部与接闪带焊接,下部与基础钢筋焊接,在室外地坪上0.5m处预留测试点,引下线电阻测试点做法参照12D10-74页。在室外地坪下0.8m处甩出1.0mφ12镀锌圆钢,备接人工接地板。
4. 接地板利用建筑物基础钢筋,要求接地电阻不大于1Ω。
5. 接闪带与屋顶各金属管道可靠连接。
6. 具体施工做法参见12D10中的有关页次。
7. 浪涌保护器采用雷电中心合格的产品。
8. 本建筑物的地面层处,下列物体与防雷装置做防雷等电位连接:(1)建筑物金属体;(2)金属装置;(3)建筑物内系统;
(4)进出建筑物的金属管道。外部防雷装置与建筑物金属体、金属装置、建筑物内系统之间,应满足间隔距离的要求。

【识图指导】
1.防雷接地平面图识读,首先需要明确项目的防雷等级,再逐一识读"避雷针、避雷带、引下线、均压环、接地母线、接地极、断接卡子和等电位端子箱"等防雷接地组成。
2.识读"屋顶防雷平面图"时,需要注意项目是否设置有避雷针(接闪装置),注意避雷带采用扁钢还是圆钢,引下线是否用柱子主筋进行替代,均压环有没有设置,及是否用圈梁予以替代等事项。

| 设计 | | 工程名称 | 1号办公楼 | 日期 | 2024.8 |
| 审核 | | 图名 | 屋顶防雷平面图 | 图号 | 电施-11 |

65

由变压器常用母线段引来
NHYJV-4x25+1x16-RC50 FC
由变压器另一母线段引来
NHYJV-4x25+1x16-RC50 FC

由变压器常用母线段引来
YJV22-4x70 RC100 FC-0.8m

排烟竖井

排烟竖井

女卫生间

M 0.55 kW

0.55 M

男卫生间

排烟机房

餐厅

客梯

FM Z10

APZ1

APB1

ATxf

餐厅

排烟机房

M1021

排烟风机 11kW

AL-WP1

AL-1

WP6

ATpy2

M 11kW 排烟风机

M1021

WP7

FM甲 ATpy1

M1021

280℃

M1021

走廊

M1021

2

M1021

分别引至APZ1 APB1

M1021

分别引至APZ1 APB1

M1021

280℃

FM M1021

走廊

M1021

M1021

M1021

M1021

M1021

M1021

M1021

M1021

M1021

M1021

WP4

AL-1

WP3

WP2

AL-1

WP5

AL-1

公共休息大厅

办公室

办公室

办公室

办公室

办公室

办公室

办公室

办公室

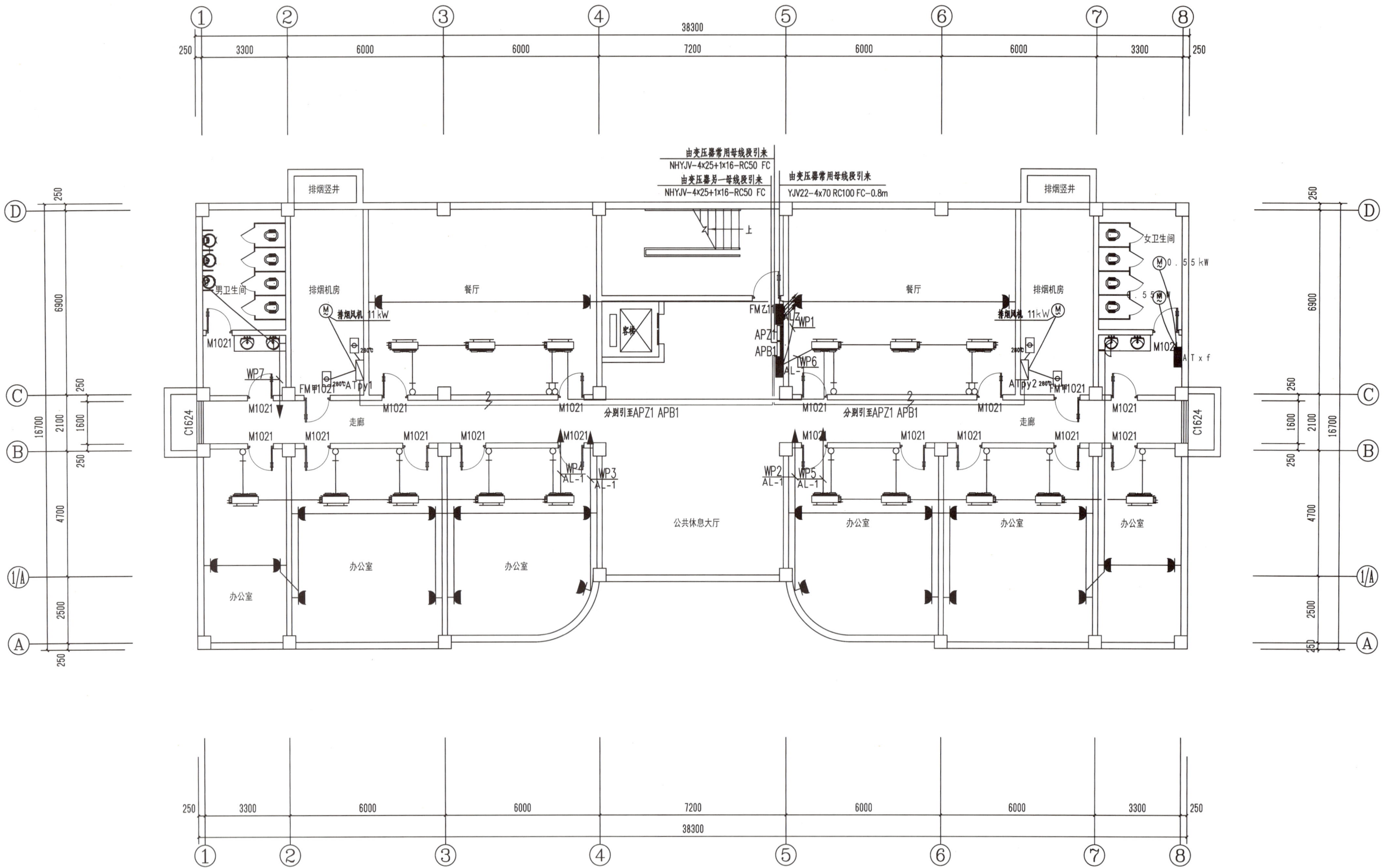

地下一层动力平面图 1:100

C1624

C1624

【识图指导】

1.本层照明和动力皆由AL-1箱供电，结合AL-1系统图可知，AL-1箱连出WP1~WP7一共7条插座回路和WDZA回路（为ATxf，即"消防用双电源自动切换箱"供电）。

2.看"地下一层动力平面图"可知，WP1回路主要为负一层北侧两间餐厅插座供电；WP2回路主要为负一层东南区3间办公室插座和东侧女卫生间的洗脸盆供电；WP3回路主要为负一层西南区3间办公室插座供电。

3.WP4回路主要为负一层西南区3间办公室风机盘管供电；WP5回路主要为负一层东南区3间办公室风机盘管供电；WP6回路主要为负一层北侧两间餐厅的风机盘管供电。

设计		工程名称	**1号办公楼**	日 期	2024.8
审核		图 名	**地下一层动力平面图**	图 号	电施-12

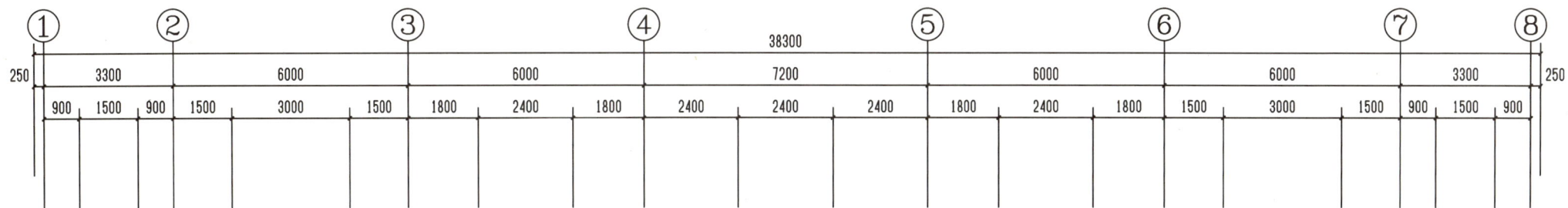

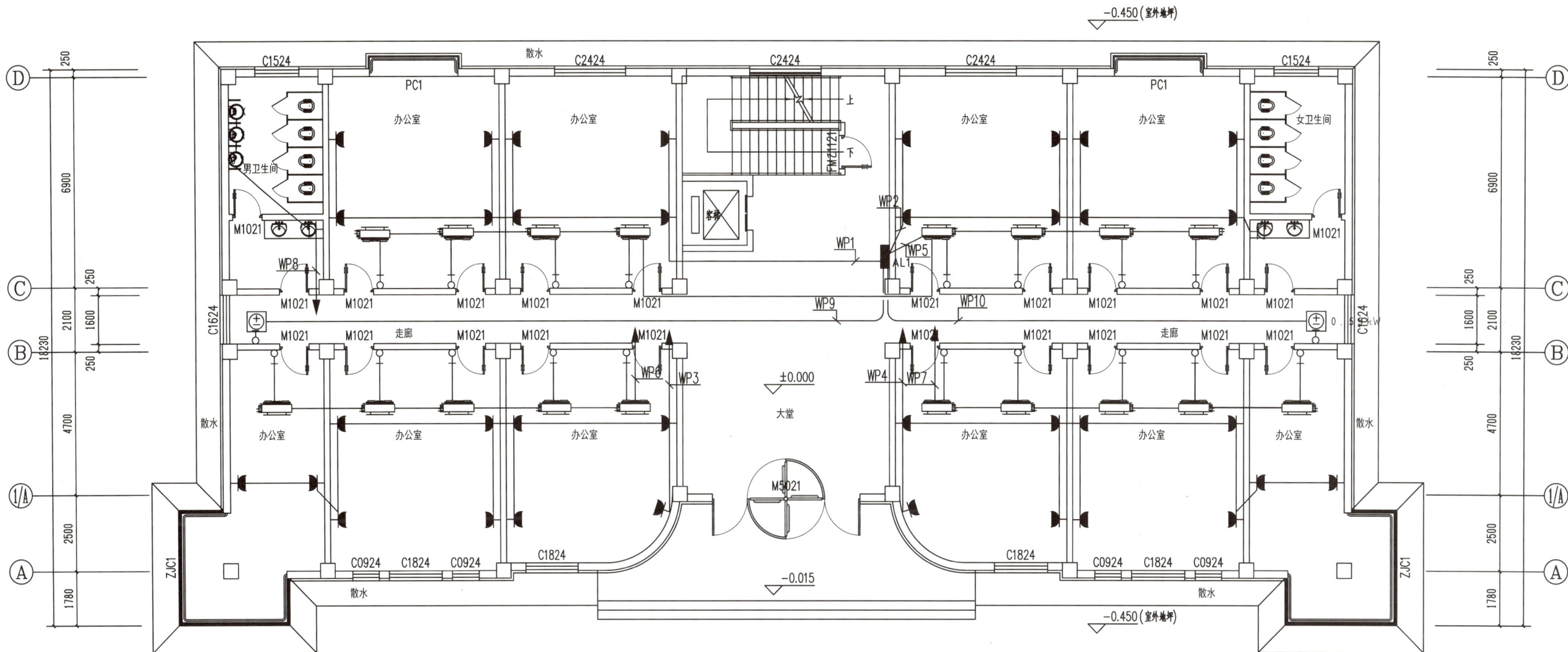

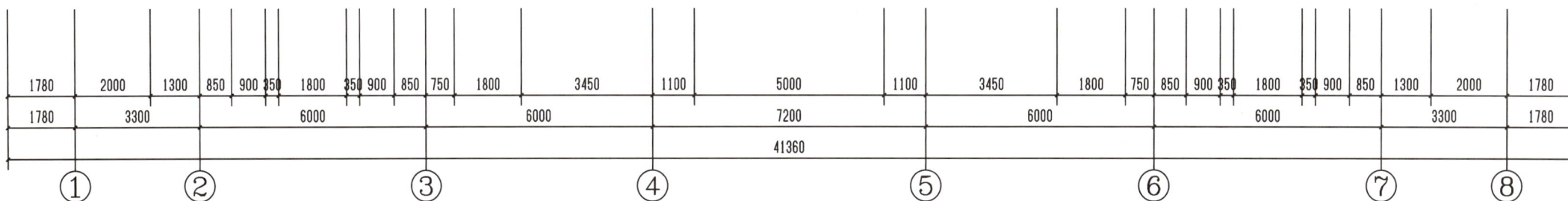

一层动力平面图 1:100

【识图指导】
1.一层照明和动力皆由AL1箱供电，结合AL1系统图可知，AL1箱连出WP1~WP10一共10条回路。
2.看"一层动力平面图"可知，WP1回路主要为一层西北区2间办公室插座供电；WP2回路主要为一层东北区3间办公室插座和东侧女卫生间的洗脸盆供电；WP3回路主要为一层西南区3间办公室插座供电；WP4回路主要为一层东南区3间办公室供电。
3.WP5回路主要为一层北面4间办公室风机盘管供电；WP6回路主要为一层西南区3间办公室风机盘管供电；WP7回路主要为一层东南区3间办公室风机盘管供电。
4.WP8回路主要为西侧男卫生间的洗脸盆和3组立式小便器供电。

| 设计 | 工程名称 | **1号办公楼** | 日期 | 2024.8 |
| 审核 | 图名 | **一层动力平面图** | 图号 | 电施-13 |

图号 电施-13

67

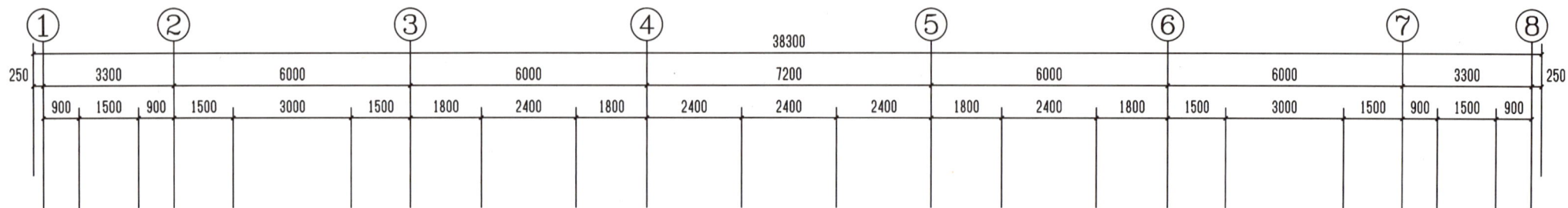

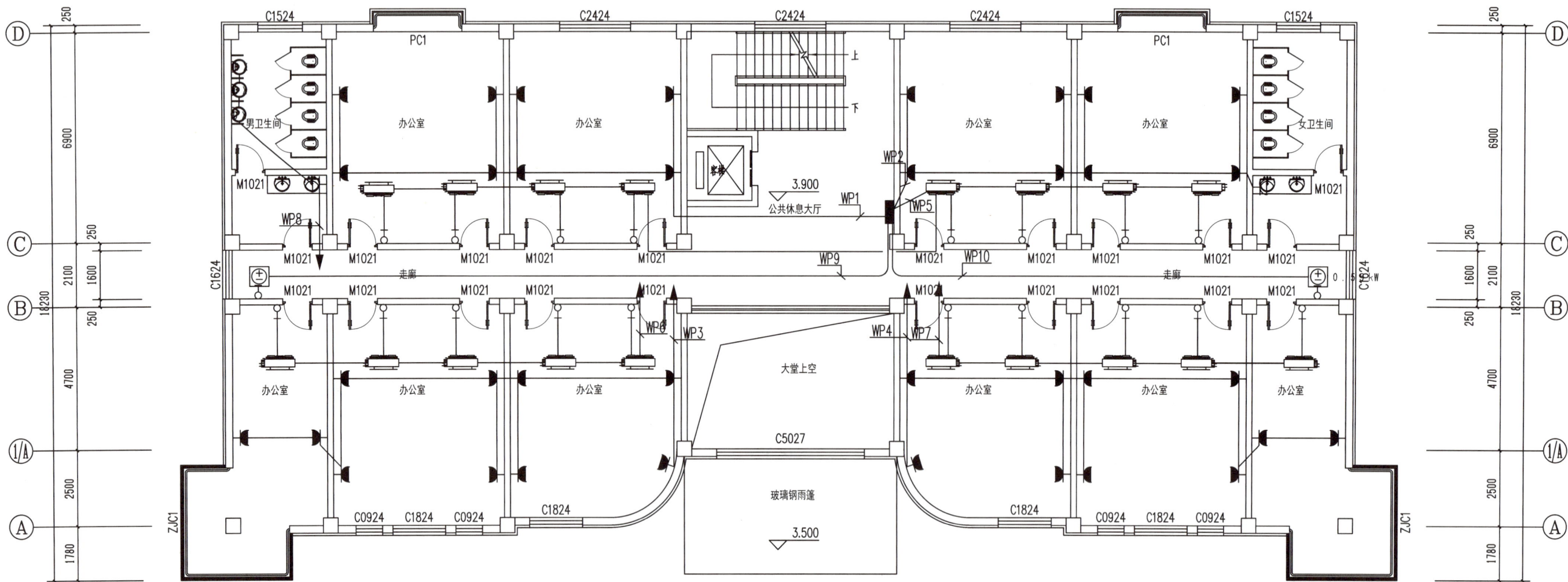

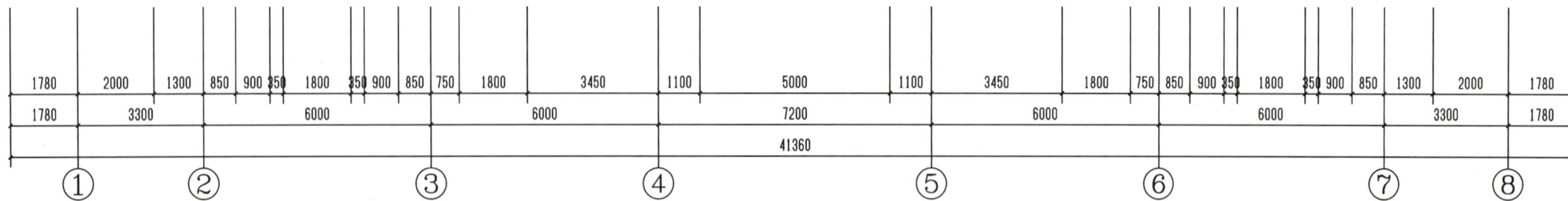

二层动力平面图 1:100

【识图指导】
1.二层照明和动力皆由AL1箱供电，结合AL1系统图可知，AL1箱连出WP1~WP10一共10条回路。
2.看"二层动力平面图"可知、WP1回路主要为二层西北区2间办公室插座供电；WP2回路主要为二层东北区3间办公室插座和东侧女卫生间的洗脸盆供电；WP3回路主要为二层西南区3间办公室插座供电；WP4回路主要为二层东南区3间办公室插座供电。
3.WP5回路主要为二层北面4间办公室风机盘管供电；WP6回路主要为二层西南区3间办公室风机盘管供电；WP7回路主要为二层东南区3间办公室风机盘管供电。
4.WP8回路主要为西侧男卫生间的洗脸盆和3组立式小便器供电。
5.WP9和WP10回路主要为西东两侧空调机组供电。

电施-14
68

| 设计 | 工程名称 | 1号办公楼 | 日期 | 2024.8 |
| 审核 | 图名 | 二层动力平面图 | 图号 | 电施-14 |

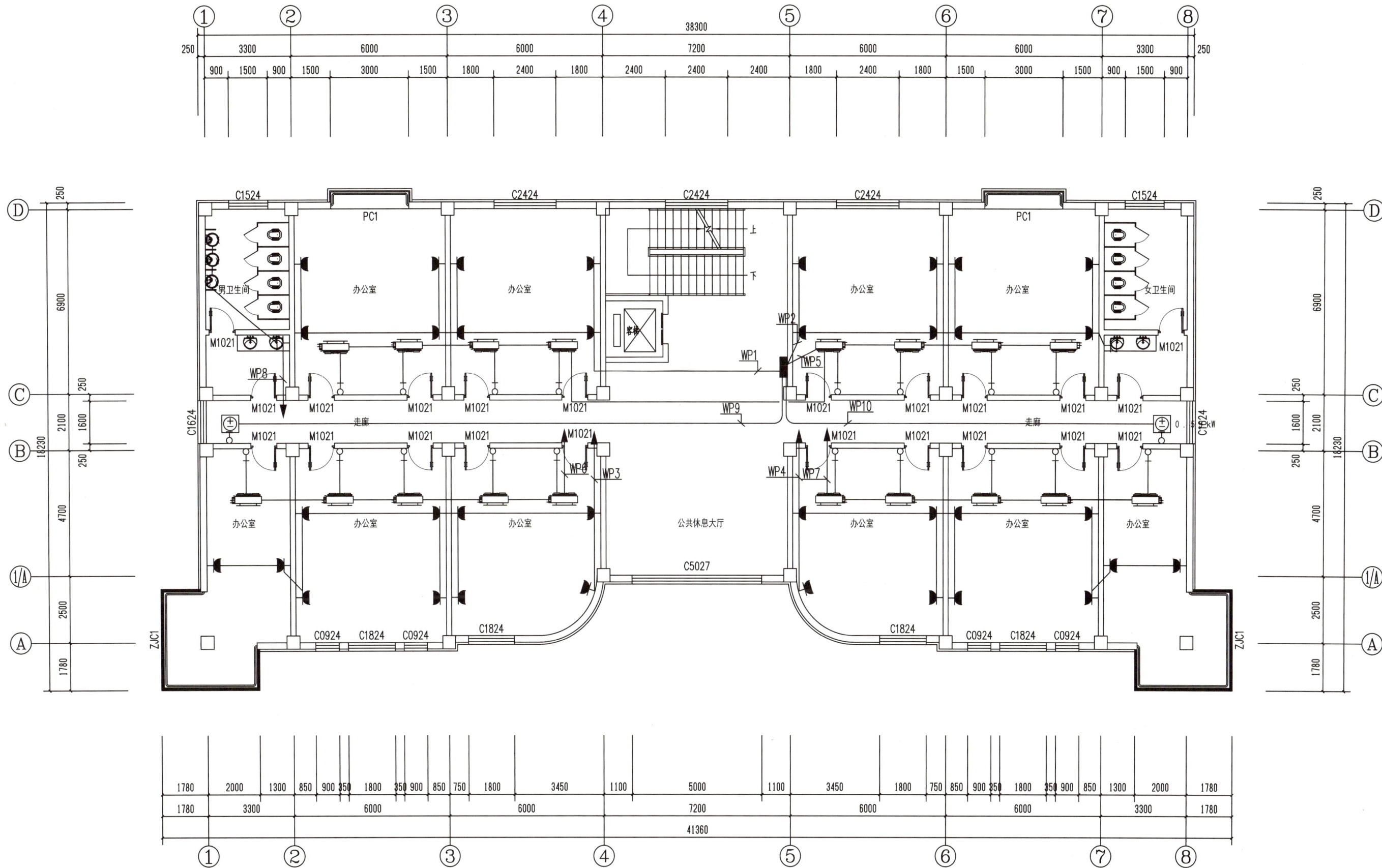

三层动力平面图 1:100

Column axes (top): ① ② ③ ④ ⑤ ⑥ ⑦ ⑧

Top dimension: 38300
3300 6000 6000 7200 6000 6000 3300
250 ... 250

Sub-dimensions: 900 1500 900 1500 3000 1500 1800 2400 1800 2400 2400 2400 1800 2400 1800 1500 3000 1500 900 1500 900

Row axes (left/right): Ⓓ Ⓒ Ⓑ ①/A Ⓐ

Left vertical dimensions: 250 / 6900 / 250 / 2100 1600 / 250 / 11230 / 4700 / 2500 / 1780

Window/door labels: C1524, C2424, C2424, C2424, C1524, PC1, C1624, C5027, C0924, C1824, C0924, C1824, ZJC1, M1021, WP1, WP2, WP3, WP4, WP5, WP6, WP7, WP8, WP9, WP10

Rooms: 男卫生间, 女卫生间, 办公室, 走廊, 公共休息大厅, 客梯, 上, 下

Bottom dimension: 41360
1780 3300 6000 6000 7200 6000 6000 3300 1780
1780 2000 1300 850 900 350 1800 350 900 850 750 1800 3450 1100 5000 1100 3450 1800 750 850 900 350 1800 350 900 850 1300 2000 1780

Bottom axes: ① ② ③ ④ ⑤ ⑥ ⑦ ⑧

【识图指导】
1.三层照明和动力皆由AL1箱供电，结合AL1系统图可知，AL1箱连出WP1~WP10一共10条回路。
2.看"三层动力平面图"可知，WP1回路主要为三层西北区2间办公室插座供电；WP2回路主要为三层东北区3间办公室插座和东侧女卫生间的洗脸盆供电；WP3回路主要为三层西南区3间办公室插座供电；WP4回路主要为三层东南区3间办公室插座供电。
3.WP5回路主要为三层北面4间办公室风机盘管供电；WP6回路主要为三层西南区3间办公室风机盘管供电；WP7回路主要为三层东南区3间办公室风机盘管供电。
4.WP8回路主要为西侧男卫生间的洗脸盆和3组立式小便器供电。

设计	工程名称	**1号办公楼**	日期	2024.8
审核	图名	**三层动力平面图**	图号	电施-15

69

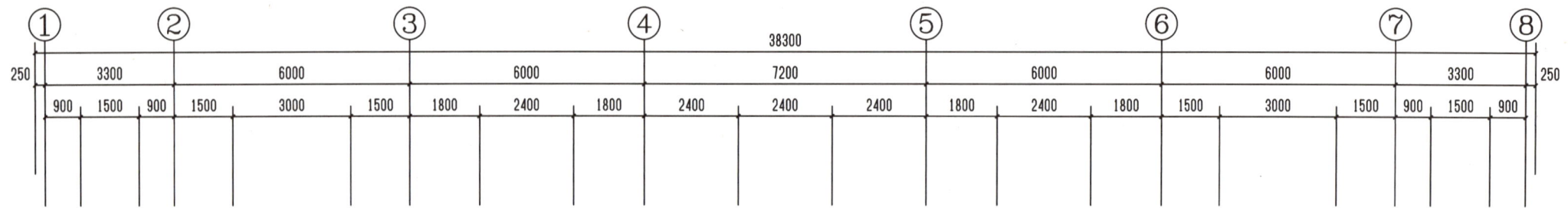

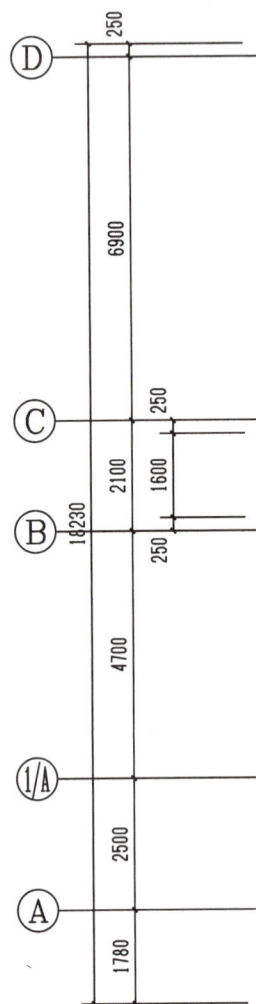

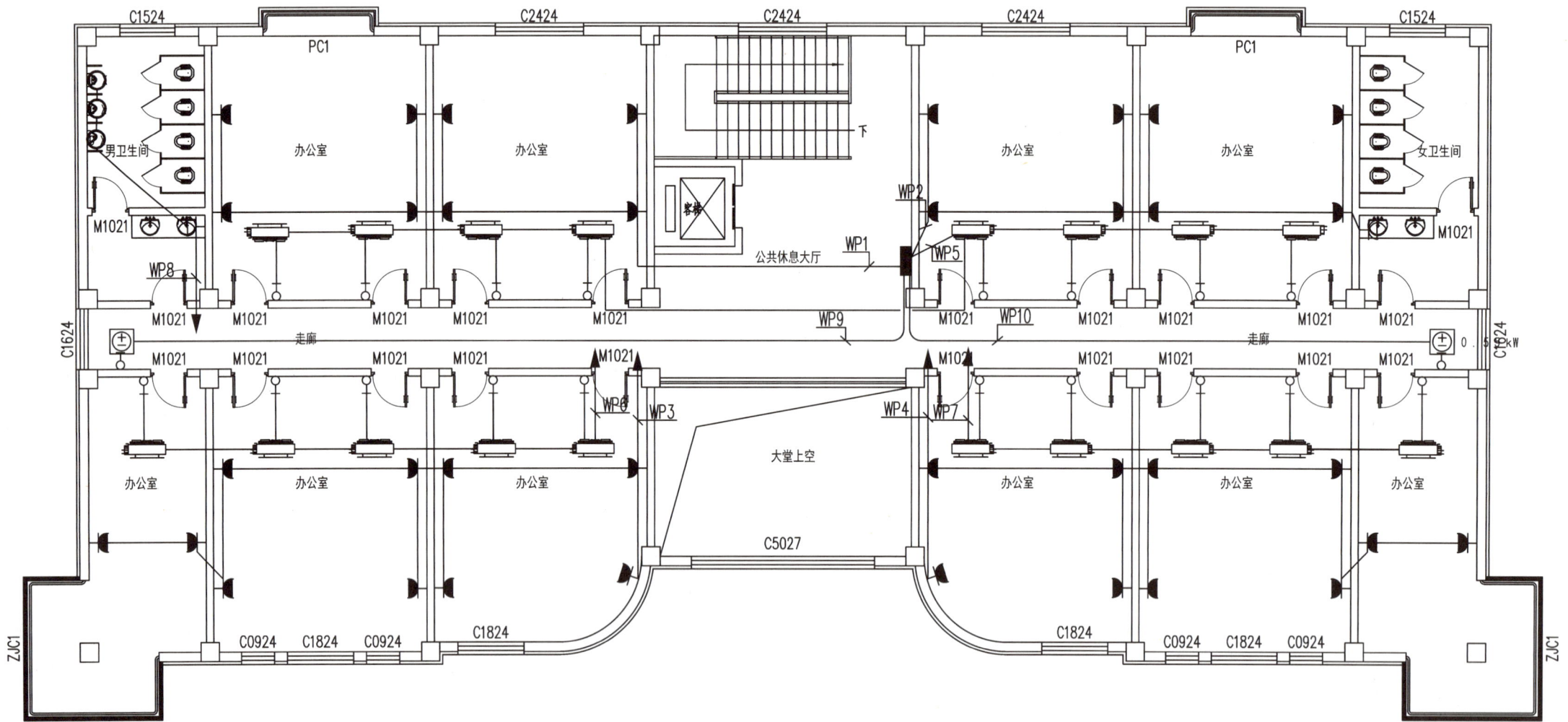

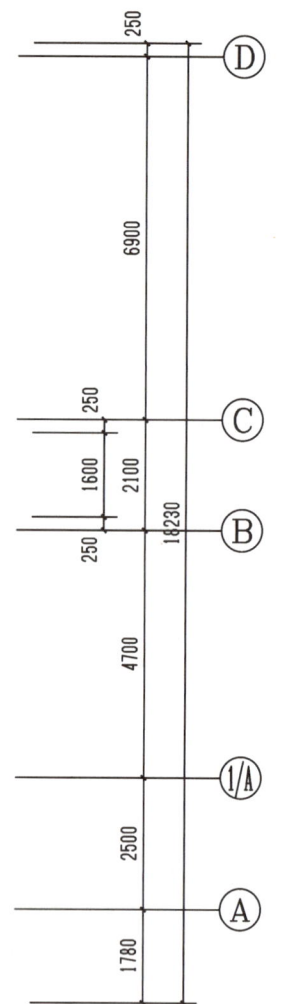

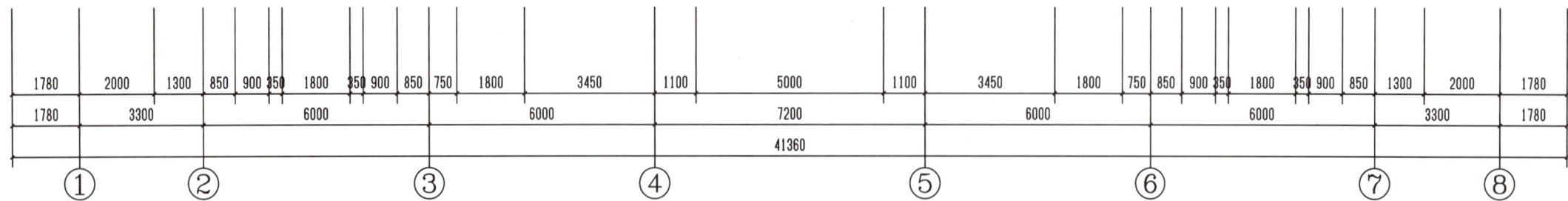

四层动力平面图 1:100

① ② ③ ④ 38300 ⑤ ⑥ ⑦ ⑧

250 3300 6000 6000 7200 6000 6000 3300 250

900 1500 900 1500 3000 1500 1800 2400 1800 2400 2400 2400 1800 2400 1800 1500 3000 1500 900 1500 900

D 250

C1524 C2424 C2424 C2424 C1524

PC1 PC1

6900

男卫生间 办公室 办公室 办公室 办公室 女卫生间

下

M1021 客梯 M1021

WP2

WP8 公共休息大厅 WP1

C 250 WP5

M1021 M1021 M1021 M1021 M1021 M1021 WP10 M1021 M1021 M1021 M1021 M1021

2100 1600 WP9 走廊 走廊 2100 1600

C1624 C1524

B 18230 250 M1021 M1021 M1021 M1021 M1021 M1021 M1021 M1021 M1021 M1021 0.5kW 18230 250

WP6 WP3 WP4 WP7

4700 办公室 大堂上空 办公室 办公室 办公室 4700

1/A C5027 1/A

2500 ZJC1 ZJC1 2500

A C0924 C1824 C0924 C1824 C1824 C0924 C1824 C0924 A

1780 1780

① ② ③ ④ ⑤ ⑥ ⑦ ⑧

1780 2000 1300 850 900 350 1800 350 900 850 750 1800 3450 1100 5000 1100 3450 1800 750 850 900 350 1800 350 900 850 1300 2000 1780

1780 3300 6000 6000 7200 6000 6000 3300 1780

41360

① ② ③ ④ ⑤ ⑥ ⑦ ⑧

四层动力平面图 1:100

【识图指导】
1.四层照明和动力皆由AL1箱供电，结合AL1系统图可知，AL1箱连出WP1~WP10一共10条回路。
2.看"四层动力平面图"可知，WP1回路主要为四层西北区2间办公室插座供电；WP2回路主要为四层东北区3间办公室插座和东侧女卫生间的洗脸盆供电；WP3回路主要为四层西南区3间办公室插座供电；WP4回路主要为四层东南区3间办公室插座供电。
3.WP5回路主要为四层北面4间办公室风机盘管供电；WP6回路主要为四层西南区3间办公室风机盘管供电；WP7回路主要为四层东南区3间办公室风机盘管供电。
4.WP8回路主要为西侧男卫生间的洗脸盆和3组立式小便器供电。

设计		工程名称	1号办公楼	日期	2024.8
审核		图名	四层动力平面图	图号	电施-16

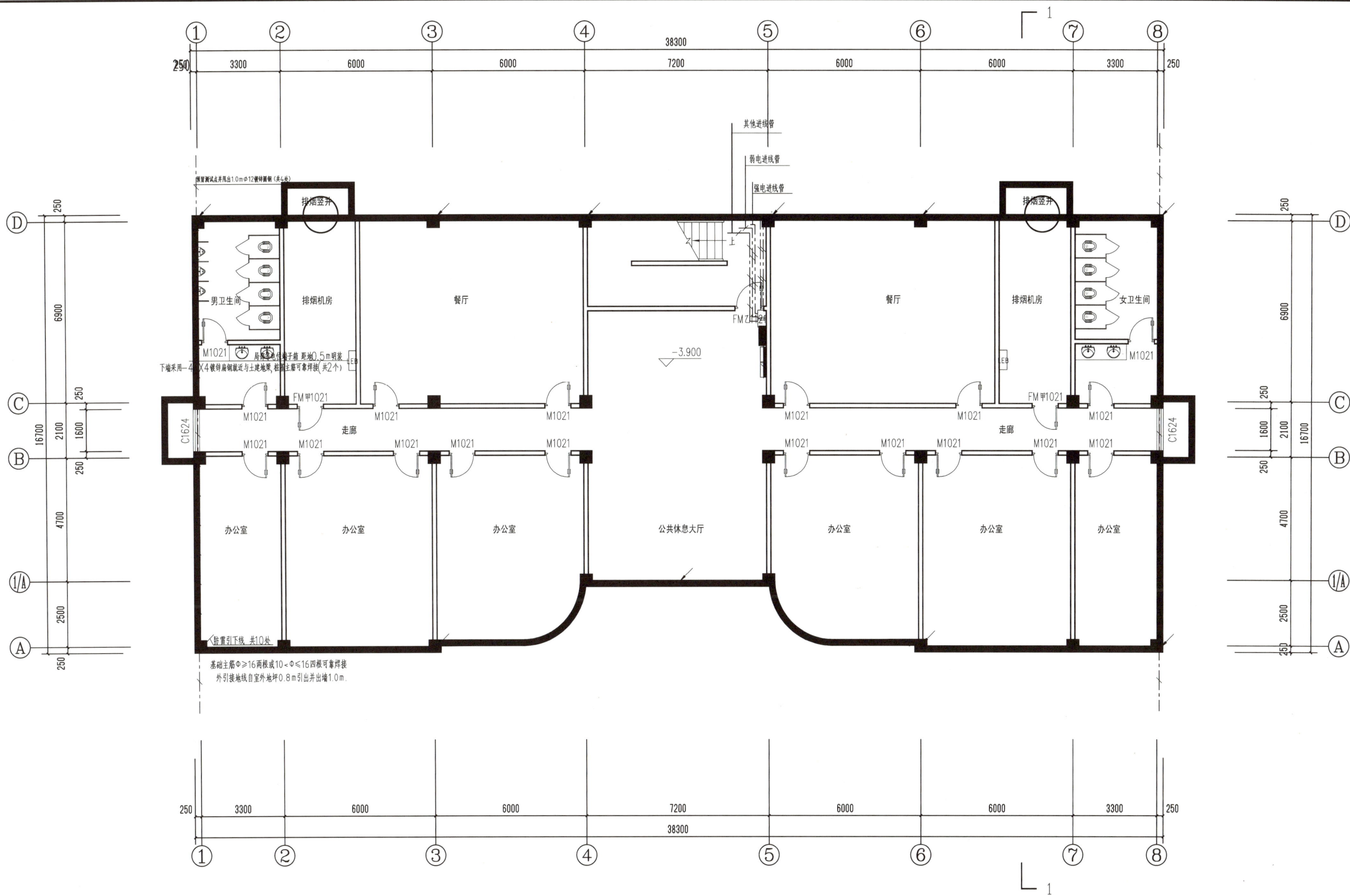

地下一层接地平面图 1:100

图中标注文字:

其他进线管
弱电进线管
强电进线管

引至测试点并采出1.0mφ12镀锌圆钢(共4处)

排烟竖井
排烟竖井
接烟竖井

男卫生间
排烟机房
餐厅
餐厅
排烟机房
女卫生间

M1021

局部等电位端子箱 距地0.5m明装
下端采用一40×4镀锌扁钢就近与土建地梁、柱内主筋可靠焊接(共2个)

LEB
LEB

M1021

-3.900

FM乙1021

FM甲1021
M1021   M1021   M1021
走廊
M1021   M1021   M1021   M1021

FM甲1021
M1021   M1021   M1021
走廊
M1021

C1624
C1624

办公室   办公室   办公室   公共休息大厅   办公室   办公室   办公室

防雷引下线 共10处

基础主筋Φ≥16两根或10<Φ≤16四根可靠焊接
外引接地线自室外地坪0.8m引出并出墙1.0m.

尺寸标注:
250 3300 6000 6000 7200 6000 6000 3300 250
38300
250 6900 250 2100 1600 250 4700 2500 250 16700

说明:
1. 建筑物总等电位联结端子箱为铁制暗装,下底距地0.3m,箱体尺寸为500×250×120,施工时参见《等电位联结安装》(15D502)中有关内容。
2. 局部等电位联结端子箱为铁制暗装,下底距地0.5m,箱体尺寸为200×150×120,施工时参见《等电位联结安装》(15D502)第16页。带洗浴功能的卫生间均应设置局部等电位联结端子箱。
   局部等电位联结应包括卫生间内金属给排水管、金属浴盆、金属洗脸盆、金属采暖管、金属散热器、卫生间电源插座的PE线以及建筑物钢筋网。
3. 接地极利用建筑物基础钢筋,要求接地电阻不大于1Ω。
4. 所有等电位联结干线均为40×4镀锌扁钢。
5. 进出建筑物的燃气、水暖等各种金属管道均通过MEB线与等电位联结端子箱相连,施工时应仔细对照相关专业相关图纸,以防遗漏。
6. 带有电伴热装置的金属管道应可靠地接地体就近接地。

【识图指导】
1. 防雷接地平面图识读,首先需要明确项目的防雷等级,再逐一识读避雷针、避雷带、引下线、均压环、接地母线、接地极、断接卡子和等电位端子箱等防雷接地组成。
2. 识读"接地平面图"时,需要注意项目的接地母线是采用扁钢或圆钢专门敷设,还是利用基础钢筋;接地极是采用角钢敷设,还利用基础钢筋,或是直接以扁钢引出。另,还需注意断接卡子、LEB和MEB的设置方式。

设计		工程名称	**1号办公楼**	日期	2024.8
审核		图名	地下一层接地平面图	图号	电施-17

71

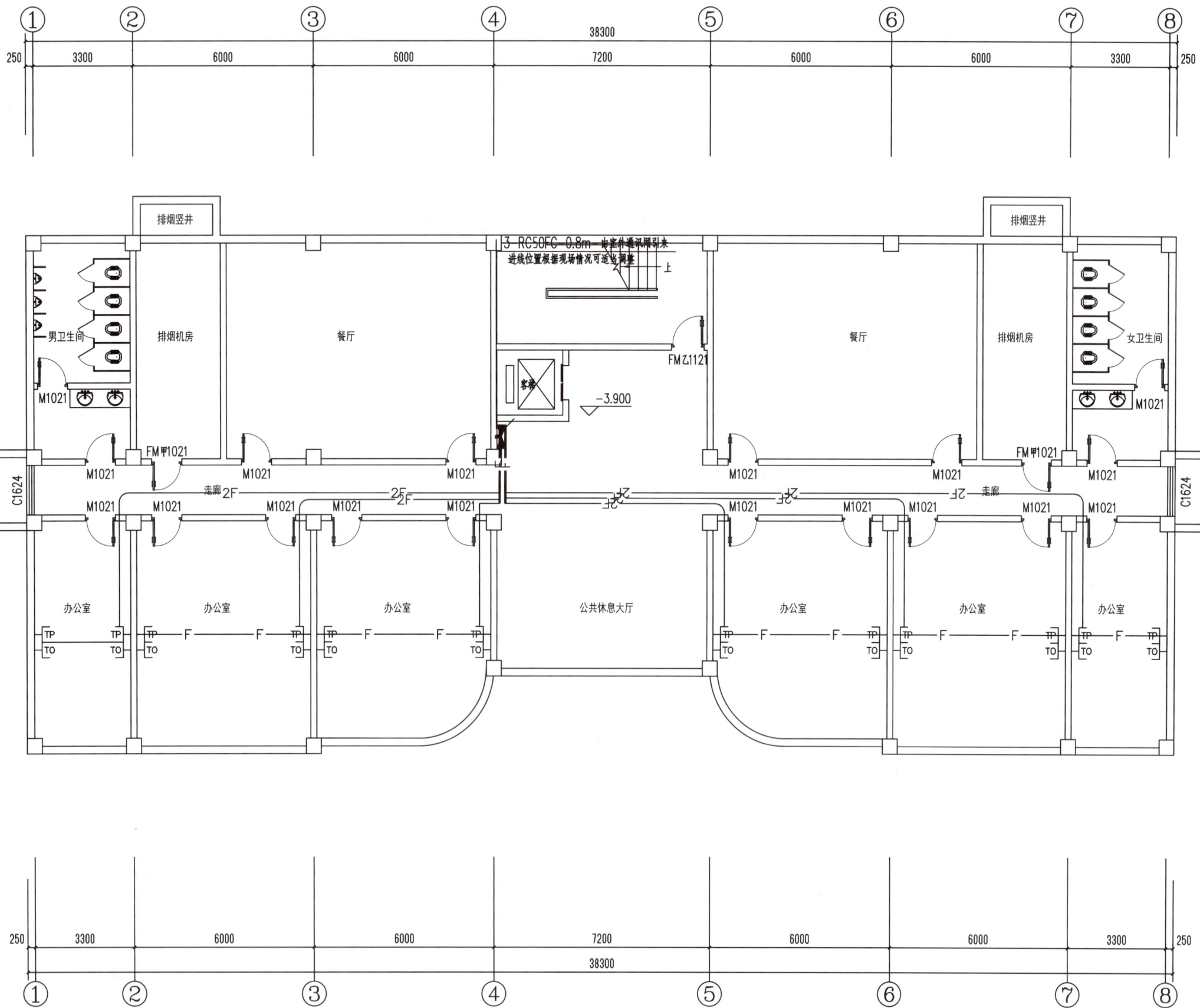

地下一层弱电平面图 1:100

排烟竖井

排烟竖井

3 RC50FC -0.8m 由室外通讯网引来
进线位置根据现场情况可适当调整

上

男卫生间　排烟机房　餐厅　餐厅　排烟机房　女卫生间

FM乙1121

M1021　M1021

客梯　−3.900

FM甲1021　FM甲1021

C1624　M1021　M1021　M1021　M1021　M1021　M1021　C1624

走廊2F　2F　2F　2F　走廊

M1021　M1021　M1021　M1021　M1021　M1021　M1021　M1021

办公室　办公室　办公室　公共休息大厅　办公室　办公室　办公室

38300
250　3300　6000　6000　7200　6000　6000　3300　250

250　6900　250　1600 2100 250 16700 250　4700　2500　250

【识图指导】
1.弱电平面图识读，首先要熟悉常用图例符号，其次需要结合弱电系统图一起识读。
2.由图例表可知，TO代表网线插孔，TP代表电话线插孔，TO2代表电话、网线的双线插孔。
3.由"通信系统图"结合"地下一层弱电平面图"可知，光纤穿水煤气钢管，埋地深-0.8m入户。
4.光纤入户后，2芯单模光纤和语音电缆分别通过竖直方向干线（2RC50）引到负一层信息接线箱（综合配线箱），然后分线连入各办公室网线和电话线插孔。
5.负一层从信息接线箱（综合配线箱）共计分出12F单模光纤和12F语音电缆。

设计		工程名称	1号办公楼	日期	2024.8
审核		图名	地下一层弱电平面图	图号	电施-18

一层弱电平面图 1:100

北

38300

250　3300　6000　6000　7200　6000　6000　3300　250

900　1500　900　1500　3000　1500　1800　2400　1800　2400　2400　2400　1800　2400　1800　1500　3000　1500　900　1500　900

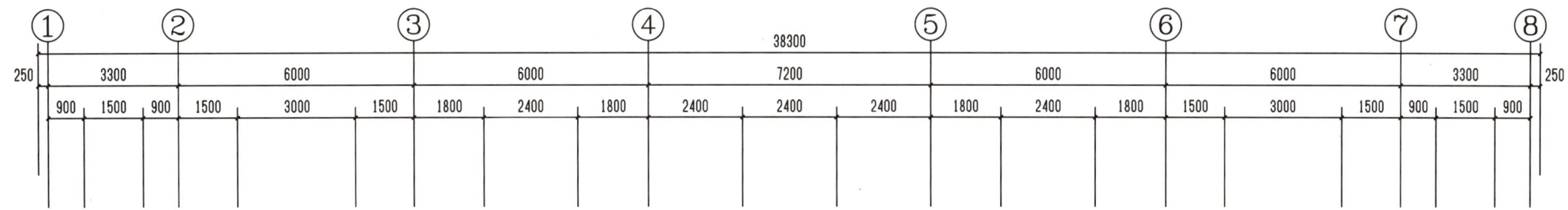

−0.450（室外地坪）

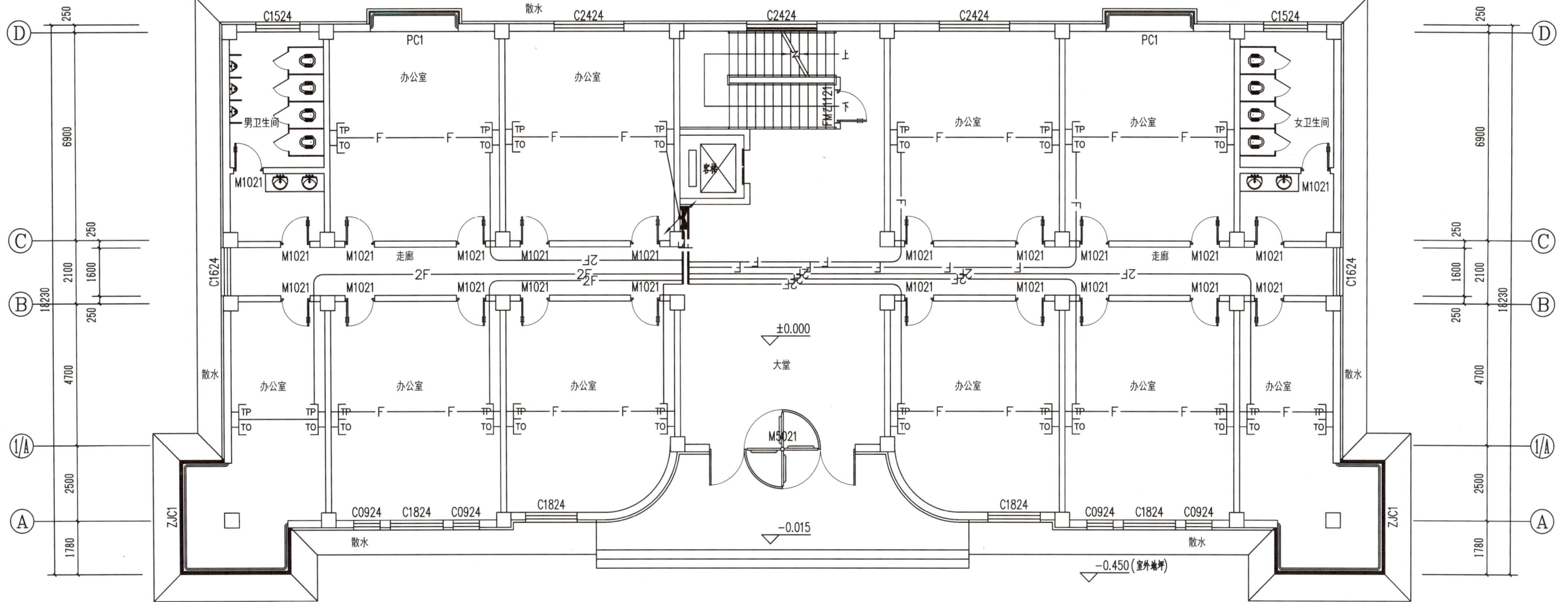

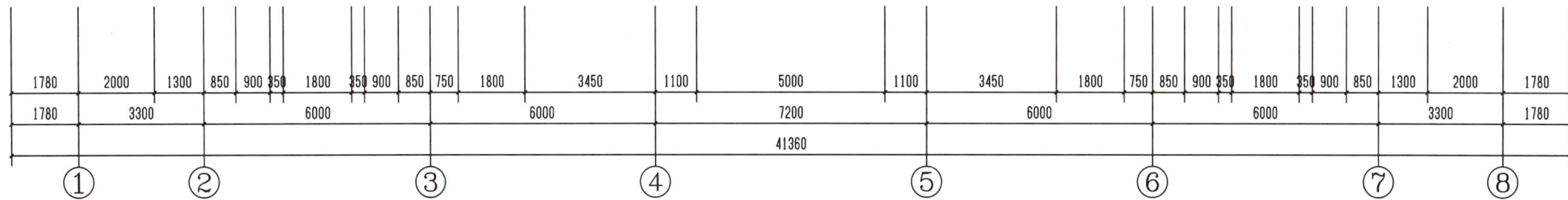

C1524　散水　C2424　C2424　C2424　C1524

PC1　PC1

办公室　办公室　办公室　办公室

上
FM乙1121
下

男卫生间　客梯　女卫生间

TP　TP　TP　TP　TP　TP
TO　F　F　TO　TO　F　F　TO　F　TO
M1021　M1021

M1021　M1021　走廊　M1021　M1021　M1021　M1021　M1021　走廊　M1021　M1021

2F　2F
2F　2F
M1021　M1021　M1021　M1021　M1021　M1021　M1021　M1021　M1021

±0.000

大堂

办公室　办公室　办公室　办公室　办公室　办公室

TP　TP　TP　TP　TP　TP　TP　TP　TP
TO　F　F　TO　TO　F　F　TO　TO　F　TO　TO　F　F　TO　TO　F　F　TO
M5021

C0924　C1824　C0924　C1824　C1824　C0924　C1824　C0924

散水　散水
−0.015
−0.450（室外地坪）

1780　2000　1300　850　900　350　1800　350　900　850　750　1800　3450　1100　5000　1100　3450　1800　750　850　900　350　1800　350　900　850　1300　2000　1780

1780　3300　6000　6000　7200　6000　6000　3300　1780

41360

250　6900　250　2100　1600　250　4700　250　2500　1780　250　6900　250　1600　2100　250　4700　250　2500　1780

C1624　C1624

ZJC1　ZJC1

一层弱电平面图 1:100

【识图指导】
1.弱电平面图识读，首先要熟悉常用图例符号，其次需要结合弱电系统图一起识读。
2.由图例表可知，TO代表网线插孔，TP代表电话线插孔，TO2代表电话、网线的双线插孔。
3.由"通信系统图"结合"地下一层弱电平面图"可知，光纤穿水煤气钢管，埋地深−0.8m入户。
4.由"通信系统图"可知，2芯单模光纤和语音电缆分别通过竖直方向干线（2RC50）引到1F~4F，进入层信息接线箱（综合配线箱）。
5.一层从信息接线箱（综合配线箱）共计分出20F单模光纤和20F语音电缆。

| 设计 | | 工程名称 | **1号办公楼** | 日期 | 2024.8 |
| 审核 | | 图名 | **一层弱电平面图** | 图号 | 电施-19 |

73

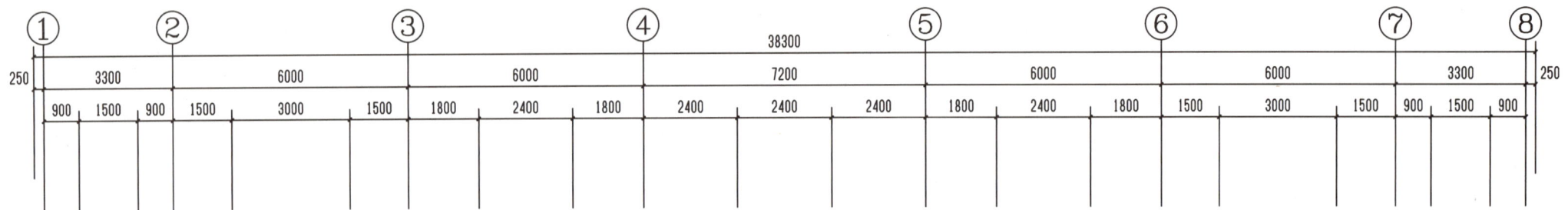

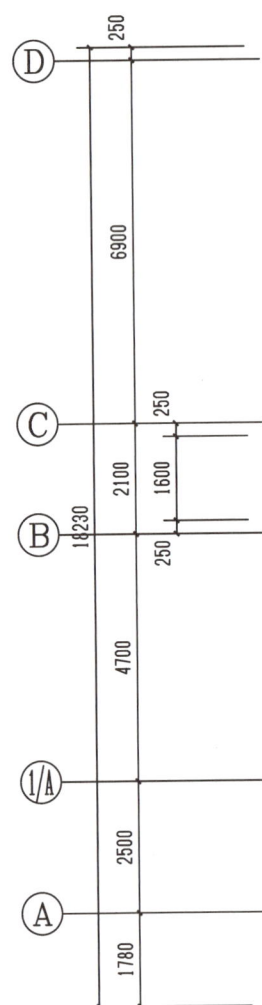

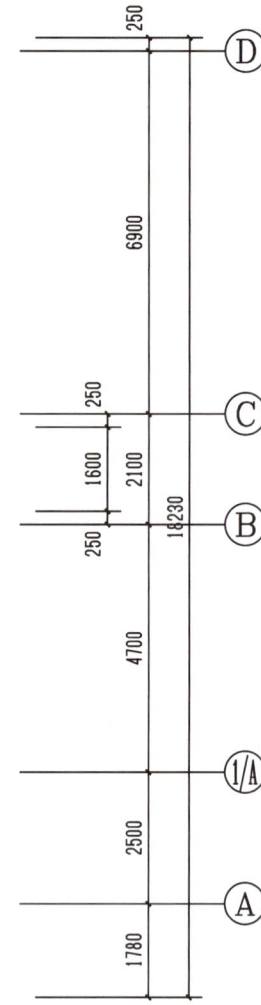

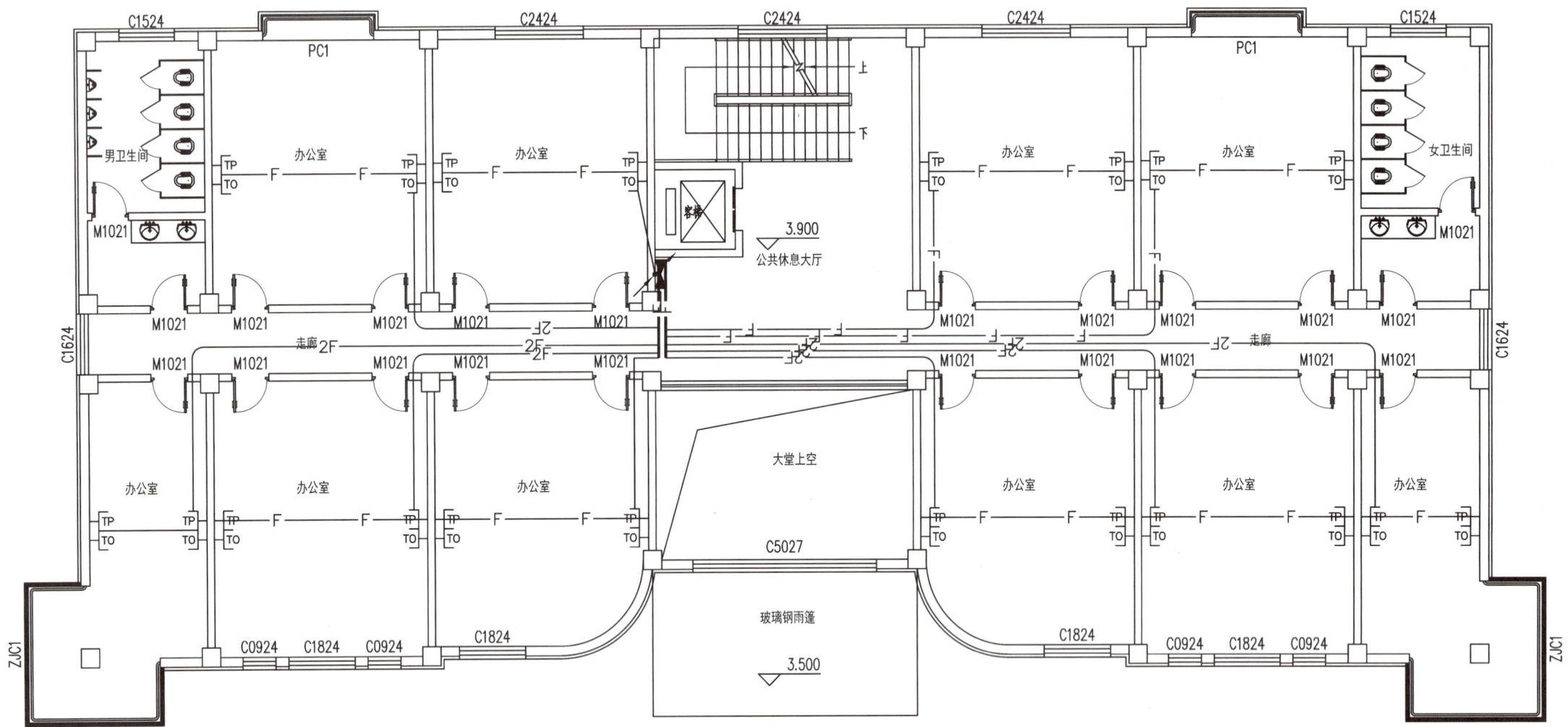

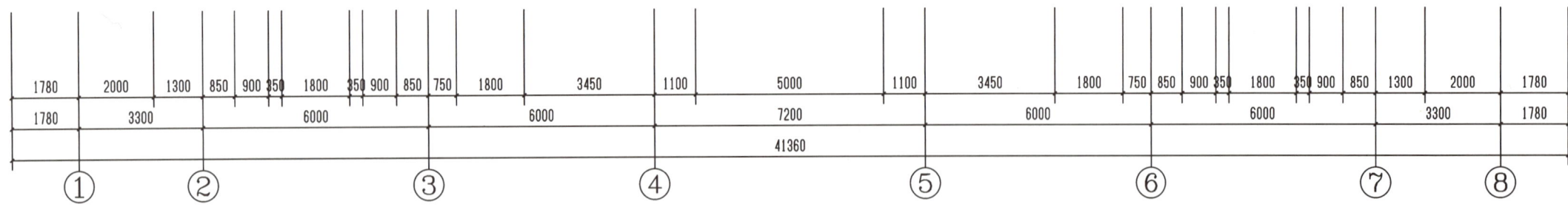

二层弱电平面图 1:100

大堂上空

玻璃钢雨篷

▽ 3.500

公共休息大厅

▽ 3.900

男卫生间

女卫生间

办公室

走廊 2F

客梯

| 设计 | 工程名称 | **1号办公楼** | 日期 | 2024.8 |
| 审核 | 图名 | **二层弱电平面图** | 图号 | 电施-20 |

【识图指导】
1.弱电平面图识读，首先要熟悉常用图例符号，其次需要结合弱电系统图一起识读。
2.由图例表可知，TO代表网线插孔，TP代表电话线插孔，TO2代表电话、网线的双线插孔。
3.由"通信系统图"结合"地下一层弱电平面图"可知，光纤穿水煤气钢管，埋地深-0.8m入户。
4.由"通信系统图"可知，2芯单模光纤和语音电缆分别通过竖直方向干线（2RC50）引到1F~4F，进入层信息接线箱（综合配线箱）。
5.二层从信息接线箱（综合配线箱）共计分出20F单模光纤和20F语音电缆。

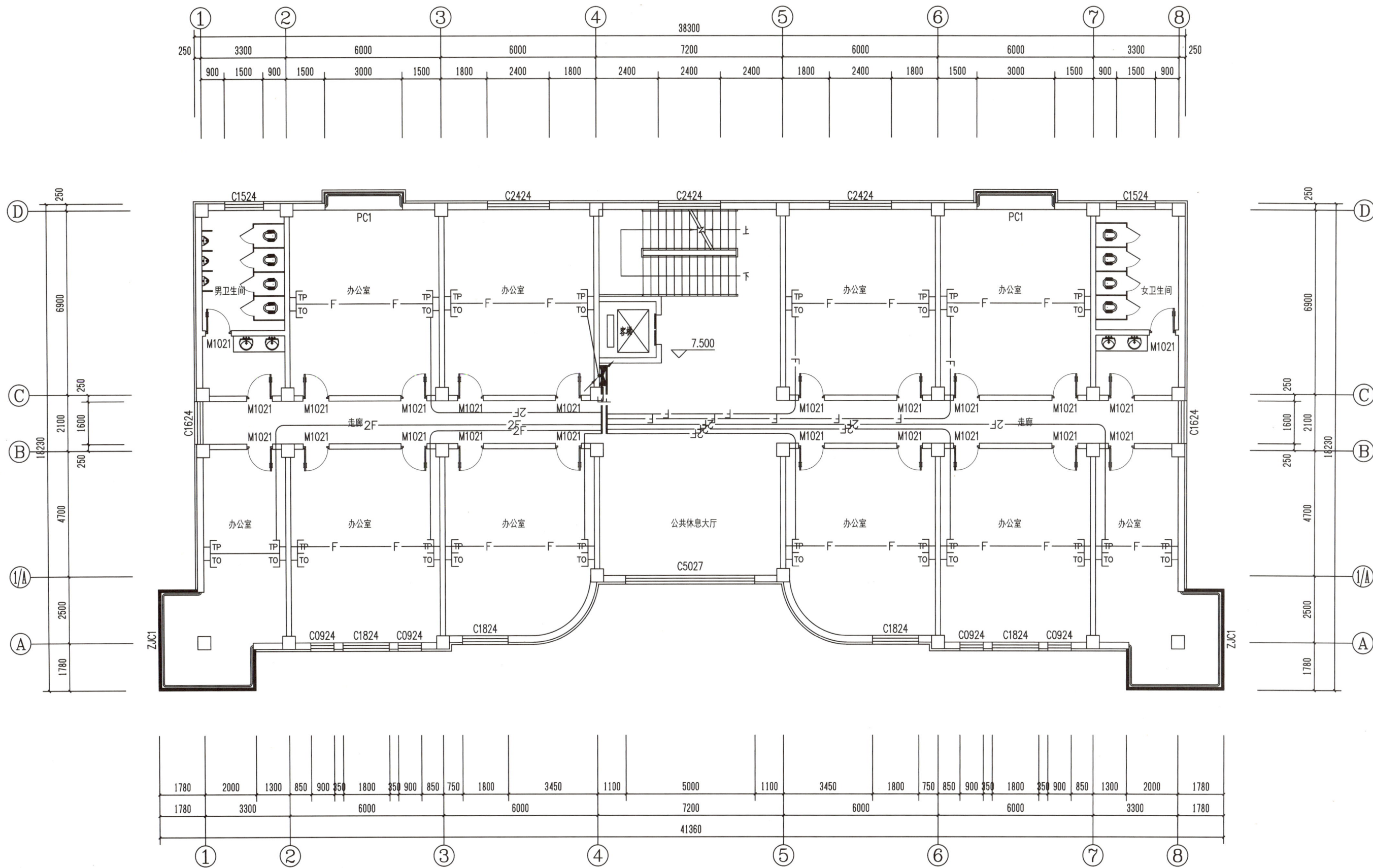

三层弱电平面图 1:100

设计		工程名称	1号办公楼	日期	2024.8
审核		图名	三层弱电平面图	图号	电施-21

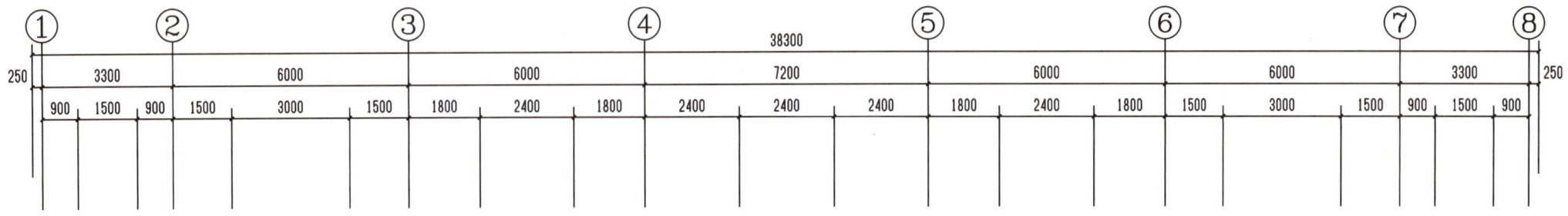

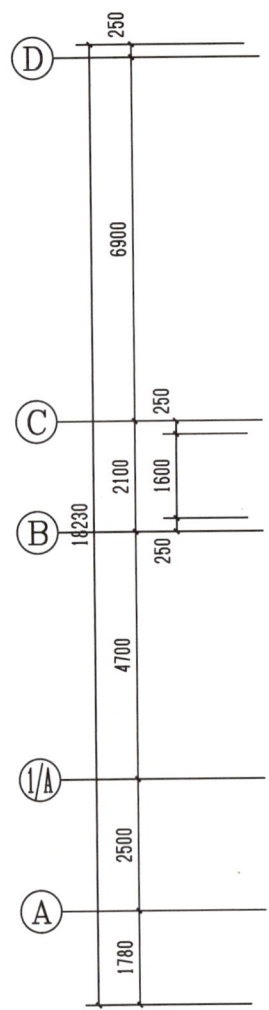

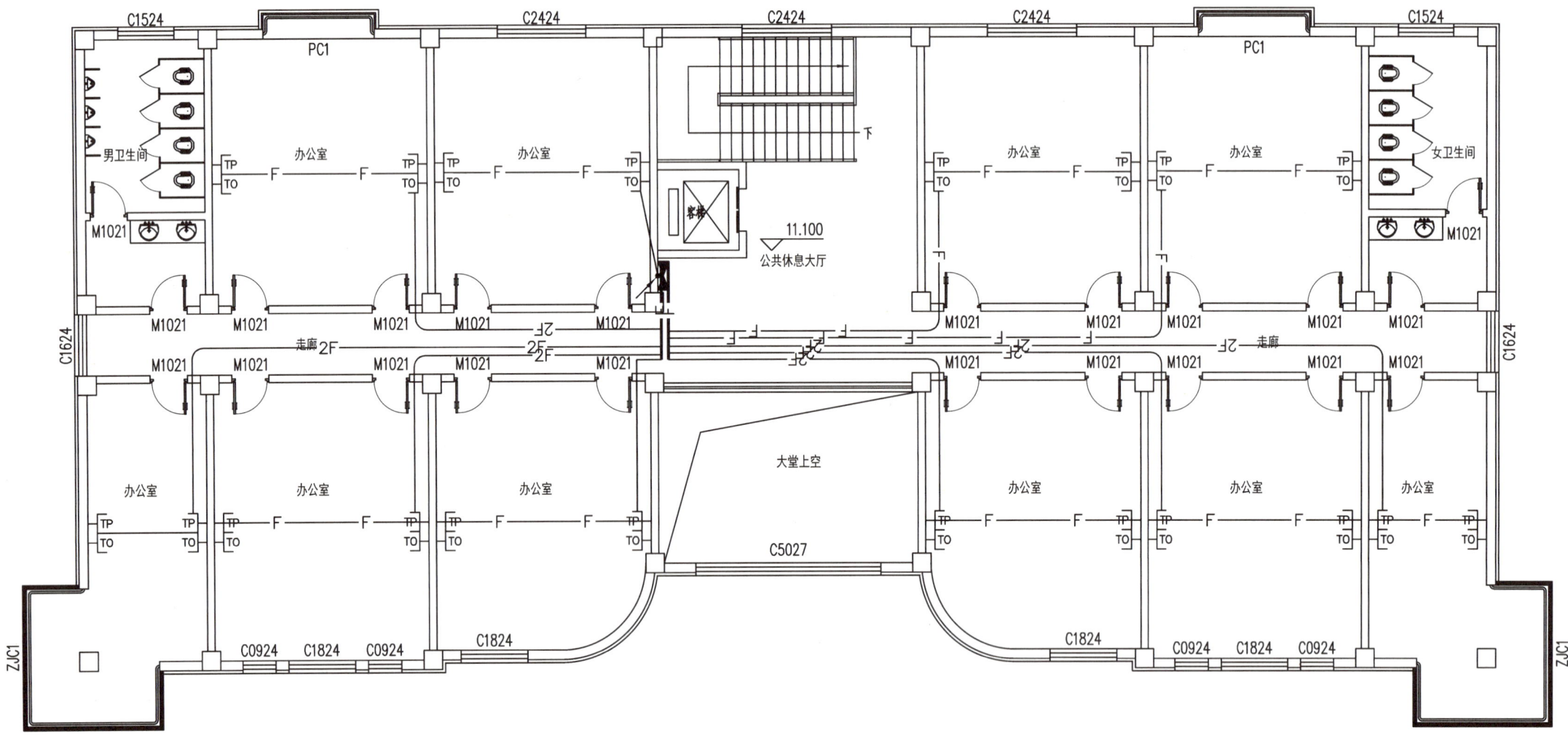

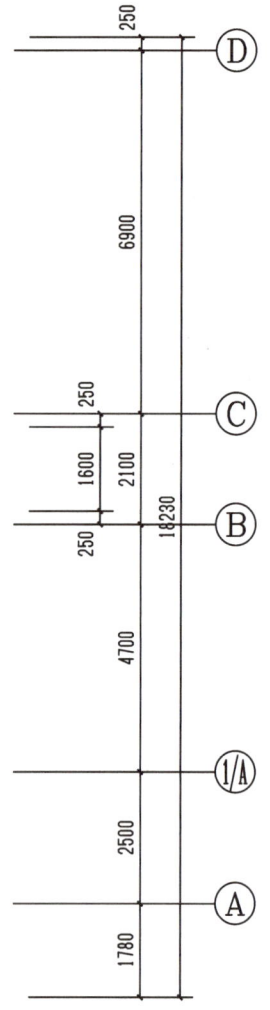

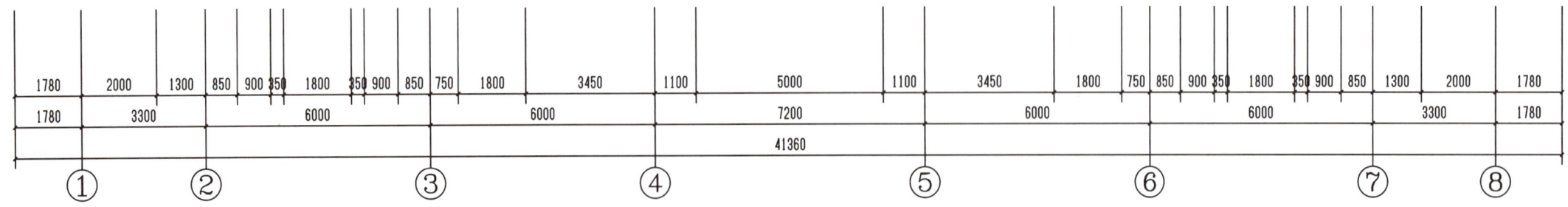

四层弱电平面图 1:100

【识图指导】
1.弱电平面图识读，首先要熟悉常用图例符号，其次需要结合弱电系统图一起识读。
2.由图例表可知，TO代表网线插孔，TP代表电话线插孔，TO2代表电话、网线的双线插孔。
3.由"通信系统图"结合"地下一层弱电平面图"可知，光纤穿水煤气钢管、埋地深-0.8m入户。
4.由"通信系统图"可知，2芯单模光纤和语音电缆分别通过竖直方向干线（2RC50）引到1F-4F，进入层信息接线箱（综合配线箱）。
5.四层从信息接线箱（综合配线箱）共计分出20F单模光纤和20F语音电缆。

| 设计 | | 工程名称 | 1号办公楼 | 日 期 | 2024.8 |
| 审核 | | 图 名 | 四层弱电平面图 | 图 号 | 电施-22 |

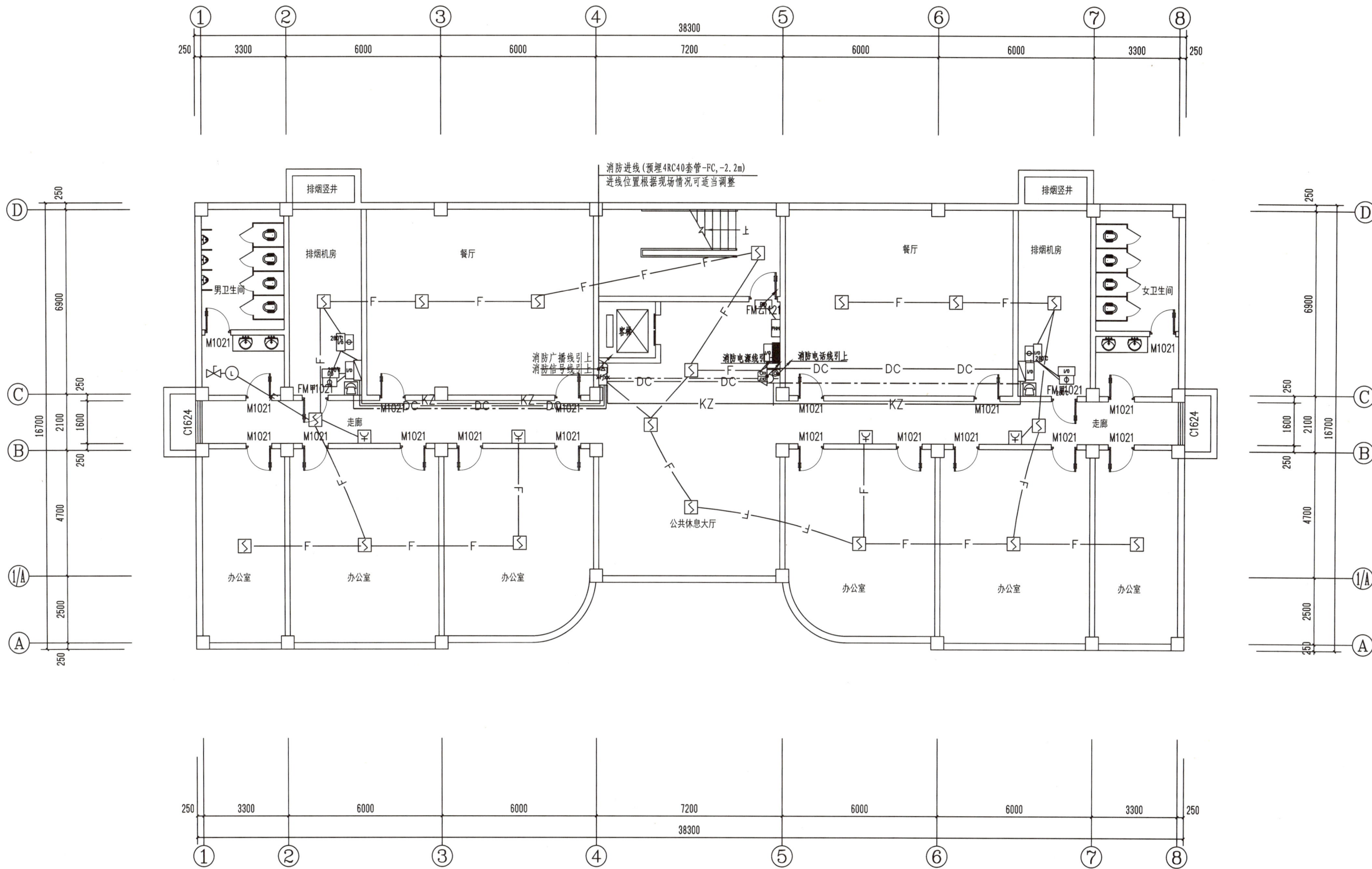

地下一层消防平面图 1:100

消防进线(预埋4RC40套管-FC,-2.2m)
进线位置根据现场情况可适当调整

排烟竖井　　　　　　　　　　　　　　排烟竖井

排烟机房　　餐厅　　　　　　　　餐厅　　排烟机房

男卫生间　　　　　　　　　　　　　　女卫生间

M1021

消防广播线引上
消防信号线引上
消防电源线引上　　消防电话线引上

FM甲1021　　FM乙1021

走廊　　　　　　　　　　　　　　走廊

办公室　办公室　办公室　　办公室　办公室　办公室

公共休息大厅

客梯

C1624　　　　　　　　　　　　　　　　　　C1624

【识图指导】
1.由"消防用电系统图"可知,消防二总线共1路,总线穿越防火分区时加隔离器。
2."地下一层消防平面图"中,标志为F的线路即消防报警联动信号线,主要侦测感烟探测器、手动消防报警按钮、水流指示器和信号蝶阀等消防设备的动作信号。
3."地下一层消防平面图"中,标志为DC的线路即24V电源线,来源于消防控制室。平面图由建筑物北侧引入至xfjxx,为消防设备供电。
4."地下一层消防平面图"中,标志为KZ的线路即控制线,用于手动控制ATpy1和ATpy2(排烟风机双电源箱1和2)。

设计		工程名称	1号办公楼	日期	2024.8
审核		图名	地下一层消防平面图	图号	电施-23

一层消防平面图 1:100

北

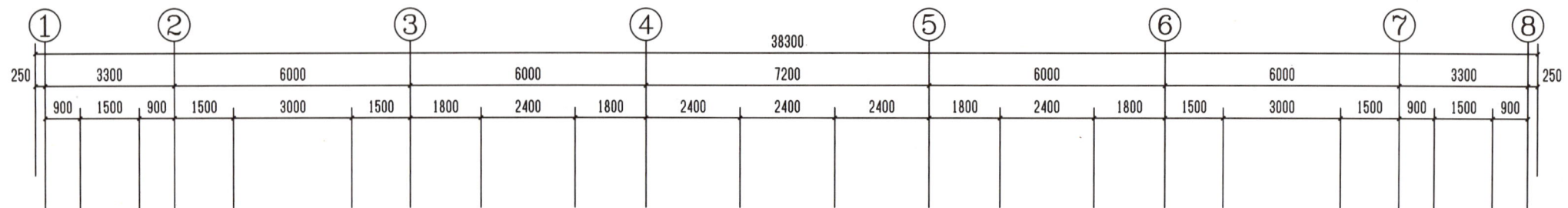

—0.450（室外地坪）

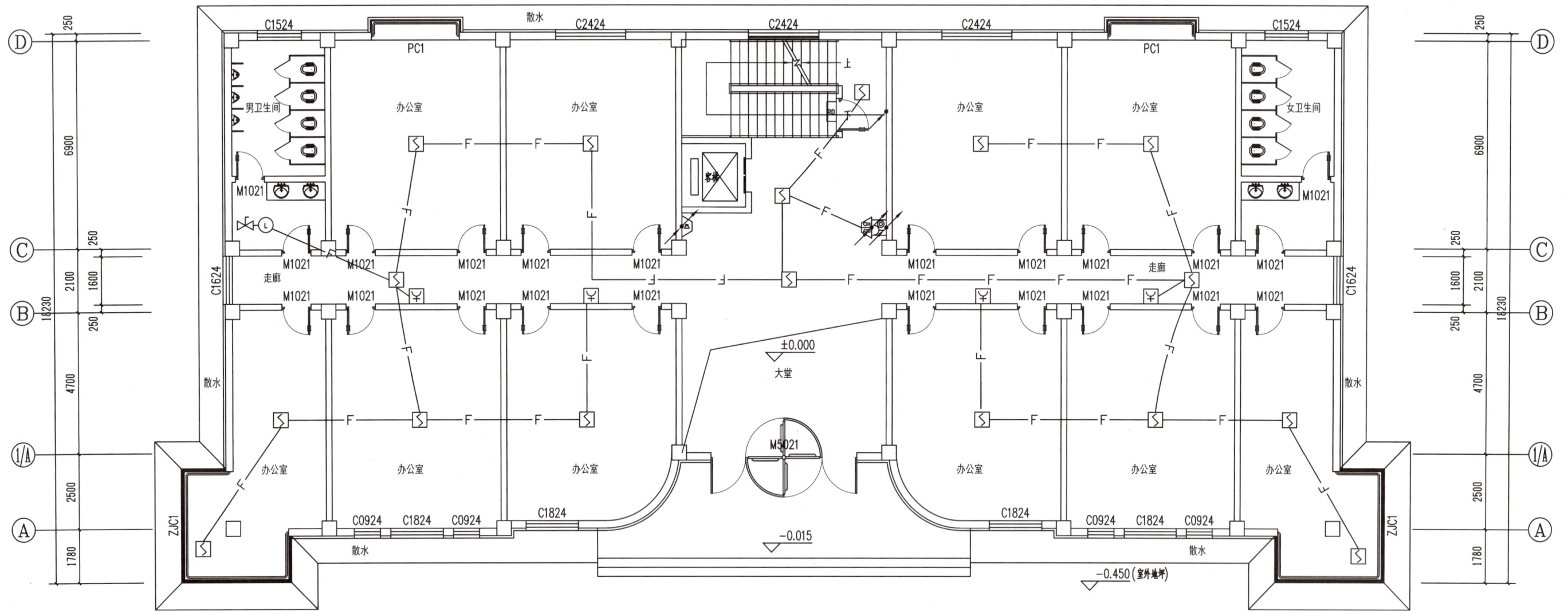

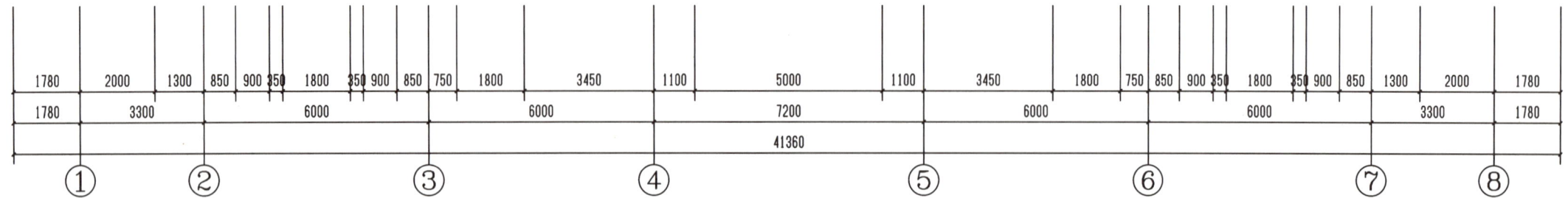

C1524　散水　C2424　C2424　C2424　C1524
PC1　PC1

男卫生间　办公室　办公室　上　办公室　办公室　女卫生间

M1021　客梯　M1021

走廊　M1021　M1021　M1021　M1021　M1021　M1021　M1021　M1021　走廊　M1021　M1021
M1021　M1021　M1021　M1021　M1021　M1021　M1021　M1021　M1021　M1021

±0.000
大堂

办公室　办公室　办公室　M5021　办公室　办公室　办公室

—0.015

C0924　C1824　C0924　C1824　C1824　C0924　C1824　C0924
散水　散水

—0.450（室外地坪）

ZJC1　ZJC1

38300
250　3300　6000　6000　7200　6000　6000　3300　250
900　1500　900　1500　3000　1500　1800　2400　1800　2400　2400　2400　1800　2400　1800　1500　3000　1500　900　1500　900

① ② ③ ④ ⑤ ⑥ ⑦ ⑧

250　6900　250　2100　1600　250　18230　250　4700　2500　1780

Ⓓ Ⓒ Ⓑ ①/Ⓐ Ⓐ

1780　2000　1300　850　900　350　1800　350　900　850　750　1800　3450　1100　5000　1100　3450　1800　750　850　900　350　1800　350　900　850　1300　2000　1780
1780　3300　6000　6000　7200　6000　6000　3300　1780
41360

① ② ③ ④ ⑤ ⑥ ⑦ ⑧

【识图指导】
1.由"消防用电系统图"可知，消防二总线共1路，总线穿越防火分区时加隔离器。
2."一层消防平面图"中，标志为F的线路即消防报警联动信号线，主要侦测"感烟探测器、手动消防报警按钮、水流指示器和信号蝶阀"等消防设备的动作信号。

| 设计 | 工程名称 | **1号办公楼** | 日 期 | 2024.8 |
| 审核 | 图 名 | **一层消防平面图** | 图 号 | 电施-24 |

电施-24

78

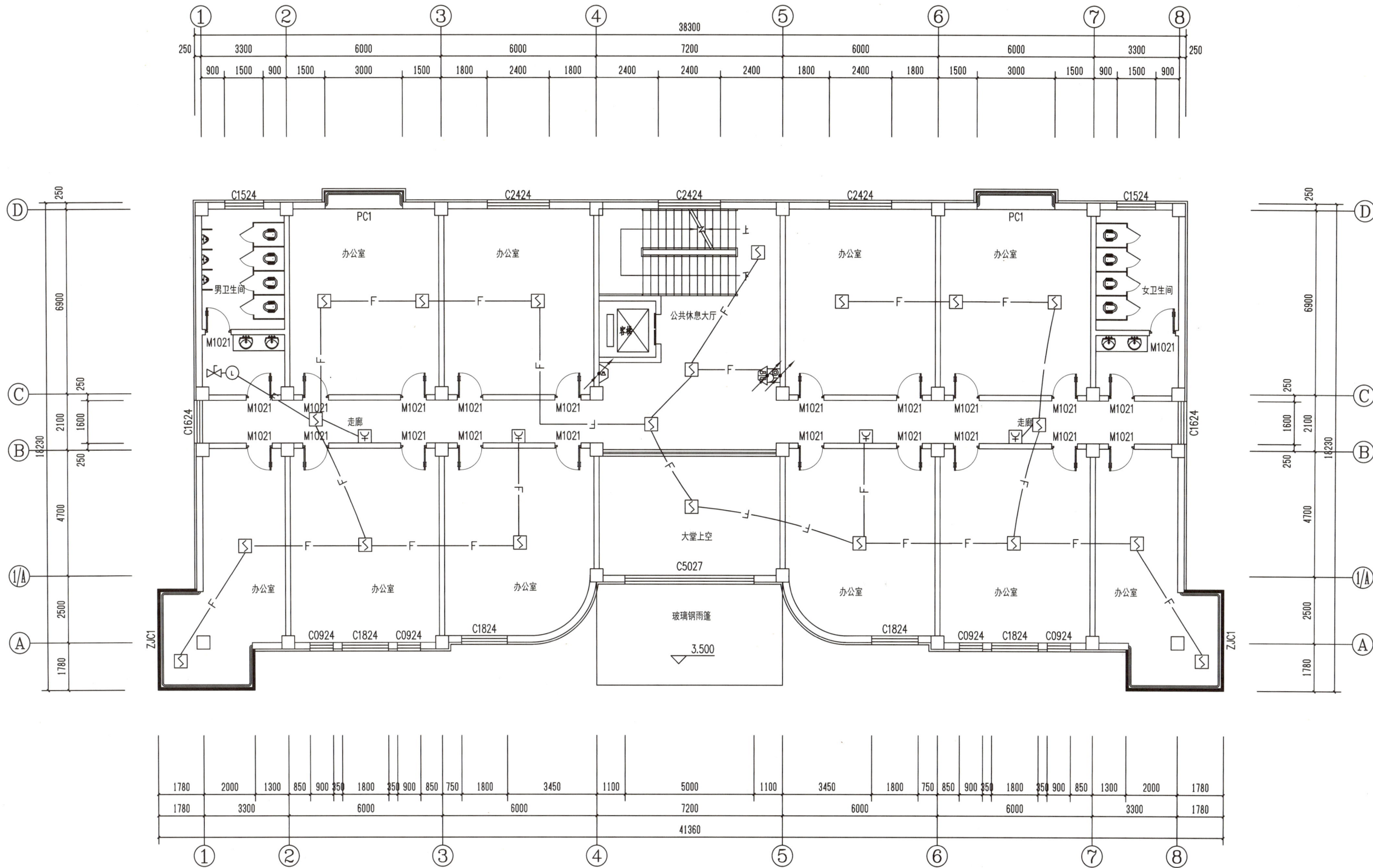

二层消防平面图　1:100

C1524　C2424　C2424　C2424　C1524
PC1　PC1
办公室　办公室　办公室　办公室
男卫生间　女卫生间
M1021　上　M1021
公共休息大厅
客梯
走廊　走廊
M1021　M1021　M1021　M1021　M1021　M1021　M1021　M1021　M1021　M1021
大堂上空
C5027
办公室　办公室　办公室　办公室　办公室　办公室
玻璃钢雨篷
▽ 3.500
C0924　C1824　C0924　C1824　C1824　C0924　C1824　C0924
ZJC1　ZJC1

【识图指导】
1.由"消防用电系统图"可知，消防二总线共1路，总线穿越防火分区时加隔离器。
2."二层消防平面图"中，标志为F的线路即消防报警联动信号线，主要侦测"感烟探测器、手动消防报警按钮、水流指示器和信号蝶阀"等消防设备的动作信号。

设计		工程名称	**1号办公楼**	日 期	2024.8
审核		图 名	**二层消防平面图**	图 号	电施-25

79

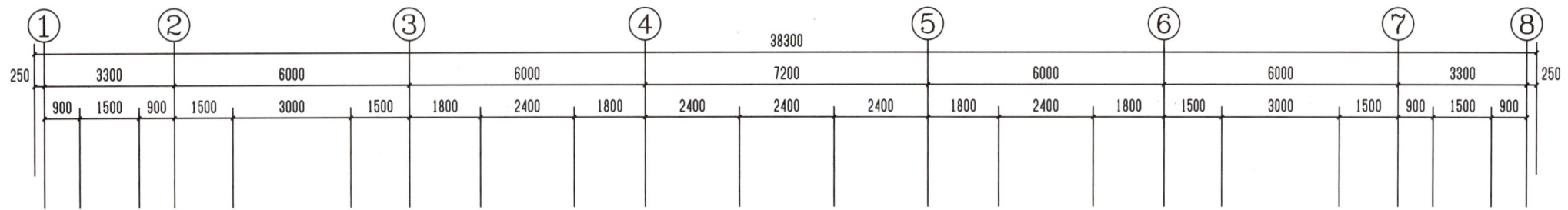

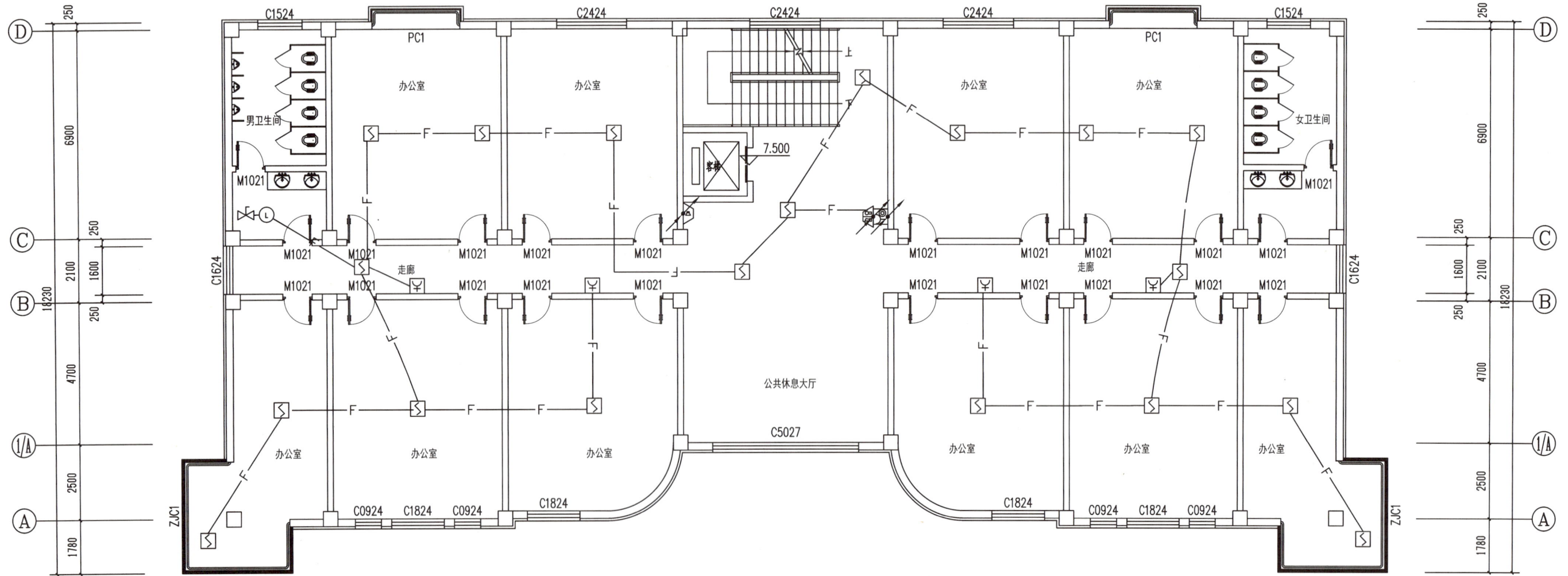

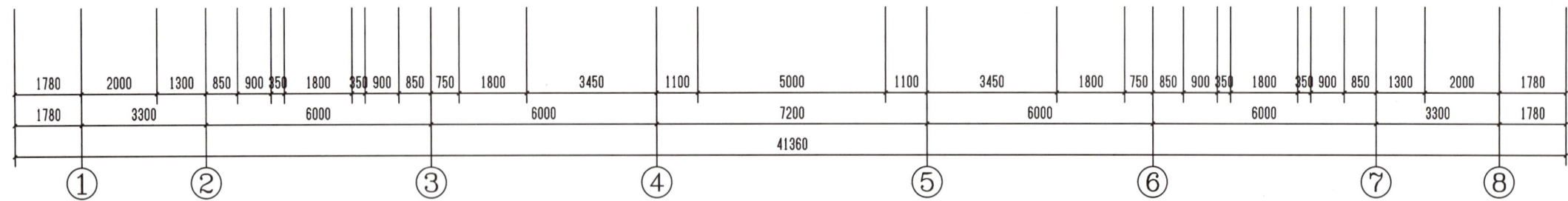

三层消防平面图 1:100

【识图指导】
1.由"消防用电系统图"可知，消防二总线共1路，总线穿越防火分区时加隔离器。
2."三层消防平面图"中，标志为F的线路即消防报警联动信号线，主要侦测感烟探测器、手动消防报警按钮、水流指示器和信号蝶阀等消防设备的动作信号。

设计		工程名称	1号办公楼	日期	2024.8
审核		图名	三层消防平面图	图号	电施-26

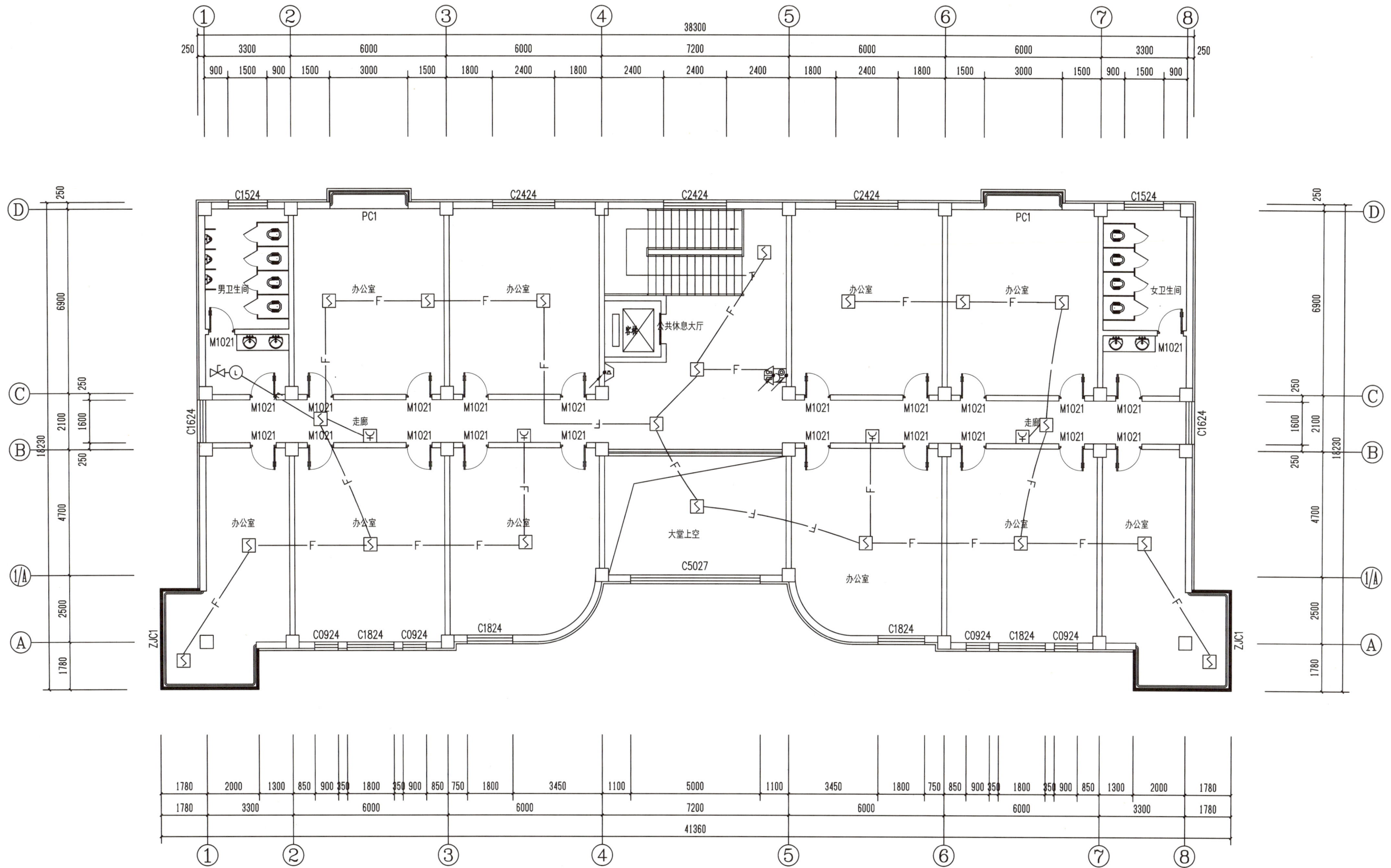

四层消防平面图 1:100

【识图指导】
1.由"消防用电系统图"可知，消防二总线共1路，总线穿越防火分区时加隔离器。
2."四层消防平面图"中，标志为F的线路即消防报警联动信号线，主要侦测"感烟探测器、手动消防报警按钮、水流指示器和信号
蝶阀"等消防设备的动作信号。

| 设计 | | 工程名称 | **1号办公楼** | | 日 期 | 2024.8 |
| 审核 | | 图 名 | **四层消防平面图** | | 图 号 | 电施-27 |

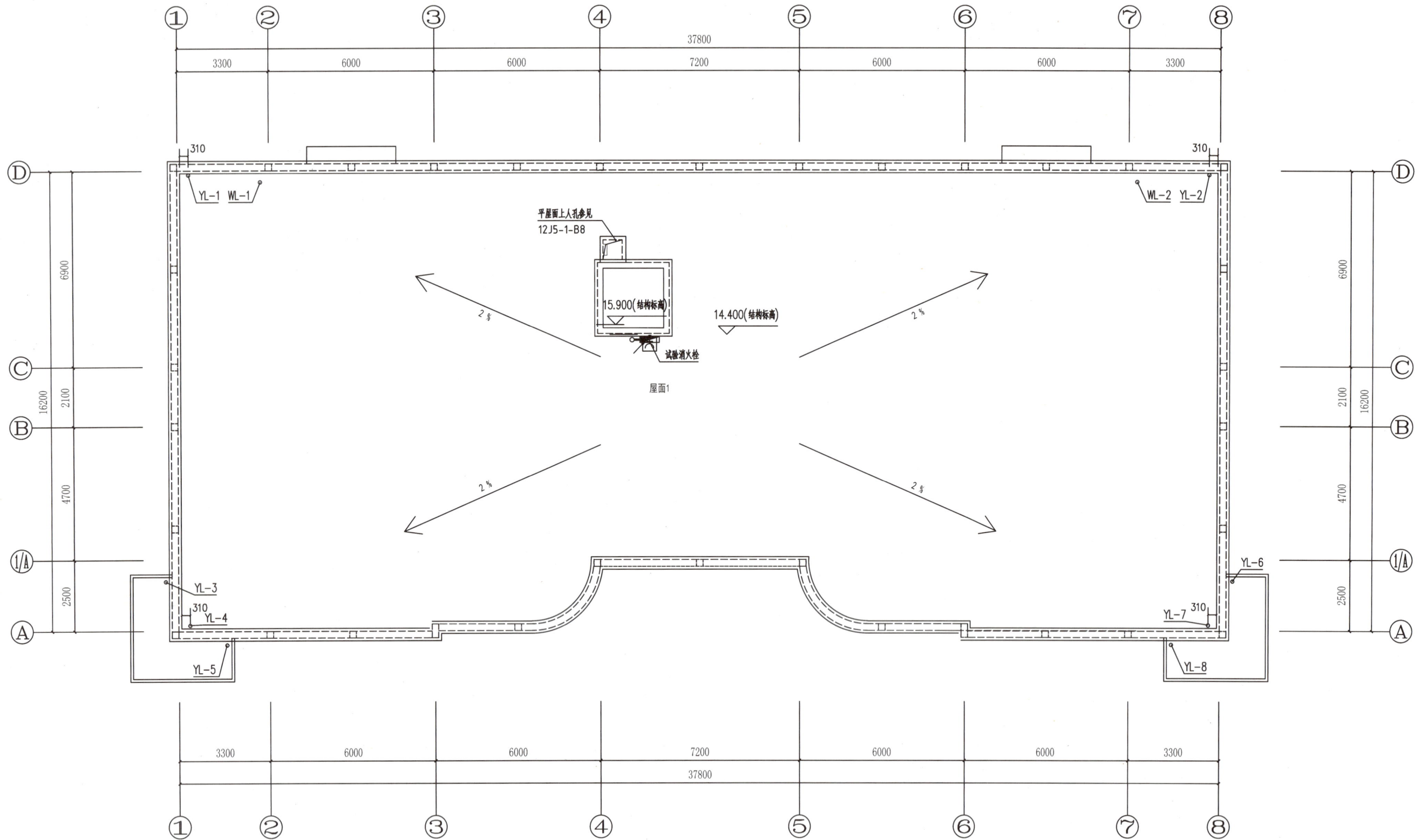

屋面消防平面图 1:100

【识图指导】
试验消火栓一般设置在消防管网末端或最远端，用来测试消火栓系统能否满足正常运行的要求。根据国家消防规范要求，试验消火栓需要定期进行试验。识读"屋面消防平面图"可知，本项目屋顶设置有试验消火栓。结合"消火栓系统图"可知，试验消火栓设置高度为（14.4m+1.1m）处。

设计		工程名称	1号办公楼	日期	2024.8
审核		图名	屋面消防平面图	图号	电施-28